华南赣杭构造带含铀火山盆地岩浆岩的岩石成因及动力学背景

PETROGENESIS AND GEODYNAMIC SETTING OF MAGMATIC ROCKS FROM URANIUM-BEARING VOLCANIC BASINS, GAN-HANG BELT, SOUTHEAST CHINA

杨水源　蒋少涌　舒珣　著

内容简介

本书是教育部科学技术研究重大项目"华南铀矿床形成机理与富集分布规律"、科技部"973"项目"华夏地块中生代重要成矿区带巨量金属成矿规律与成矿预测"、国家自然科学基金青年科学基金项目"江西盛源盆地火山岩的年代学及岩石成因研究"的部分课题成果的总结。赣杭构造带是我国重要的含铀火山岩带,分布有相山、盛源、新路、大洲4个主要含铀火山盆地。对于火山盆地中岩浆岩的形成时代、岩石成因及动力学背景的研究相对薄弱或者存在争议。本书以相山、盛源、新路和大洲4个火山盆地作为研究对象,进行了较为系统的锆石U-Pb年代学、元素地球化学、Sr-Nd-Hf同位素组成等方面的研究,探讨赣杭构造带的酸性火山-侵入岩体的岩石成因及动力学背景。

本书可供岩石学及矿床学等领域的地质工作者、高等院校地质专业的师生参考使用。

图书在版编目(CIP)数据

华南赣杭构造带含铀火山盆地岩浆岩的岩石成因及动力学背景/杨水源,蒋少涌,舒珣著.—武汉:中国地质大学出版社,2017.12

ISBN 978-7-5625-4128-8

Ⅰ.①华…
Ⅱ.①杨…②蒋…③舒…
Ⅲ.①华南地区-构造带-火山岩型铀矿床-岩石成因②华南地区-构造带-火山岩型铀矿床-动力学
Ⅳ.①P619.140.1

中国版本图书馆CIP数据核字(2017)第252832号

华南赣杭构造带含铀火山盆地岩浆岩的岩石成因及动力学背景		杨水源 蒋少涌 舒珣 著
责任编辑:胡珞兰	选题策划:唐然坤	责任校对:张咏梅
出版发行:中国地质大学出版社(武汉市洪山区鲁磨路388号)		邮编:430074
电　　话:(027)67883511　　传真:(027)67883580		E-mail:cbb@cug.edu.cn
经　　销:全国新华书店		http://cugp.cug.edu.cn
开本:880毫米×1230毫米 1/16	字数:330千字	印张:10.25
版次:2017年12月第1版		印次:2017年12月第1次印刷
印刷:武汉中远印务有限公司		印数:1—500册
ISBN 978-7-5625-4128-8		定价:88.00元

如有印装质量问题请与印刷厂联系调换

作者简介

杨水源，男，1984年生，分别于2008年和2013年在南京大学地球科学与工程学院获得地球化学学士学位和矿物学、岩石学、矿床学博士学位，是教育部博士研究生学术新人奖获得者、南京大学优秀毕业生。现为中国地质大学（武汉）副教授，硕士生导师。主要从事华南花岗岩及其热液金属矿床成因研究，特别是对赣杭构造带含铀火山盆地中火山侵入杂岩的年代学格架、岩石成因及构造演化特征开展了深入的研究。参与多项"973"项目、国家重大研发计划项目及国家自然科学基金项目。相关研究已经在 Contributions to Mineralogy and Petrology，Chemical Geology，Lithos，Gondwana Research 等期刊上以第一作者及通讯作者发表SCI论文19篇。

蒋少涌，男，1964年生，博士，中国地质大学（武汉）教授，博士生导师，首批教育部"长江学者"，国家杰出青年基金获得者，"973"项目首席科学家，获李四光地质科学奖。长期从事矿床地球化学、同位素地球化学、海洋地球化学、古海洋环境等方面的研究，已在 Nature，Science，Nature Communication，Geology，GCA 和 EPSL 等国际一流学术刊物发表论文200余篇。两次获教育部自然科学一等奖（排名第一）。兼任国际SCI杂志 Mineralium Deposita，Journal of Geochemical Exploration，Canadian Journal of Earth Sciences 的副主编。

舒珣，男，1993年生，2014年毕业于中山大学地球科学系，获得理学学士学位，2017年在中国地质大学（武汉）地质过程与矿产资源国家重点实验室获得地质学硕士学位，在 Lithos 上以第一作者发表论文1篇。

前　言

本书的选题来源于教育部科学技术研究重大项目"华南铀矿床形成机理与富集分布规律"（项目编号：306007）、科技部"973"项目"华夏地块中生代重要成矿区带巨量金属成矿规律与成矿预测"（项目编号：2012CB416706）、国家自然科学基金青年科学基金项目"江西盛源盆地火山岩的年代学及岩石成因研究"（项目编号：41403022）的部分课题成果的总结。

赣杭构造带是我国重要的含铀火山岩带，带上分布有相山、盛源、新路、大洲4个主要含铀火山盆地。对于火山盆地中岩浆岩的形成时代、岩石成因及动力学背景的研究相对薄弱或者存在争议。本专著内容主要涉及到赣杭构造带四大含铀火山盆地（即相山、盛源、新路和大洲4个火山盆地），对盆地中的岩浆岩进行了较为系统的锆石U-Pb年代学、元素地球化学、Sr-Nd-Hf同位素组成等方面的研究，探讨赣杭构造带的酸性火山-侵入岩体的岩石成因及动力学背景。专著取得的成果和认识有：

（1）锆石U-Pb年代学研究表明，相山火山侵入杂岩的形成时代为137～132Ma；盛源盆地中凝灰岩和安山质火山岩的形成时代为137～135Ma；新路盆地中的火山侵入杂岩形成时代为136～133Ma；大洲流纹岩的形成时代为127Ma，表明赣杭构造带上含铀火山盆地中的酸性火山-侵入岩是早白垩世岩浆活动的产物。

（2）这些含铀火山盆地中的岩浆岩都显示出A型岩浆所特有的地球化学特征，例如：富碱，具有较高的K_2O+Na_2O含量，较高的$Fe_2O_3^*/MgO$，富集REE、HFSE和Ga，并具有较低的CaO、MgO和TiO_2含量，富集大离子亲石元素，亏损Sr、Ba、P、Eu和Ti。这些酸性岩具有较高的形成温度，并显示出高的Ga/Al比值以及较高的Zr＋Nb＋Ce＋Y含量，在A型花岗岩的判别图解上，大部分数据点都落入了A型花岗岩的范围内，表明这些酸性岩具有A型花岗岩的地球化学特征。结合近年来其他学者的研究，在赣杭构造带上也发现了一些早白垩世的花岗岩。地球化学研究表明，这些酸性岩都具有A型花岗岩的地球化学特征，表明赣杭构造带上存在一条早白垩世（137～122Ma）的A型花岗岩带。

（3）相山火山侵入杂岩具有相同的物质来源，以地壳物质为主，并且全岩的Nd同位素和锆石的Hf同位素都具有中元古代的两阶段模式年龄，表明相山火山侵入杂岩起源于中元古代变质岩，无明显地幔组分的加入。在相山镁铁质微粒包体中含有石英角闪片岩捕虏体，表明镁铁质微粒包体岩浆在进入长英质岩浆房之前就和地壳物质发生过同化混染作用，造成镁铁质微粒包体的岩浆成分由玄武质转变为闪长质。相山碎斑熔岩中电气石结核的成因研究表明，电气石结核是由于碎斑熔岩岩浆在演化过程中产生流体不混溶而形成的。碎斑熔岩中电气石的$\delta^{11}B$值在$-12‰$左右，与大陆地壳的平均$\delta^{11}B$值一致，表明硼来自于地壳，进一步说明了相山碎斑熔岩的物质来源主要是壳源的，无明显地幔物质的加入。

(4) 盛源盆地不同组分的凝灰岩都具有相同的物质来源，即起源于中元古代变质岩（包括正变质岩和副变质岩），无明显地幔组分的加入。盛源盆地安山质火山岩都显示出弧状微量元素地球化学特征，如富集 LILE、Pb 和 LREE，亏损 HFSE。盛源盆地安山质岩浆起源于地幔来源并受到俯冲洋壳派生的含有大量 LILE 的熔体的加入。

(5) 新路火山盆地中的杨梅湾花岗岩和大桥坞花岗斑岩相对于相山火山侵入杂岩具有较高的全岩 $\varepsilon_{Nd}(t)$ 值以及锆石 $\varepsilon_{Hf}(t)$ 值，可能指示杨梅湾花岗岩和大桥坞花岗斑岩的原岩有少量地幔物质的加入。此外，杨梅湾花岗岩相对于大桥坞花岗斑岩具有较高的全岩 $\varepsilon_{Nd}(t)$，可能也指示两个岩体中地幔组分的性质或者比率有所不同。

(6) 大洲流纹岩全岩 $\varepsilon_{Nd}(t)$ 值和锆石 $\varepsilon_{Hf}(t)$ 值变化很小，表明了大洲流纹岩的壳幔相互作用并不明显。大洲流纹岩具有很高的 Zr 含量 $[(802\sim1\,145)\times10^{-6}]$，并具有异常高的形成温度。锆石饱和温度计的研究结果表明，大洲流纹岩形成于约 1 000℃。大洲流纹岩中的 Zr 除了分布在少量的锆石斑晶中之外，在基质中还含有大量细小的 $1\sim10\,\mu m$ 的锆石小晶体，以及 $1\sim5\,\mu m$ 的斜锆石，表明大洲流纹岩中的 Zr 大部分是在岩浆演化的晚期才沉淀下来的。异常高的形成温度以及不同的岩浆演化过程是造成大洲流纹岩具有异常高的 Zr 含量的主要原因。具有高 Zr 含量的高温酸性岩的形成所需要的热能与地幔物质有关，大洲流纹岩具有异常高的形成温度也表明了区域上存在地幔物质的上涌。

(7) 赣杭构造带东段的其他大部分 A 型花岗岩相对于相山火山侵入杂岩和盛源盆地凝灰岩具有较高且变化范围较大的全岩 $\varepsilon_{Nd}(t)$ 值以及锆石 $\varepsilon_{Hf}(t)$ 值，可能指示赣杭构造带东段的这些 A 型花岗岩的原岩有少量地幔物质的加入。赣杭构造带东段的这些酸性岩之间的全岩 $\varepsilon_{Nd}(t)$ 值和锆石 $\varepsilon_{Hf}(t)$ 值也具有差异性，它们总体上表现出了赣杭构造带位置上从西往东、时间上从早到晚壳幔相互作用越来越强烈。赣杭构造带上早白垩世 A 型花岗岩带的确立表明，赣杭构造带在这个时期是处于拉张的构造背景，是由太平洋板块俯冲之后的板片后撤所引起的拉张环境造成的。持续的拉张作用导致地壳和岩石圈地幔逐渐减薄，上涌并底侵的软流圈地幔引发了事先经过脱水作用发生麻粒岩化的中元古代变质岩（包括正变质岩和副变质岩）的部分熔融形成 A 型花岗岩的初始岩浆。这些初始岩浆遭受到不同程度的地幔组分的加入，并发生了广泛的不同程度的分离结晶作用，从而形成赣杭构造带上早白垩世的 A 型花岗岩带。

(8) 赣杭构造带 A 型花岗岩带的确立，表明十杭带上都分布有 A 型花岗岩。华南在晚中生代发生了由与太平洋俯冲相关的构造环境向板片后撤引起的拉张环境转变，但太平洋板片后撤发生的时间并不是同时的或者连续的。十杭带南带在 163Ma 左右发生了由与太平洋俯冲相关的构造环境向因板片后撤而引起的拉张环境转变。本书研究表明赣杭构造带上这个构造环境的转变发生在 137Ma，明显晚于十杭带南带。而沿海（浙江省东部和福建省）的 A 型花岗岩形成时代在 110～90Ma，表明构造环境的转变发生在 110Ma。这些现象表明太平洋板块的后撤是不规则的，并且后撤过程是阶段性的，先发生在十杭带南带，再发生在赣杭构造带，最后发生在东南沿海，从内陆往沿海逐渐变年轻。

南京大学内生金属矿床成矿机制研究国家重点实验室的濮巍、杨涛、赖鸣远、张文兰、林雨萍、魏海珍、裘丽雯、武兵等在实验样品测试工作中给予了极大的支持和热心帮助。南京大学地球科学与工程院磨片室工作人员、廊坊市诚信地质服务公司工作人员、西北大学大陆动力学国家重点实验室（弓虎军）、中国地质科学院北京离子探针中心（刘敦一、石玉若）、中国地质科学院矿产资源研究所同位素实验室（侯可军）、中国科学院地球化学研究所矿床地球化学国家重点实验室LA-ICP-MS实验室（李亮）、中国冶金地质总局山东局测试中心（侯明兰、林培军）等实验室及实验室工作人员为本书提供了样品前处理和实验仪器，使得实验得以顺利完成。野外和室内研究过程中，还得到了南京大学凌洪飞、陈培荣、姜耀辉、沈渭洲、陆建军、倪培，核工业北京地质研究院范洪海，东华理工大学刘国奇，中国地质大学（武汉）赵葵东、陈唯、皮道会等老师的帮助和支持，在此一并向他们表示最衷心的感谢。

由于著者学识水平有限，书中难免存在很多不足甚至错误之处，有待今后工作中加以修正和改进。不当或谬误之处，敬请批评指正。

著　者

2017年8月

目　录

1 研究背景 ……………………………………………………………………………………（1）
2 区域地质特征 ………………………………………………………………………………（6）
　2.1 区域构造 ……………………………………………………………………………（7）
　　2.1.1 前加里东构造单元 …………………………………………………………（7）
　　2.1.2 印支以来构造单元 …………………………………………………………（7）
　2.2 区域地层 ……………………………………………………………………………（8）
　2.3 区域岩浆岩 …………………………………………………………………………（9）
　2.4 赣杭构造带地质背景 ………………………………………………………………（9）
3 分析方法 ……………………………………………………………………………………（13）
　3.1 锆石 U-Pb 定年 …………………………………………………………………（13）
　3.2 锆石 Lu-Hf 同位素分析 …………………………………………………………（14）
　3.3 岩石地球化学分析 …………………………………………………………………（15）
　3.4 矿物电子探针分析 …………………………………………………………………（15）
　3.5 电气石的硼同位素组成分析 ………………………………………………………（16）
4 相山火山盆地岩浆岩成因研究 ……………………………………………………………（17）
　4.1 地质背景 ……………………………………………………………………………（17）
　4.2 岩体概况 ……………………………………………………………………………（19）
　4.3 相山火山盆地的年代学格架 ………………………………………………………（21）
　　4.3.1 分析样品 ……………………………………………………………………（22）
　　4.3.2 锆石 U-Pb 年代学分析结果 ………………………………………………（23）
　　4.3.3 相山火山侵入杂岩的年代学格架 …………………………………………（31）
　4.4 相山火山侵入杂岩的岩石地球化学研究 …………………………………………（31）
　　4.4.1 主量元素和微量元素组成 …………………………………………………（31）
　　4.4.2 Sr-Nd-Hf 同位素组成 ……………………………………………………（34）
　　4.4.3 相山火山侵入杂岩的岩石成因 ……………………………………………（41）
　4.5 MME 中石英角闪片岩捕虏体的发现及意义 ……………………………………（45）
　　4.5.1 岩相学特征及矿物化学成分特征 …………………………………………（46）
　　4.5.2 石英角闪片岩捕虏体的形成过程 …………………………………………（52）
　　4.5.3 MME 化学成分演化过程及指示意义 ……………………………………（53）
　4.6 碎斑熔岩中电气石的成因研究 ……………………………………………………（55）
　　4.6.1 电气石的岩相学特征 ………………………………………………………（56）
　　4.6.2 电气石的成因研究 …………………………………………………………（57）
　4.7 小　结 ………………………………………………………………………………（64）
5 盛源火山盆地岩浆岩成因研究 ……………………………………………………………（66）
　5.1 地质背景 ……………………………………………………………………………（66）
　5.2 岩体概况 ……………………………………………………………………………（67）
　5.3 盛源火山盆地的年代学格架 ………………………………………………………（68）

    5.3.1 分析样品 ……………………………………………………………………………… (69)
    5.3.2 锆石 U-Pb 年代学分析结果 ………………………………………………………… (70)
    5.3.3 盛源盆地火山岩的年代学格架 ……………………………………………………… (73)
  5.4 盛源盆地火山岩的岩石地球化学研究 ……………………………………………………… (73)
    5.4.1 凝灰岩的主量元素和微量元素组成 ………………………………………………… (73)
    5.4.2 安山质火山岩的主量元素和微量元素组成 ………………………………………… (79)
    5.4.3 凝灰岩的 Sr-Nd-Hf 同位素组成 …………………………………………………… (81)
    5.4.4 安山质火山岩的 Sr-Nd-Pb-Hf 同位素组成 ……………………………………… (81)
    5.4.5 凝灰岩的岩石成因 …………………………………………………………………… (86)
    5.4.6 安山质火山岩的岩石成因 …………………………………………………………… (89)
    5.4.7 盛源盆地火山岩的岩浆构造演化 …………………………………………………… (92)
  5.5 小 结 ……………………………………………………………………………………… (92)

6 新路火山盆地岩浆岩成因研究 ……………………………………………………………… (94)
  6.1 地质背景 …………………………………………………………………………………… (94)
  6.2 岩体概况 …………………………………………………………………………………… (95)
  6.3 新路火山盆地的年代学格架 ……………………………………………………………… (96)
    6.3.1 分析样品 ……………………………………………………………………………… (96)
    6.3.2 锆石 U-Pb 年代学分析结果 ………………………………………………………… (97)
    6.3.3 新路火山侵入杂岩的年代学格架 …………………………………………………… (102)
  6.4 新路火山侵入杂岩的岩石地球化学研究 ………………………………………………… (102)
    6.4.1 主量元素和微量元素组成 …………………………………………………………… (102)
    6.4.2 Sr-Nd-Hf 同位素组成 ……………………………………………………………… (108)
    6.4.3 杨梅湾花岗岩和大桥坞花岗斑岩的岩石成因 ……………………………………… (112)
  6.5 小 结 ……………………………………………………………………………………… (114)

7 大洲火山盆地岩浆岩成因研究 ……………………………………………………………… (116)
  7.1 地质背景 …………………………………………………………………………………… (116)
  7.2 岩体概况 …………………………………………………………………………………… (117)
  7.3 大洲火山盆地的年代学格架 ……………………………………………………………… (117)
  7.4 大洲流纹岩的岩石地球化学研究 ………………………………………………………… (119)
    7.4.1 主量元素和微量元素组成 …………………………………………………………… (119)
    7.4.2 Sr-Nd-Hf 同位素组成 ……………………………………………………………… (123)
    7.4.3 大洲流纹岩的岩石成因 ……………………………………………………………… (125)
  7.5 大洲流纹岩高 Zr 的原因及 Zr 的赋存状态 ……………………………………………… (126)
  7.6 小 结 ……………………………………………………………………………………… (130)

8 赣杭构造带的岩浆构造演化 ………………………………………………………………… (132)
  8.1 赣杭构造带早白垩世 A 型花岗岩带的确立 ……………………………………………… (132)
  8.2 赣杭构造带 A 型花岗岩带的岩石成因 …………………………………………………… (133)
  8.3 赣杭构造带的构造演化 …………………………………………………………………… (135)

9 主要结论 ……………………………………………………………………………………… (139)
主要参考文献 …………………………………………………………………………………… (140)

1 研究背景

花岗岩是地球大陆地壳的重要组成部分，尽管花岗岩的组成矿物相对于其他类型的岩石较为简单，关于花岗岩形成与演化的一系列问题一直存在争议。但随着近年来大陆动力学研究的开展，并伴随着岩石地球化学和同位素地球化学分析方法与技术的创新，为花岗岩研究注入了新的活力，高精度、高准确度的分析数据为解析花岗岩成因演化提供了重要保障，花岗岩问题成为地球科学研究领域的热点和重点。

花岗岩按岩浆源区性质可划分为 I（infracrustal 或 igneous）型花岗岩和 S（supracrustal 或 sedimentary）型花岗岩，这种花岗岩分类方案被大多数科学家所接受。加上近年来经常讨论的 A（alkaline, anorogenic 和 anhydrous）型和较为少见的 M（mantle-derived）型，即 ISAM 是目前最常用的花岗岩成因分类方案。

华南地区发育了规模超过 $21\times10^4 km^2$ 的中生代花岗岩，并伴生着众多钨、锡、铅、锌、铜、金、铀、铌、钽和稀土等金属矿产（Hua et al, 2003；周新民, 2003；Zhou et al, 2006；孙涛, 2006；Wang et al, 2007；徐夕生, 2008；Jiang et al, 2009；Wang et al, 2011；Sun et al, 2012），因此对华南花岗岩问题的研究愈来愈多地受到国际地学界的关注，有越来越多的国内外同行参与华南花岗岩-火山岩及其成矿的研究。

一般来说，华南在中生代具有以下地质特点：①构造位置上濒临西太平洋俯冲带；②在中生代，特别是晚中生代，发生了一系列的岩浆活动，产出了大量的花岗岩和火山岩；③同时华南在晚中生代产有大量的热液金属矿床，如钨、锡、铅、锌、铜、金、铀等，并且这些热液金属矿床和华南花岗岩-火山岩关系密切；④断裂构造主要有两组，表现为东西向构造受到北北东向构造叠加。然而，华南花岗岩-火山岩具幕式多期次产出的特点，钨、锡、铜、铀等多金属成矿及其构造动力学背景的复合、叠加过程错综复杂。

正是由于华南地质的特殊性和复杂性，不少具体的成岩成矿来源、空间等问题，甚至基础地质理论问题有待解析。就研究最为详细的华南中生代大规模构造-岩浆作用的动力学背景和模式而言，认识仍有很大的分歧。提出的模式主要有以下 3 种：①活动大陆边缘构造-岩浆作用模式（Jahn et al, 1990；Charvet et al, 1994；Martin et al, 1994；Lan et al, 1996；Lapierre et al, 1997；Zhou et al, 2000；Zhou et al, 2006；Li et al, 2007；Meng et al, 2012）；②阿尔卑斯型大陆碰撞模式（Hsü et al, 1988, 1990）；③大陆拉张-裂解模式（Gilder et al, 1991, 1996；Li, 2000；Li et al, 2003）。目前，大多数学者沿用活动大陆边缘构造-岩浆作用模式，并从不同角度予以改进，但对俯冲作用控制华南花岗岩-火山岩形成的起始时间仍有分歧。如 Zhou et al（2006）认为从侏罗纪开始的古太平洋板块对欧亚大陆板块的低角度俯冲及消减作用，诱导了华南燕山期花岗岩-火山岩岩浆活动。Li et al（2007）则认为太平洋板块向华南大陆的平板式俯冲始于 265Ma 前，并诱发了华南印支期花岗岩的形成，俯冲大洋板片的断裂拆离直接导致了大规模燕山早期板内岩浆活动。

研究表明，在晚中生代（燕山期），中国东南部的构造-岩浆活动可以分为两个主要的年龄段，即燕山早期（180～140Ma，J_2—J_3）和燕山晚期（140～90Ma，K_1）（Li, 2000；Zhou et al, 2000；Zhou et al, 2006）。为了揭示华南花岗岩时空分布规律，孙涛（2006）和 Zhou et al（2006）在综合收集了华南花岗岩研究新的岩石化学分析数据和年代学资料的基础上，新编了华南花岗岩分布图（图 1-1），图中展示了华南不同时代花岗岩的分布特点。总体上看，华南早中生代花岗岩呈面式分布于陆内。晚中生代花岗岩，从燕山早期至燕山晚期，有从内陆向沿海方向迁移的特征，它们的展布方向以北东向为主。

前人大量研究成果也已表明，华南地区的金属成矿作用，包括与各种花岗岩类有关的成矿作用，主要发生在中生代，尤其是燕山期，是中国东部大规模成矿作用或"成矿大爆发"的重要组成部分。

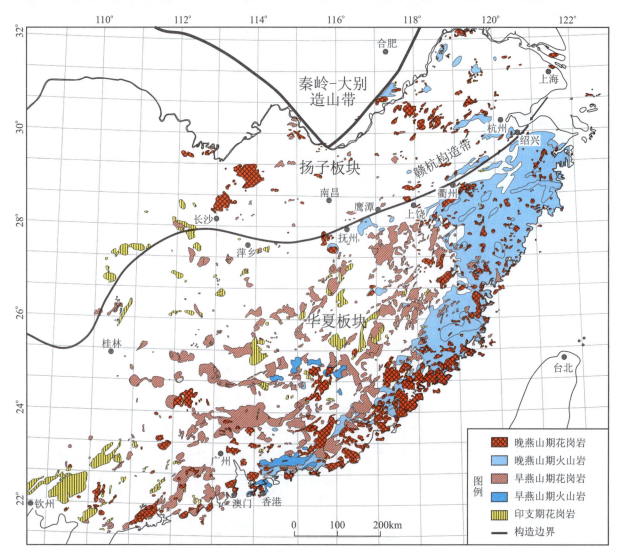

图1-1 华南中生代花岗岩分布图

（据Zhou et al，2006修改）

关于火山岩的时空分布，图1-1表明中侏罗世的火山岩浆作用拉开了华南晚中生代大规模岩浆作用的序幕，这一大规模岩浆作用，喷出和侵入相伴相随，至晚白垩世结束。晚中生代（燕山期）花岗岩与辉长岩、基性岩墙群密切共生，同时还与双峰式火山岩、A型花岗岩、碱性正长岩密切共生，表明本区已处于伸展应力体制之下，而岩浆活动具有随时间从内陆向沿海方向迁移的特征，展布方向以北东向为主，与太平洋板块向北西方向俯冲相耦合，表明华南晚中生代岩浆活动与太平洋板块的俯冲有内在的成因联系。

Zhou et al（2006）根据华南中生代花岗岩-火山岩的性质、时空分布及其Nd的T_{DM}等值线变化等，提出了关于华南中生代花岗岩-火山岩成因的两阶段模式，即陆-陆碰撞造山作用形成了早中生代印支期花岗岩，洋对陆消减过程中的伸展造山作用形成了晚中生代燕山期花岗岩-火山岩，并认为自中侏罗世开始的古太平洋板块对欧亚大陆板块的消减作用，使华南地壳整体上处于伸展应力环境，并先后经历了两个时期，即燕山早期（J_2—J_3）的发生在华南内陆，特别是南岭的板内岩浆活动期和燕山晚期（K_1—K_2）的主要发生在沿海的陆缘弧岩浆活动阶段（早白垩世为主）和内陆弧后阶段（中白垩世）。Zhou et al（2006）提出的这一模式，综合性地解释了华南晚中生代岩浆作用的许多现象。尽管如此，华南地区在中生代期间的一些重大科学问题仍有待解决,比如(古)太平洋板块的俯冲影响华南的时空范围、深部过程(壳-幔相互作用)对花岗岩形成的作用、岩石圈地幔性质、构造-岩浆-矿床耦合关系等。

从花岗岩岩浆的形成、熔体分离、岩浆上升到岩体定位以及变形改造的全过程都蕴含着丰富的构造动力学信息。在华南,无论是单个花岗岩体,还是花岗岩带,它们的形成和演变受不同级别构造的控制,因此花岗岩构造的研究是华南花岗岩研究中的重要内容,从根本上说华南花岗岩问题不是单纯的岩石学问题,而是一个综合性的地质问题,除了需要进行花岗岩的岩石学、地球化学和年代学研究外,还需要进行相关的盆地构造、花岗岩构造、区域应力应变的研究,进一步加深对花岗岩形成的动力学过程的认识,特别是对花岗岩形成的构造背景(挤压或是拉张)、花岗岩侵位的空间和花岗岩岩浆形成热源的认识。

对华南中生代花岗岩的研究,沈渭洲等(2007)在综合前人研究以及最近测定的晚中生代花岗岩Sm-Nd同位素组成的基础上,重新勾画出华南地区4条晚中生代低Nd模式年龄带,即浙闽粤沿海带、南岭带、湘桂粤带和赣杭带。周新民等(2007)在此基础上改进为华南中生代花岗岩-火山岩Nd同位素模式年龄等值线图(图1-2),湘桂粤带和赣杭带也可合称为十杭带(Gilder et al,1996)。

在浙闽粤沿海低Nd模式年龄带内,除大量分布钙碱性花岗岩外,还分布众多燕山晚期A型花岗岩体,如福建魁歧与太姥山等岩体和浙江瑶坑、青田、桃花岛等岩体(图1-2)。

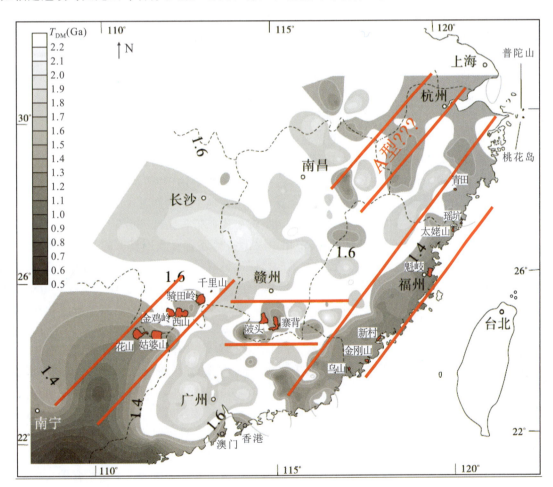

图1-2 华南晚中生代花岗岩Nd模式年龄等值图及代表性A型花岗岩
(据Zhou et al,2006和徐夕生,2008修改;图中"A型???"表示在此区域此前还较少有A型花岗岩的报道)

南岭带是指分布在闽西南-赣南-粤北地区的低Nd模式年龄花岗岩带,该带在空间上呈近东西向分布。在这一东西向带内,也分布有A型花岗岩,如赣南的寨背、陂头。

对于湘桂粤带和赣杭带,最早由Gilder et al(1996)识别出华南内陆存在着一条具有高Sm(>8

$\times 10^{-6}$）和 Nd（$>45\times 10^{-6}$）含量、相对较高的 $\varepsilon_{Nd}(t)$ 值（>-8）、较低的 T_{DM} 模式年龄值（$<1.5Ga$）和相对较低的 $^{87}Sr/^{86}Sr$ 初始比值（<0.710）的花岗岩带。该带呈北北东向分布，在空间上与两个主要的中生代盆地一致，被称为十万大山-杭州带，简称十杭带。Gilder et al（1996）认为这条花岗岩带代表了较为稳定的北西部地区与较为活动的南东部地区的边界，认为它们可能是中生代时期开始的沿中国东南沿海的裂谷带。这条花岗岩带的识别和成因认识对于研究华南中生代的构造岩浆活动具有重要的指示意义。

Chen et al（1998）和陈江峰等（1999）重新对华南花岗岩的 $\varepsilon_{Nd}(t)$ 值和 Nd 同位素的模式年龄值进行统计和分析，考虑到十杭带中万洋山-诸广山地区花岗岩的 Nd 模式年龄都较大，因此将十杭带分为南、北两个带：南带（或湘桂粤带）主要包括从南岭西部向西南延伸到桂东南的昆仑关岩体；北带则是从赣中到赣东北一直延伸到杭州，也被称为赣杭构造带。十杭带这条花岗岩带刚好处于扬子板块和华夏板块的结合部位，因此对这条花岗岩带的识别和成因认识对于研究华南中生代的构造岩浆活动具有重要的指示意义。

十杭带南带（湘桂粤带）所包括的晚中生代岩浆岩主要有从湘东南的高垄山、千里山岩体向南西经骑田岭、西山、金鸡岭岩体，至桂东北的花山、姑婆山岩体，然后继续向南西方向延伸至桂东南。在大地构造位置上，该岩带是南岭东西向晚中生代花岗岩带西段的重要组成部分。这些岩体也位于北东向的临武-郴州-茶陵深大断裂带上。区域上还发育一系列北北东向断裂。对于十杭带南带的晚中生代花岗岩体的岩石成因，以及花岗岩体内所富含的热液金属矿床（如钨、锡、铅、锌等）的成因，目前已经开展了大量系统的研究工作（朱金初等，2003，2006a，b，c；Liu et al，2003；付建明等，2004，2005；Zhao et al，2005，2011，2012；柏道远等，2005；蒋少涌等，2006，2008；Jiang et al，2006a，2009；Li et al，2007；Zhu et al，2009；Xie et al，2010；单强等，2011；Huang et al，2011）。研究结果表明，在这个低 Nd 模式年龄带内，大部分岩体都属于铝质 A 型花岗岩体，它们的形成时代约为 160Ma。

相比之下，对十杭带北带（赣杭构造带）晚中生代花岗岩的研究则相对薄弱，关于赣杭构造带晚中生代的构造岩浆活动是如何演化的，相比于十杭带南带是否一致等科学问题值得我们深入探讨。

赣杭构造带还是中国东南部（晚侏罗世—）早白垩世一条重要的沉积-火山岩带，与十杭带南带不同的是，赣杭构造带沿线分布着一系列火山盆地，这些火山盆地中有些产有火山岩型铀矿，因此也被称为含铀火山盆地，构成了我国一条非常重要的火山岩型铀矿成矿带。赣杭火山岩带也是世界上典型的火山岩型铀矿床成矿带（Fayek et al，2011），其中相山火山盆地还含有我国最大的火山岩型铀矿。铀矿由于存在特殊的能源作用以及军事意义，已有大量的科研人员对铀矿床的地质特征、矿物特征以及地球化学特征展开了研究（De Vivo et al，1984；Dahlkamp，1993；Burns et al，1999；Cuney，2009；Hazen et al，2009；Cuney，2010；Fayek et al，2011）。研究表明，在高分异的岩浆岩（如花岗岩、伟晶岩和过碱性岩）中，U 通常与 Th、Zr、Ti、Nb、Ta 和 REEs 相关（Cuney，2009，2010），因此，对与铀矿相关的岩浆岩进行岩石地球化学研究，有助于对与岩浆岩有关的铀矿床成因的理解。长期以来，国内地质学家对这条带上铀矿床成矿流体和成矿物质来源也开展了系列研究工作（陈繁荣等，1990；范洪海等，2001c；Lin et al，2006；Jiang et al，2006b；Hu et al，2008，2009）。研究表明，这些铀矿的形成与华南白垩纪的地壳拉张有关（胡瑞忠等，2004；姜耀辉等，2004），因此，通过研究赣杭构造带上火山盆地中岩浆岩来推演赣杭构造带的构造演化特征，对认识这些火山盆地中铀矿床的成因具有重要的指示意义。

鉴于对赣杭构造带晚中生代岩浆活动的研究相对薄弱，特别对赣杭构造带上这些含铀火山盆地中的火山岩地层、侵入岩的形成时代、岩石成因类型、物质来源、深部过程（壳幔相互作用）、岩浆演化过程以及形成的构造环境存在争议或者还未得到解决，我们决定开展赣杭构造带上晚中生代含铀火山盆地的岩石成因及形成的构造环境研究，以探讨赣杭构造带晚中生代的构造岩浆活动演化。

本书研究以位于赣杭构造带的 4 个含铀火山盆地，即赣杭构造带西段的相山火山盆地和盛源火山盆地，赣杭构造带东段的新路火山盆地和大洲火山盆地作为研究对象，进行了详细的野外地质调查，借助岩相学、矿相学、SHRIMP 和 LA-ICP-MS 锆石 U-Pb 年代学、元素地球化学、全岩 Sr-Nd 同位素组成和锆石的原位 LA‑MC‑ICP‑MS Lu‑Hf 同位素组成、矿物的 EPMA 元素组成、电气石的硼同位素组成等分析手段，对火山盆地中岩浆岩的形成时代、物质来源和成因机制进行了深入的研究，同时结合前人和本研究的成果，探讨了这些岩浆岩形成的构造背景和深部动力学过程。野外地质考察是在全面收集研究区前人研究资料的基础上，对相山、盛源、新路、大洲 4 个火山盆地的岩浆岩体和相关矿区进行系统的野外地质观察及样品采集工作。岩相学观察是通过显微镜下以及利用电子探针的背散射图像分析详细观察所采集的岩浆岩的结构、矿物组成、岩石的蚀变程度等，并在此基础上选取代表性的样品进行进一步的研究工作。年代学研究是由于花岗岩-火山岩（特别是中-酸性火山岩）中含有大量的岩浆结晶锆石，由于锆石 U‑Pb 同位素体系的封闭温度非常接近于岩浆的固相线温度，因此锆石 U‑Pb 法通常能给出岩体的形成年龄。尽管如此，传统的单颗粒锆石定年方法是将几颗锆石一起溶解进行分析，这就有可能误把不同时期不同成因的锆石混在一起，从而获得一个没有确切地质含义的混合年龄（Rogers et al，1989）。运用离子探针质谱（SHRIMP）分析（Compston et al，1984）或者激光等离子质谱（LA‑ICP‑MS）分析（Feng et al，1993）能够从一颗锆石上获得一个甚至多个年龄数据，从而可探测可能存在的锆石结晶核，并得出准确的年龄信息。随着 SHRIMP，LA‑ICP‑MS 等原位分析技术的创新，锆石原位 U‑Pb 定年已经变成获得岩浆岩形成时代的一个重要研究手段，因此，本书利用锆石原位 U‑Pb 定年精确地对各种岩性的形成时代进行系统的研究。对于元素地球化学和 Sr‑Nd‑Hf 同位素研究，岩浆岩的元素地球化学特征可以用来指示岩浆演化过程，而同位素示踪是物质来源判别十分重要的手段。单矿物的电子探针元素组成研究是利用 EPMA 分析矿物的化学组成，研究矿物的成因进而探讨岩浆演化过程。此外，开展电气石的硼同位素组成研究可以探讨岩浆中硼的来源，进而探讨岩浆的物质来源。最后，结合前人和本书研究的成果进行了综合分析研究，探讨了这些岩浆岩形成的构造背景和深部动力学过程，并建立赣杭构造带晚中生代的构造岩浆活动演化模式。

2 区域地质特征

华南地处欧亚板块的东南端，东临太平洋板块，西接印度洋板块。十杭带跨越扬子板块和华夏板块两个一级构造单元，北临大别地块和华北地块，西与三江褶皱带接壤，东南临东海、南海，是北（北）东向构造系与东西向构造带的强烈复合地区。中生代以来大部分属于滨太平洋构造域。

Gilder et al（1996）最早在华南内部从杭州横穿江西中部至广西十万大山识别出一条高 ε_{Nd}、低 T_{DM} 花岗岩带（简称十杭带）之后，对十杭带的研究引起了地质学家们的关注。洪大卫等（2002）认为该高 ε_{Nd}、低 T_{DM} 花岗岩带可能是扬子板块和华夏板块在新元古代时的一条板块碰撞带。而中国的矿床学家也意识到了在十杭带上分布有非常丰富的热液金属矿床（如钨、锡、铅、锌、铜、金、铀等），构成了一个罕见的板内多金属成矿带。该成矿带大致自西南端的广西钦州湾、经湘东和赣中延伸到东北端浙江杭州湾，整体呈北东向反"S"状弧形展布，全长近 2 000km，宽 100～150km。国内矿床学家将该成矿带命名为钦杭结合带或钦杭成矿带（杨明桂和梅勇文，1997；杨明桂等，2009；毛景文等，2011）（图 2-1）。

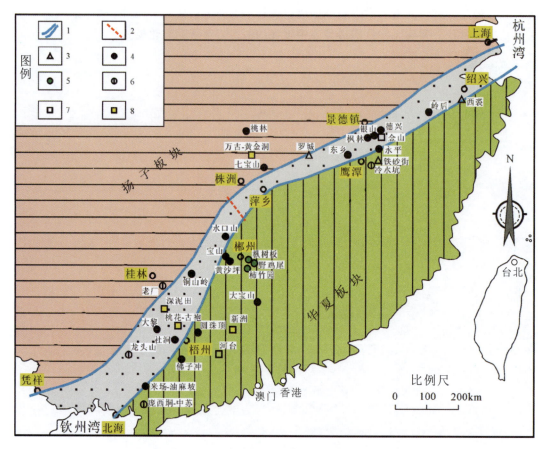

图 2-1 钦杭成矿带主要热液金属矿床分布略图

（据毛景文等，2011）

1. 钦杭成矿带；2. 十杭带南带和北带的界线；3. 与晋宁期岛弧火山作用有关的同生矿床；4. 与壳幔混源型中酸性岩有关的铜多金属矿床；5. 与壳源型或壳幔混源型酸性岩有关的铜多金属矿床；6. 热液脉状充填铜铅锌矿床；7. 韧性剪切带型金矿；8. 破碎蚀变带型金银矿

十杭带为华南古陆块碰撞和中生代陆内焊合叠覆形成极为复杂的超强变形构造带，北侧边界为湖南浏阳-江西七宝山-景德镇-浙江球川-萧山深断裂，南侧的萍乡-绍兴断裂为古陆块的终极缝合带。带内以构造推覆、岩片堆叠混杂并以发育蛇绿混杂岩为特点。

2.1 区域构造

十杭带表现为一条大型拗陷带，形成时代老，且自晋宁期形成以来，经历了加里东期、印支期、燕山期等多期构造-岩浆活动及变质作用的叠加改造与破坏，造成其地质构造特征极其复杂多样。以加里东构造为界，加里东期以前，区内构造体制以板块俯冲体制控制的多期碰撞拼合为主，形成以古岛弧与混杂带为主体的构造格局；印支运动以来，以陆内造山体制控制的隆坳分异为主体，形成隆起带与拗陷带相伴的构造格局。

2.1.1 前加里东构造单元

十杭带东段（赣杭构造带）大致在浏阳-苏州、萍乡-绍兴断裂带之间，大部被南华纪以来的沉积盖层所覆，其残体仅见于赣中、赣东北、皖南一带，其结构构造十分复杂，自北而南可分为5条次级构造带：①浏阳-休宁构造混杂带。北面以浏阳-景德镇断裂带与江南推覆隆起带分界，为一条由溪口群组成的宽约50km的韧性剪切与构造岩片堆叠带。②江南古岛弧。为由基本成层有序的溪口群、万年群组成的向南东方向逆冲的大型推覆体。③赣东北蛇绿混杂岩带。该带以石耳山北北东向左行走滑脆性剪切带为界，北东侧歙县伏川蛇绿混杂岩带出露于向北北西仰冲带的前缘；南西侧德兴-东乡的蛇绿混杂岩带出露于万年推覆体的前缘，混杂于新元古代早期浅变质的海相火山岩地层中。④怀玉古岛弧。基底由中新元古界双溪坞群浅变质的火山岛弧沉积组成，下部为深海相含铜铁的细碧岩、石英角斑岩组成的火山岩系，上部为中酸性火山岩。⑤萍乡-绍兴构造混杂岩带。前期为扬子、华夏古陆块加里东期终极缝合带，表现为一条强烈的地壳消减叠覆带、超壳断裂带、动热变质和韧性剪切带，也是一条重磁场梯级带。

2.1.2 印支以来构造单元

受中志留世后期加里东运动影响，浙西北地区整体抬升隆起成陆，由此进入一个全新的发展阶段——具有正地台性质的稳定阶段。印支运动影响褶皱断裂构造发育，形成一些规模较大的推覆构造带。燕山期时陆内收缩造山，区内地壳受北西-南东方向的水平挤压，在前期构造背景上，以隆坳分异与冲断为主要构造样式，形成了3条主要的断裂带、两条主要的隆起和一条拗陷带。

区内宜丰-景德镇、德兴-东乡、萍乡-绍兴是燕山期3条重要的A型俯冲深断裂带，发育于浙赣拗陷带与南、北两侧隆起带的交接部位，断裂前缘隆起，后缘拗陷，是在古缝合带基础上发展起来的蛇绿混杂岩带、韧性剪切带、重磁场变异带和地壳消减俯冲带。宜丰-景德镇深断裂带是在浏阳-歙县中元古代华南洋北支缝合带的基础上发展起来的，走向北东东，两端分别有浏阳文家市和歙县伏川晚蓟县世的蛇绿混杂岩分布，推测断面向北西陡倾。德兴-东乡深断裂带为一条著名的蛇绿混杂岩带，燕山期向北西强烈俯冲，断裂带上盘（北西侧）形成一条斑岩（次火山岩）带，晚白垩世发生断陷，出现小型红盆地。萍乡-绍兴深断裂带沿中元古代华南洋南支缝合带发育，断裂带向南作铲式倾斜。由于经过多次的消减，代表洋壳残迹的蛇绿混杂岩散见于浙江境内的龙游、陈蔡等地，在江西周潭也发现有蛇绿岩块。

区内发育的两条隆起带为北部的江南南缘（九岭山-鄣公山-天目山）隆起带和南部的武功山-北武夷北坡-诸暨隆起带，均为具双层基底的硅铝质地壳，前者是在四堡期古岛弧变质地体的基础上发展起来的隆起-花岗岩带，呈东西到北东东走向，具有古元古代结晶基底和蓟县纪浅变质褶皱基底，进一步划分为九岭南缘隆起亚带、鄣公山南缘隆起亚带、天目山隆起亚带。后者是在华南加里东造山带前缘褶冲带的背景上发展起来的花岗岩隆起带，作近东西至北东东向延伸。北武夷地区变质基底具有古—中元古代结晶基底及青白口纪—寒武纪褶皱基底，进一步划分为武功山隆起亚带、常山-诸暨隆起亚带。

区内发育的拗陷带即处于上述两隆之间的浙赣拗陷带，是在钦州湾-杭州湾古板块结合带东段的基础上发展起来的古—中生代拗陷带，基底是富幔质地壳，其内部结构复杂，包括3条次级拗陷和1个次级隆起。万年隆起亚带发育在江南东段加里东期推覆体之上，南北两侧分别为萍乡-丰城拗陷亚带、丰城-乐平拗陷亚带、怀玉-钱塘拗陷亚带，呈北东向交错分布。

2.2 区域地层

区内地层南北分别具扬子型和华南型盖层，而基底组成十分复杂。它们形成了多层次的含矿沉积岩组合。

中新元古界蓟县系—青白口系：由一套洋壳、弧后盆地的次火山沉积建造组成。主要岩性有大洋玄武岩、细碧岩、高镁质玄武岩、碳酸盐岩、硅质岩、石英角斑岩、流纹岩、火山碎屑沉积岩类、浊积岩、黑色深海泥页岩等。新元古界下部为一套陆间裂谷型沉积建造，主要岩性有辉石橄榄岩、苦橄玢岩、细碧质玄武岩、陆岛安山质玄武岩、玄武岩、流纹岩、石英角斑岩、火山沉积凝灰岩、凝灰岩、大理岩、碎屑岩等。变质程度为绿片岩相，局部为低级角闪岩相。这些岩石均经历区域变质作用，属绿片岩相或低级角闪岩相。

新元古代晚期"板溪期"地层：包括从湘西北到湘南为从陆相—浅海—次深海、深海相一套斜坡沉积，即由"红板溪"到"黑板溪"地层。本区怀玉山山脉—浙中为一套由海陆相—陆相—次深海、深海相碎屑岩-火山岩地层。岩性差异较大，但完全可以对比。

新元古代晚期南华系和震旦系：为一套浅海相火山沉积建造、硅铁建造、含磷建造。主要岩性有火山角砾岩、含冰川砾石火山凝灰岩、黑色碳硅质岩、条带状石英磁铁矿层，磷块岩、灰岩、硅质灰岩、大理岩等。

寒武系：为浅海相沉积建造。主要由黑色硅质板岩、页岩、含磷结核页岩、钙质页岩、灰岩硅质岩、细碎屑岩类组成。

奥陶系：为浅海相沉积建造。主要分布于钦-杭结合带东部，主要岩性有砂岩、粉砂质页岩、笔石页岩、瘤状灰岩、钙质页岩等。

志留系：为浅海相碎屑岩建造。主要由砂岩、页岩、砂质页岩、钙质页岩等组成。

泥盆系：为一套滨海-浅海相碎屑岩建造。主要岩性为砾岩、砂砾岩、砂岩、泥质粉砂岩、泥岩、页岩、鲕状赤铁矿层。

石炭系：为含煤建造、浅海碎屑岩建造、碳酸盐岩建造。主要岩性有石英砾岩、砂岩、砂砾岩、泥岩、煤层、碳质页岩，上部为灰岩、含燧石灰岩、白云质灰岩等。

二叠系：为浅海相碎屑岩建造、含煤建造和碳酸盐岩建造。主要岩性有砂岩、粉砂岩、页岩、石灰岩、含燧石沥青质灰岩、镁质黏土页岩、硅质岩等，为主要含煤层（乐平煤系）。

三叠系：为陆相含煤建造（安源煤系）。主要岩性有砾岩、砂岩、页岩、煤层。

侏罗系：下侏罗统为陆相湖沼碎屑岩夹含煤建造。主要岩性有砾岩、长石石英砂岩、含砾砂岩、页岩、劣质煤层。上侏罗统基本缺失。

白垩系：下部为陆相火山岩建造，分布于十杭带东部及南缘。主要有安山质玄武岩、安山岩、英安岩、流纹岩、火山碎屑沉积岩类、页岩、泥岩等。其中酸性火山岩是重要的含矿层位，是一套晚侏罗世—早白垩世的含铀、银、铅、锌陆相酸性火山岩组合。对于这套不整合于老地层之上的"晚侏罗世中酸性火山岩"的时代长期存有争议。上部为陆相湖泊沉积建造。主要岩性有砾岩、砂砾岩、砂岩、粉砂岩、泥岩、钙质砂岩，局部有玄武岩、石膏层、油页岩。

古近系+新近系：为湖泊相碎屑岩建造、含油建造、含盐建造。主要岩性有砂砾岩、砂岩、泥岩、页岩、油页岩、石膏层、石盐层等，主要分布于清江盆地。

第四系：为河湖相碎屑沉积物。

2.3 区域岩浆岩

十杭带岩浆岩比较发育，侵入岩及其火山岩以燕山早期的花岗岩、花岗闪长斑岩为主，其次为早中侏罗世—早白垩世的花岗岩以及晋宁期的闪长岩和花岗岩。本区岩浆岩类比较齐全，从酸性、中酸性到基性、超基性岩类均有发育，岩浆活动具有多期次、多种类、多层次造浆及多层次就位的特点。区内有色、贵金属成矿与岩浆多期次演化有关，尤其是与燕山期火山岩、浅-超浅成斑岩和中酸性花岗岩类等关系最为密切。

晋宁期岩浆岩：有陆相玄武岩、安山质玄武岩、流纹岩、细碧岩、石英角斑岩；侵入岩有斜长岩、辉长岩、辉绿岩。据报道在湘北益阳也见有科马提岩和变玄武岩，浏阳、宜丰、乐平至祁门一带有细碧岩、变玄武岩、石英角斑岩和火山凝灰岩。这套火山岩在湘赣交界比较发育，在浏阳涧溪冲含变玄武岩地层厚近千米，在铜鼓地区有大于100m厚的变玄武岩，向东向北渐变为火山凝灰岩层。

加里东-海西-印支期岩浆岩：加里东期岩浆岩主要分布在武功山和弋阳—上饶以南地区。其中以武功山、慈竹等岩体为代表，岩性为片麻状英云闪长岩、二云母花岗闪长岩、二云母花岗岩。在浙西北地区早古生代有少量的火山喷发。海西-印支期岩浆活动微弱，仅在建德岭发现晚石炭世与火山喷气-热液作用有关的浸染状金属硫化物的沉积，在浙江长兴见厚约0.19m的晚二叠世酸性凝灰岩，其分布趋势与早古生代花岗岩相近。印支期花岗岩沿钦州-湘中-赣中岩带进入本区，如广西大容山-十万大山花岗岩、湘中腾山岩体、白马山岩体、桃江花岗闪长岩的时代大部分为印支期。诸广山岩体东部大坪水库、百顺、蕉坪长江等地花岗岩均形成于印支期。

燕山早期岩浆岩：燕山早期火山岩主要分布于湘南和赣南地区，部分延入本区，与该区发育的早侏罗世裂陷槽基本一致。湘东南下侏罗统茅仙岭组上部为玄武岩段。粤东下侏罗统嵩林组含玄武岩、安山岩，中侏罗统吉岭湾组含英安岩，赣东中侏罗统菖蒲组为玄武岩，形成于非造山的伸展环境。燕山早期岩浆岩主要分布在武功山、雅山、北武夷山、东乡-广丰德兴矿田等地，岩性有中酸性、基性熔岩和中酸性次火山岩。侵入岩有黑云母花岗岩、黑云母二长花岗岩、二云母花岗岩、二云母花岗闪长岩、黑云母二长花岗岩等。十杭带燕山早期以一条中酸性花岗质斑岩带为特色，它自桂东、粤西、湘东至赣中、赣东北，该带岩体稀少，且规模较小，但构成一个重要的铜钨铅锌钼多金属成矿带。

燕山晚期岩浆岩：燕山晚期火山岩主要分布在武夷山北缘冷水坑一带的火山-次火山岩带，为最强烈的火山喷发期，浙江、赣北广大地区该套地层时代均为早白垩世。期后有玄武岩分布于断陷盆地及其边缘的红色砂砾岩地层中。燕山晚期岩浆岩分布较广，总体显示由西向东向外侧扩展，岩体规模一般较小，斑岩、次火山岩小岩体增多，沿海地带花岗质岩浆侵入活动最为强烈，岩体也较大。燕山晚期岩浆岩主要分布于沿海地带、江南东段和皖南地区。它们沿北西向深断裂与北东、北北东向断裂交会部位上侵。晚阶段大规模的花岗岩岩浆活动已经结束，有浅成的中酸性或偏碱性小岩体分布。

喜马拉雅期岩浆岩：喜马拉雅期岩浆岩主要是晚白垩世陆相玄武岩、玄武玢岩、石英斑岩。主要分布于上高野鸡脑、余江马鞍山等。由于面积小，与成矿关系不明显。

2.4 赣杭构造带地质背景

十杭带北带的赣杭构造带东起浙江绍兴，西至江西永丰，总体呈北东向展布，长大于600km，宽一般为50～70km（图2-2）。大地构造位置位于华南一级构造单元的结合部位，横跨江南元古宙岛弧和华南加里东造山带两个不同的二级构造单元，北侧为下扬子地块，南侧为华南地块（余心起等，2006）。赣杭构造带经历了长期的地质发展历史和演化，在各构造旋回均表现其活动性。概括起来，赣杭构造带的发展经历了3个阶段（邵飞，2004），即：东安期至加里东期，为赣杭断裂带（包括江山-绍兴深断裂、东乡-广丰深断裂、永丰-抚州深断裂）形成期；海西至燕山早期，表现为拗陷带；燕山中期至晚期，表现为火山活动及拉张裂陷。

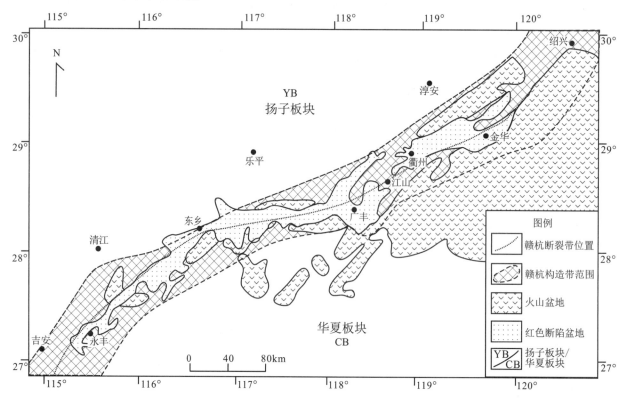

图 2-2 华南赣杭构造带地质简图
（据余心起等，2006 修改）

赣杭构造带是中国东南部（晚侏罗世—）早白垩世一条重要的沉积-火山岩带，沿线分布着数十个火山盆地、火山穹隆（图 2-2），以浙、赣两省为界，分东、西两段，即赣杭带东段和赣杭带西段。一般认为赣杭构造带在晚中生代发育两个阶段的拉张活动（张星蒲，1999a，b）：第一阶段发生于（晚侏罗世—）早白垩世，又称赣杭构造火山活动带，为中酸性-基性火山岩喷发，形成了一系列火山盆地，这些火山盆地中有些产有火山岩型铀矿，因此也被称为含铀火山盆地；第二阶段发生于早白垩世晚期，形成赣杭红盆带，伴随基性玄武岩喷溢，又称赣杭断陷盆地带，沿构造带分布着多个以晚白垩世红层为主的盆地（红盆）。

大约在晚侏罗世，局部裂解开始沿着老的江绍缝合带发育，这时与燕山期造山运动的中阶段太平洋向陆缘东南部的俯冲相关。多次地壳运动，赣杭构造带上形成了一系列规模不等的构造单元，断裂控制了不同级别的构造单元。赣杭断裂带控制了赣杭火山喷发带。赣杭构造带在晚中生代发生了大规模的中-酸性岩浆喷发、喷溢和浅成侵入活动，形成了一系列火山塌陷盆地。燕山晚期，由于太平洋板块俯冲速度变缓，引起弧后松弛作用，导致亚洲板块东部构造应力场由强烈挤压转为剧烈拉张。最强的伸展发生在白垩纪（Gilder et al，1991；Jiang et al，2011）。

受遂川-德兴深断裂伸展拉张作用影响，赣杭构造带在早白垩世晚期沉积了一系列的白垩纪红色碎屑岩。发生在裂谷内的沉积是不连续的，其标志为周期性的不一致性。赣-杭裂谷内被红色碎屑沉积物和火山岩所充填，厚度超过 10 000m，沉积物主要为泥质岩系和蒸发岩系，包括砂岩、粉砂岩、泥岩、砾岩、角砾岩、凝灰岩、熔结凝灰岩，底部为红层与块状玄武质熔岩互层（Gilder et al，1991）。同时代发育于裂谷的火山岩包括玄武岩、流纹岩、花岗岩、辉长岩、英安岩和安山岩，硅质火山岩常归为喷火山口系统。赣杭构造带内形成的几十个北东向及东西向展布的火山盆地和火山穹隆，控制了一系列金属、非金属及放射性矿产。白垩纪的拉张伸展作用复活了已存在的老断裂,并在其邻近部位产生了大量密集的小断裂和构造裂隙带。成矿流体和热液沿断裂构造上升,并运移到小断裂和构造裂隙带里富集,产生大规模的铀成矿作用,形成赣杭构造带上的一系列铀矿田(邵飞,2004)。

本研究区(赣杭构造带)主要与江绍断裂带、赣杭裂谷有关,赣杭构造带在晚中生代发生了大规模的中-酸性岩浆喷发、喷溢和浅成侵入活动,形成了赣杭构造火山岩带。在这里有必要对江绍断裂带、赣杭裂谷以及赣杭构造火山岩带进行详述。

江山-绍兴(江绍)断裂带东起杭州湾外大陆架,经绍兴、诸暨、金华、龙游至江山延到江西。江绍断裂作为江南古岛弧与华夏板块的地缝合带,经历了洋壳俯冲、扬子板块南缘江南古岛弧的形成、江南古岛弧与华夏板块的碰撞对接、断裂带岩石的韧性剪切变形等多个发展阶段。特别是在燕山期,随着库拉-太平洋板块以较低角度向亚洲板块边缘快速俯冲,在强烈的区域挤压构造应力场作用下这些深断裂重新活动,并发生平移走滑作用,形成北东向走滑构造体系。在下扬子地区,江绍断裂一般被认为是扬子板块和华夏板块的分界线。扬子板块的基底为新太古代—元古宙老地层,华夏板块的基底为古元古代—中元古代老地层(Chen et al,1998;Qiu et al,2000)。

赣杭裂谷,由其现在的地貌形态而得名,裂谷叠加于江山-绍兴缝合带上,形成时代为晚侏罗世—白垩纪(Gilder et al,1991,1996;Jiang et al,2011)。在中国东南部,发育一套北东向近乎平行的地堑系统,因与美国西部现今的盆岭省有诸多相似,而被Gilder et al(1991)称为"中国东南盆岭省"。赣-杭裂谷代表着"中国东南盆岭省"的最北边界,裂谷呈北东-南西走向,从浙江省的杭州湾经江西省的抚州市横跨浙赣两省,长约450km,宽约50km。

赣杭断裂带控制了该带上的一系列金属、非金属及放射性矿产,该火山岩带是我国最大的火山岩型铀成矿带。赣杭构造带分布有4个最主要的含铀火山盆地,产有相山、盛源、新路、大洲4个火山岩型铀矿田(图2-3),其中相山铀矿田是我国目前最富、最大的火山岩型铀矿田。

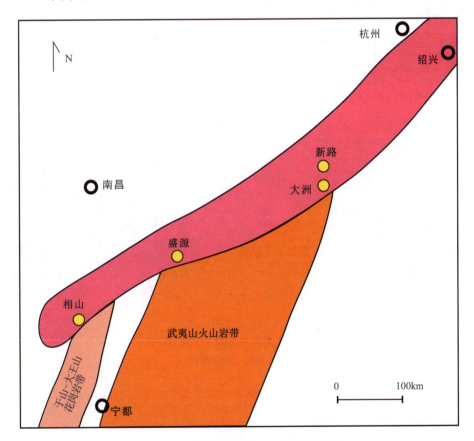

图 2-3 赣杭构造带铀矿田分布示意图
(据邵飞,2004 修改)

赣杭带中生代火山岩型热液铀矿化，主要集中在晚中生代火山岩系中。火山岩地层涉及3个地区的3套命名系统：①赣中及赣东北。自下而上由打鼓顶组（J_3d）、鹅湖岭组（J_3e），如相山盆地和盛源盆地。②浙西北。为劳村组（J_3l）、黄尖组（J_3h）和寿昌组（J_3s），如新路盆地。③浙西。磨石山组（J_3m），如大洲盆地。3套地层可进行对比，但在赣中和赣东北地区火山岩地层发育较为完全。

赣杭带火山盆地盖层为一套火山-沉积建造，以沉积岩为主和以火山岩为主的地层相间出现。火山岩以水上喷发的熔结凝灰岩为主，沉积岩则为正常河、湖相沉积。可见，火山盆地在频繁的地壳上隆、火山喷发和地壳沉降、接受沉积的振荡环境中形成与演化。根据张星蒲（1999a）的总结研究，具体结合实际资料讨论如下。

赣杭带西段，火山活动主要经历了打鼓顶和鹅湖岭两个喷发旋回。J_3d^1时期地壳沉降，接受了一套以红色砂岩为主的碎屑沉积；而后地壳上隆，使J_3d^1地层遭受剥蚀，继而火山喷发，在其上覆盖一套J_3d^2流纹质熔结凝灰岩，使残存的J_3d^1不同程度地受到保护。火山喷发间歇，J_3d^2遭受剥蚀，随后地壳回落，直至沉降到河、湖水面以下，接受沉积，形成J_3d^3沉积层，又使残存的J_3d^2不同程度地受到保护。紧接着地壳再度上隆，湖水退出，J_3d^3遭受剥蚀，然后火山再次爆发，形成J_3d^4火山岩。此后，J_3e大致重复J_3d的过程，形成J_3d^{1-4}和J_3e^{1-4}两个旋回火山岩系。这就是赣杭带火山盆地盖层形成和演化的基本模式（图2-4）。当然，这个模式只是一个理想化的模式，实际情况由于陆相火山喷发堆积的不均一性会更为复杂。

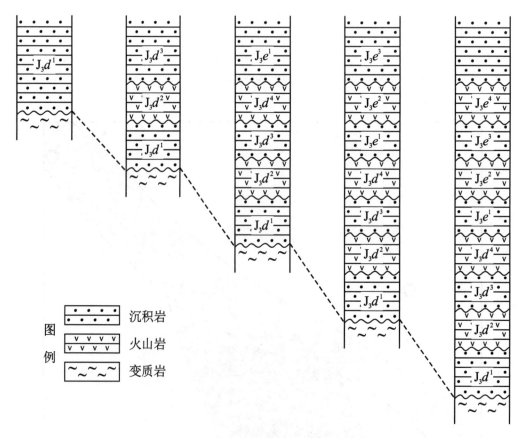

图2-4 赣杭构造带火山盆地演化理想模式柱状图
（据张星蒲，1999a修改）

3 分析方法

3.1 锆石 U-Pb 定年

用于锆石年代学测试的岩石样品首先经过破碎、浮选和电磁选，再经淘洗、挑纯，手工挑出晶形完好、透明度和色泽度好的单颗粒锆石用环氧树脂固定于样品靶上。样品靶表面经研磨抛光，直至锆石新鲜截面露出，具体制靶方法参考中国地质科学院北京离子探针中心实验室提供的方法（宋彪等，2002a）。对靶上锆石进行镜下透射光、反射光照相后，对锆石进行阴极发光（CL）分析，锆石 CL 实验是在西北大学大陆动力学国家重点实验室和中国地质科学院北京离子探针中心扫描电镜实验室完成。最后根据阴极发光照射结果选择典型的岩浆锆石进行锆石 U-Pb 测年分析。

锆石 U-Pb 定年主要运用 LA-ICP-MS 和 SHRIMP 两种方法来完成。锆石的 LA-ICP-MS U-Pb 定年工作在南京大学内生金属矿床成矿机制研究国家重点实验室、中国科学院地球化学研究所矿床地球化学国家重点实验室以及中国地质大学（武汉）地质过程与矿产资源国家重点实验室完成。锆石的 SHRIMP U-Pb 定年工作是在北京离子探针中心南京大学远程示范教学中心通过 SROS 系统实地联网操控位于澳大利亚 Curtin 理工大学的 SHRIMP Ⅱ 上完成的。

南京大学内生金属矿床成矿机制研究国家重点实验室 ICP-MS 型号为 Agilent 7500a 型，激光剥蚀系统为 New Wave 公司生产的 UP213 固体激光剥蚀系统。采用氦气作为剥蚀物质的载气，通过直径 3mm 的 PVC 管将剥蚀物质传送到 ICP-MS，并在进入 ICP-MS 之前与氩气混合，形成混合气。质量分馏校正采用标样 GEMOC/GJ-1（$^{207}Pb/^{206}Pb$ 年龄为 $608.5\pm0.4Ma$，$^{206}Pb/^{238}U$ 年龄为 $599.8\pm4.5Ma$）（Jackson et al, 2004），每轮（RUN）测试约分析 15 个分析点，开始和结束前分别分析 GJ-1 标样 2~4 次，中间分析未知样品 10~12 次，其中包括 1 次已知年龄样品 Mud Tank（735Ma）（Black et al, 1978）。仪器工作参数为：波长 213nm，蚀孔径 30~40μm，剥蚀时间 60s，背景测量时间 40s，激光脉冲重复频率 5Hz，脉冲能量为 10~20J/cm^2，停留时间 ^{206}Pb、^{207}Pb、^{208}Pb、^{232}Th、^{238}U 依次为 15ms、30ms、10ms、10ms、15ms。实验原理和详细的测试方法见 Jackson et al（2004）。ICP-MS 的分析数据通过即时分析软件 GLITTER（Van Achterbergh et al, 2001）计算获得同位素比值、年龄和误差。普通铅校正采用 Andersen（2002）的方法进行，校正后的结果用 Isoplot 程序（v.3.23）（Ludwig, 2003）完成年龄计算与谐和图的绘制。

在中国科学院地球化学研究所矿床地球化学国家重点实验室完成的锆石 U-Pb 定年测试，所使用的 193nm ArF 准分子激光剥蚀系统由德国哥廷根 Lamda Physik 公司制造，型号为 GeoLasPro。电感耦合等离子体质谱仪由日本东京安捷伦公司制造，型号为 Agilent 7700x。准分子激光发生器产生的深紫外光束经匀化光路聚焦于锆石表面，能量密度为 10J/cm^2，束斑直径为 32μm，频率为 5Hz，共剥蚀 40s，锆石气溶胶由氦气送入 ICP-MS 完成测试。测试过程中以标准锆石 91500（Wiedenbeck et al, 1995）为外标，校正仪器质量歧视与元素分馏；以标准锆石 GJ-1（Jackson et al, 2004）与 Plešovice（Sláma et al, 2008）为盲样，监控 U-Pb 定年数据质量；以 NIST SRM 610 为外标，以 Si 为内标标定锆石中的 Pb 元素含量，以 Zr 为内标标定锆石中其余微量元素含量（Liu et al, 2010a；Hu et al, 2011）。原始的测试数据经过 ICPMS Data Cal 软件离线处理完成（Liu et al, 2010a, b）。

中国地质大学（武汉）地质过程与矿产资源国家重点实验室的激光剥蚀系统由瑞索公司制造，型号为 Resonetics-S155。ArF 准分子激光发生器产生 193nm 深紫外光束，经匀化光路聚焦于锆石表面。激光束斑直径为33μm，剥蚀频率10Hz，剥蚀时长30s，高纯氦气作为载气，与氩气混合后进入质谱仪。电感耦合等离子体质谱仪由热电公司制造，型号为iCAP Qc。测试过程中以标准锆石91500（^{206}Pb/^{238}U年龄为1 065.4±0.6Ma，Wiedenbeck et al，1995）为外标校正元素分馏，以标准锆石Plešovice（Sláma et al，2008）作为盲样监控数据质量。NIST SRM 612作为信号漂移矫正。测试数据经过ICPMS Data Cal软件离线处理完成（Liu et al，2010a，2010b）。本次测试得到标准锆石Plešovice的^{206}Pb/^{238}U年龄变化为343～329Ma，加权平均年龄为336.4±3.0Ma，与文献推荐值337.13±0.37Ma一致（Sláma et al，2008）。

锆石的SHRIMP U-Pb定年工作是在北京离子探针中心南京大学远程示范教学中心通过SROS系统实地联网操控位于澳大利亚Curtin理工大学的SHRIMP Ⅱ上完成的。样品靶上的离子束斑直径约为25～30μm，质量分辨率约5 000（1%峰高）。应用澳大利亚地调局标准锆石TEM（417Ma）进行元素间的分馏校正。分析时每测3～5次样品后测定一次标样（TEM），以控制仪器的稳定性和离子记数统计的精确性。详细分析流程和原理参见Compston et al（1984）、Williams et al（1987）、Compston et al（1992）、Williams et al（1996）、Williams（1998）、宋彪等（2002b）的研究成果。用实测的Pb进行普通铅校正，数据处理由中国地质科学院地质研究所北京离子探针中心石玉若副研究员完成。

3.2 锆石Lu-Hf同位素分析

锆石（盛源盆地的锆石除外）的原位Hf同位素组成分析在中国地质科学院矿产资源研究所同位素实验室利用装有New wave UP213激光探针的Neptune MC-ICP-MS测试。仪器的测试条件及数据的采集可参见Wu et al（2006）、侯可军等（2007）的研究成果。激光束斑的直径根据锆石的大小使用40μm或55μm。采用氦气作为剥蚀物质的载气，将剥蚀物质从激光探针传送到MC-ICP-MS，并在进入MC-ICP-MS之前与氩气混合，形成混合气。样品测定过程中获得标准锆石GJ1的^{176}Hf/^{177}Hf=0.282 011±0.000 006（$n=23$，2σ），这与已经报道的原位测定的^{176}Hf/^{177}Hf=0.282 013±0.000 019（2σ）（Elhlou et al，2006）是很接近的。

盛源盆地的原位锆石Hf同位素分析在中国地质大学（武汉）地质过程与矿产资源国家重点实验室利用LA-MC-ICP-MS完成。激光剥蚀系统由瑞索公司制造，型号为Resonetics-S155。ArF准分子激光发生器产生193nm深紫外光束，经匀化光路聚焦于锆石表面。激光束斑直径为50μm，剥蚀频率10Hz，剥蚀时长40s，高纯氦气作为载气，与氩气混合后进入质谱仪。多接收等离子体质谱仪由Nu仪器公司制造，型号为Nu Plasma Ⅱ。实验过程中，国际标准锆石91500的测试结果为0.282 301±0.000 017（2δ，$n=15$），与文献发表的值0.282 307±0.000 031（Wu et al，2006）一致。蓬莱锆石的测试结果为0.282 915±0.000 014（2δ，$n=18$），与文献发表的值0.282 906±0.000 010（Li et al，2010）一致。Plešovice锆石的测试结果是0.282 477±11（2δ，$n=18$），与国际推荐值0.282 482±0.000 013一致（Sláma et al，2008）。清湖花岗岩中锆石的测试结果是0.283 002±0.000 012（2δ，$n=15$），与文献发表的值0.283 002±0.000 004（李献华等，2013）一致。

锆石的$\varepsilon_{Hf}(t)$值是根据每个分析点的锆石U-Pb年龄计算而得，相关的计算公式如下：

$$\varepsilon_{Hf}(t) = \{[(^{176}Hf/^{177}Hf)_s - (^{176}Lu/^{177}Hf)_s \times (e^{\lambda t}-1)] / [(^{176}Hf/^{177}Hf)_{CHUR,0} - (^{176}Lu/^{177}Hf)_{CHUR} \times (e^{\lambda t}-1)] -1\} \times 10 000$$

$$T_{DM} = 1/\lambda \times \ln\{1+[(^{176}Hf/^{177}Hf)_s - (^{176}Hf/^{177}Hf)_{DM}] / [(^{176}Lu/^{177}Hf)_s - (^{176}Lu/^{177}Hf)_{DM}]\}$$

$$T_{DM}^c = 1/\lambda \times \ln\{1+[(^{176}Hf/^{177}Hf)_{s,t} - (^{176}Hf/^{177}Hf)_{DM,t}] / [(^{176}Lu/^{177}Hf)_{CC} - (^{176}Lu/^{177}Hf)_{DM}]\}$$

$$f_{Lu/Hf} = (^{176}Lu/^{177}Hf)_s / (^{176}Lu/^{177}Hf)_{CHUR} - 1$$

其中下标s表示样品。计算过程中所需要的参数的参考值如下：

$(^{176}Lu/^{177}Hf)_{CHUR} = 0.033\ 6$（Bouvier et al，2008）

$(^{176}Hf/^{177}Hf)_{CHUR,0} = 0.282\ 785$（Bouvier et al，2008）

$(^{176}Lu/^{177}Hf)_{DM} = 0.0384$ (Griffin et al, 2000)

$(^{176}Hf/^{177}Hf)_{DM} = 0.28325$ (Griffin et al, 2000)

$\lambda = 1.867 \times 10^{-11}/a$ (Soderlund et al, 2004)

$(^{176}Lu/^{177}Hf)_{CC} = 0.015$ (Amelin et al, 1999)

3.3 岩石地球化学分析

进行岩石地球化学分析时,首先将样品破碎、磨碎(200目)制成分析样品。主量元素(盛源盆地除外)、微量元素和Sr、Nd同位素均在南京大学内生金属矿床成矿机制研究国家重点实验室完成。其中主量元素分析(盛源盆地除外)用ICP-AES(型号为JY38S)测试完成;盛源盆地火山岩的主量元素在中国地质大学(武汉)地质过程与矿产资源国家重点实验室利用XRF(型号为Shimadzu XRF-1800)测试完成。微量元素用ICP-MS测定(型号为Finnigan Element II),详细的分析方法参考高剑峰等(2003)。

Sr、Nd同位素采用BioRad AG 50W×8阳离子树脂纯化Sr、Nd元素,详细的化学分离流程参考濮巍等(2005)。Sr、Nd同位素比值用TIMS(型号为Finnigan Triton TI)分析测试,Sr以TaF_5作为激发剂(Birck, 1986),将提纯后的Sr涂于W带上后上机测试,测试过程中采用$^{86}Sr/^{88}Sr = 0.1194$校正质量分馏。Nd以H_3PO_4作为激发剂,将提纯后的Nd涂于Re带上后上机测试,测试过程中采用$^{146}Nd/^{144}Nd = 0.7219$校正质量分馏。样品Pb同位素分析在南京大学内生金属矿床成矿机制研究国家重点实验室进行,按照濮巍等(2005)的方法将岩石粉末样品用浓$HF+HNO_3$溶解,之后使用阴离子交换树脂分离并用稀HBr洗涤提纯出Pb,并加入Tl作为内标。$^{206}Pb/^{204}Pb$、$^{207}Pb/^{204}Pb$和$^{208}Pb/^{204}Pb$使用多接收杯电感耦合等离子体质谱仪(MC-ICP-MS)测试得出。

样品全岩的I_{Sr}值和$\varepsilon_{Hf}(t)$值是根据每个岩性对应的锆石U-Pb年龄计算而得,相关的计算公式如下:

$I_{Sr} = (^{87}Sr/^{86}Sr)_s - (^{87}Rb/^{86}Sr)_s \times (e^{\lambda t} - 1)$

$\varepsilon_{Nd}(t) = \{[(^{143}Nd/^{144}Nd)_s - (^{147}Sm/^{144}Nd)_s \times (e^{\lambda t} - 1)]/[(^{143}Nd/^{144}Nd)_{CHUR,0} - (^{147}Sm/^{144}Nd)_{CHUR,0} \times (e^{\lambda t} - 1)] - 1\} \times 10000$

$T_{DM} = 1/\lambda_{Sm} \times \ln\{[(^{143}Nd/^{144}Nd)_s - (^{143}Nd/^{144}Nd)_{DM}]/[(^{147}Sm/^{144}Nd)_s - (^{147}Sm/^{144}Nd)_{DM}] + 1\}$

$T_{DM}^c = 1/\lambda_{Sm} \times \ln\{1 + [(^{143}Nd/^{144}Nd)_{s,t} - (^{143}Nd/^{144}Nd)_{DM,t}]/[(^{147}Sm/^{144}Nd)_{CC} - (^{147}Sm/^{144}Nd)_{DM}]\}$

$f_{Sm/Nd} = (^{147}Sm/^{144}Nd)_s/(^{147}Sm/^{144}Nd)_{CHUR} - 1$

其中下标s为样品。计算过程中所需要的参数的参考值如下:

$\lambda_{Rb} = 1.39 \times 10^{-11}$ (Nebel et al, 2011)

$\lambda_{Sm} = 6.54 \times 10^{-12}$ (Lugmair et al, 1978)

$(^{147}Sm/^{144}Nd)_{CHUR} = 0.1967$ (Jacobsen et al, 1980)

$(^{143}Nd/^{144}Nd)_{CHUR} = 0.512638$ (Goldstein et al, 1984)

$(^{143}Nd/^{144}Nd)_{DM} = 0.513151$ (Liew et al, 1988)

$(^{147}Sm/^{144}Nd)_{DM} = 0.2136$ (Liew et al, 1988)

$(^{143}Nd/^{144}Nd)_{CC} = 0.118$ (Jahn et al, 1995)

3.4 矿物电子探针分析

矿物(包括辉石、角闪石、电气石)的化学成分分析和背散射电子像观察在南京大学内生金属矿床成矿机制研究国家重点实验室利用JEOL JXA-8100电子探针完成,工作条件为:加速电压15kV,加速电流20nA,束斑直径1～2μm,所有测试数据均进行了ZAF处理,元素的特征峰测量时间为10s,背景测量时间为5s。在进行辉石和角闪石的化学成分分析时,使用标样是美国国家标准局的矿物标样角闪石（Si, Ti, Al, Fe, Mg, Ca, Na, K）和铁橄榄石（Mn）。在进行电气石的化学成分分析时，使用标样是美国国家标准局的矿物标样角闪石（Si, Ti, Mg, Ca, Na, K）、铁橄榄石（Fe, Mn）、堇青石（Al）、黄玉（F）和磷灰石（Cl）。而对大洲高 Zr 流纹岩的背散射电子像观察和能谱分析则是在中国冶金地质总局山东局测试中心完成，所使用的电子探针型号为 JEOL JXA-8230，能谱仪的型号为牛津科技 INCAx-act350 型能谱仪。

3.5 电气石的硼同位素组成分析

电气石的硼同位素组成测试在南京大学内生金属矿床成矿机制研究国家重点实验室完成。利用 TIMS 进行硼同位素分析时所使用的方法是 $Cs_2BO_2^+$-石墨法（据 Nakamura et al, 1992 和 Tonarini et al, 1997 修改），也称为 PTIMS 方法，该方法是使用 $Cs_2BO_2^+$ 作为检测离子的 PTIMS 技术。而采用石墨涂样技术测定 $Cs_2BO_2^+$ 的 TIMS 技术（Xiao et al, 1988），由于石墨在离子发射过程的非还原性特性，使质谱分析过程中样品的电离效率大大提高，使硼同位素测定精度得以改善。电气石的溶解用的是碱溶方法（Tonarini et al, 1997）。称取 100mg 粉末样品，与 500mg 的 K_2CO_3 粉末一起加入到铂金坩埚中，然后放入马弗炉中在 950℃ 的条件下加热 1h。取出冷却后，加入 4mL 的 2N 的 HCl 溶解样品，形成的溶液 pH 值近似为 1。将溶液进行离心，提取上清液，并用去离子水反洗残渣，再离心，再提取上清液，反复进行 3 次左右，直到将样品中的硼几乎全部提取到溶液中。往溶液中加入甘露醇以抑制硼的挥发，然后再经过离子交换树脂提纯出硼，所使用的方法及流程见 Nakamura et al (1992)。最后提纯出来的硼的存在形式为 $^{133}Cs_2^{11}B^{16}O_2^+$，然后利用 TIMS 测试 $^{133}Cs_2^{11}B^{16}O_2^+$（m/e=309）vs. $^{133}Cs_2^{11}B^{16}O_2^+$（m/e=308）的比值，测试出来的比值经过 ^{17}O（$^{133}Cs_2B^{16}O^{17}O^+$）的校正来得到最终样品的 $^{11}B/^{10}B$ 比值，即 $(^{11}B/^{10}B_{corrected}) = (^{11}B/^{10}B_{measured}) - 0.00079$（Spivack et al, 1986），计算出来的 $^{11}B/^{10}B$ 比值通过以下公式换算成 $\delta^{11}B$ 值，即 $\delta^{11}B = (R_{sample}/R_{std} - 1) \times 1000$，其中 R_{sample} 是样品的 $^{11}B/^{10}B$ 比值，R_{std} 是和样品一起测试出来的 NIST SRM 951 标样的 $^{11}B/^{10}B$ 比值。

硼同位素组成的原位分析法主要包括用离子探针（SIMS）或 LA-MC-ICP-MS 直接对矿物进行原位硼同位素比值测量，这种硼同位素微区原位分析方法近年来得到了很大的发展（le Roux et al, 2004; Kobayashi et al, 2004; Tiepolo et al, 2006; 侯可军等, 2010）。硼同位素微区原位分析法不仅避免了溶液法繁杂的化学纯化分离流程，提高了工作效率，而且可以对矿物的环带和微层等进行原位分析，揭示矿物形成的精细过程和条件，是硼同位素分析技术的最新发展趋势。本书的研究在南京大学内生金属矿床成矿机制研究国家重点实验室开展了电气石的 LA-MC-ICP-MS 的测试工作，激光剥蚀系统的仪器型号是 Newwave UP193nm 的激光器，使用氦气作为载气，能量密度约为 $11J/cm^2$，剥蚀直径主要使用的是 $50\mu m$ 或者 $75\mu m$，剥蚀频率一般为 8/10Hz。多接收的仪器型号是 Neptune Plus，使用氩气作为载气，使用静态同时接收的方法，每个数据的积分时间是 0.131s，每个测试点接收 100 组数据。详细的实验方法参考侯可军等（2010）的研究成果。利用多接收测定硼同位素组成必须考虑以下两个因素：第一个是质量歧视效应。质量歧视效应是指轻质量离子在 MC-ICP-MS 测试过程中因为空间电荷效应等会导致较大的质量歧视，这一效应通常采用标准-样品交叉法（SSB）进行校正。另一个因素是基质效应。基质效应是指基质常常对分析物的分析过程有显著的干扰。如果样品和标样的基质成分不同，可导致同位素比值测定过程中产生偏差，而前人研究表明基质效应在多接收 B 同位素测试过程中影响不明显（侯可军等, 2010），也就是说可以使用基质成分和样品不同的标样作为外标，来测定样品的硼同位素组成。实验中利用国际原子能机构提供的 IAEA B4（铁电气石）标样（Tonarini et al, 2003）作为外标，使用 SSB 法测定样品。样品测试结果按以下公式计算：

$$\delta^{11}B_{样品}(‰) = \{(^{11}B/^{10}B)_{样品测试值}/[(^{11}B/^{10}B)_{B4测试值1} + (^{11}B/^{10}B)_{B4测试值2}] \times 2 - 1\} \times 1000 - 8.71$$

在测试样品的过程中反复地测定两个国际标样的 $\delta^{11}B$ 值，这两个标样分别是镁电气石（HS♯108796）和铁电气石（HS♯112566）(Dyar et al, 2001)，用来监测仪器的测试质量。

4 相山火山盆地岩浆岩成因研究

4.1 地质背景

相山铀矿田位于江西省境内,在大地构造位置上位于赣杭构造带(Gilder et al,1996)上,接近于扬子板块和华夏板块的构造缝合带上,矿体受相山火山侵入杂岩的控制。相山火山侵入杂岩体位于中国东南部火山侵入杂岩带北西侧,平面上呈椭圆形,东西长约 26.5km,南北宽约 15km,面积约 309km²,构成一个大型火山塌陷盆地(夏林圻等,1992;张万良,2011)(图 4-1)。

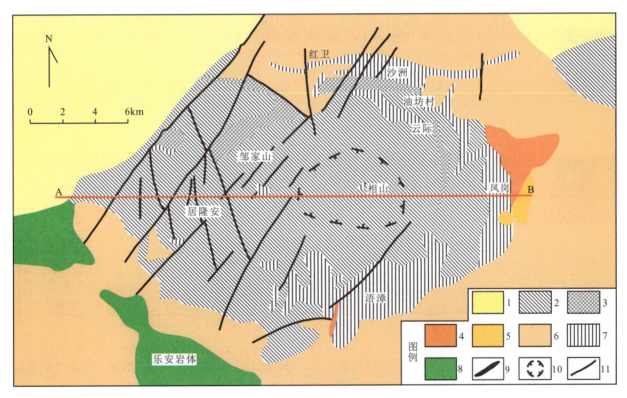

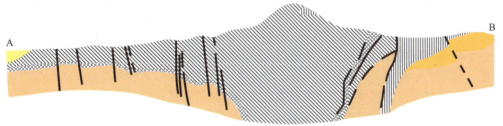

图 4-1 相山火山侵入杂岩体地质简图

(据方锡珩等,1982;范洪海等,2001a 修改)

1. 砂砾岩;2. 下段晶屑凝灰岩、上段碎斑熔岩;3. 下段粉砂岩、上段流纹英安岩;4. 砂岩和砂砾岩;5. 砂岩;6. 变质岩;7. 次花岗斑岩;8. 花岗岩;9. 煌斑岩脉;10. 火山颈(推测);11. 断裂

相山火山盆地总体上分为3层结构：基底主要为古—中元古代和震旦纪的变质岩系，部分为下石炭统、上三叠统；基底之上为火山岩；盆地火山岩之上有红层覆盖。

中元古代基底变质岩主要由低绿片岩相—低角闪岩相的各类片岩、变粒岩夹斜长角闪岩组成。研究表明，片岩和变粒岩的原岩为沉积岩，而斜长角闪岩的原岩为火成岩（胡恭任等，1998；胡恭任等，1999）。斜长角闪岩的 Sm-Nd 等时线年龄为 1 113Ma（胡恭任等，1999），与相山北部弋阳和余江地区斜长角闪岩的 Sm-Nd 等时线年龄（1 199Ma）以及单颗粒锆石 Pb-Pb 年龄（1 190Ma）（余达淦等，1999）相一致。震旦纪变质岩为一套浅变质岩系，主要由千枚岩、板岩和变质砂岩组成，出露在盆地北、东、南侧，属绿片岩相—低角闪岩相，中低变质程度。早石炭世、晚三叠世沉积岩主要分布在相山地区东侧，岩性主要为砂岩。

前人研究表明，相山火山活动具有明显的旋回性和多阶段的特征（方锡珩等，1982；王传文等，1982；夏林圻等，1992；吴仁贵，1999），按岩浆作用方式及形成先后顺序，相山火山侵入杂岩可划分为火山喷发、火山侵出和浅成超浅成侵入3个岩浆活动期，并可分成两个旋回，分别对应于打鼓顶组和鹅湖岭组（表4-1）。第一旋回呈裂隙式喷发，形成打鼓顶组流纹质晶屑凝灰岩、流纹质熔结凝灰岩以及流纹英安岩；第二旋回呈中心式喷发，形成鹅湖岭组侵出-溢流相的碎斑熔岩、次火山岩相的花岗斑岩、流纹英安斑岩、石英二长斑岩和煌斑岩（或辉绿岩），其中碎斑熔岩是构成相山火山侵入杂岩的主体，在碎斑熔岩岩浆侵出的同时，火山口发生塌陷，形成一系列环状断裂，晚阶段的次火山岩浆沿环状断裂上侵，形成环状次火山岩岩墙（图4-1），在次火山岩中含有淬冷包体（镁铁质微粒包体）（范洪海等，2001b；Jiang et al，2005）。

表4-1 相山火山杂岩的火山活动旋回及主要岩石类型

旋回	阶段	主要岩石类型	岩相
第二旋回（鹅湖岭组）	晚阶段	流纹英安斑岩、石英二长斑岩、流纹斑岩、煌斑岩	次火山相
		花岗斑岩	
	早阶段	碎斑熔岩	侵出相
		流纹质晶屑凝灰岩	空落相
		流纹质弱熔结凝灰岩	灰流相
第一旋回（打鼓顶组）	晚阶段	流纹英安岩，下部夹薄层凝灰质粉砂岩及凝灰岩	溢流相
	早阶段	流纹质玻屑-晶屑凝灰岩夹凝灰质粉砂岩及沉积碎屑岩	空落相及内陆湖盆相
		流纹质熔结凝灰岩	灰流相
		流纹质晶屑凝灰岩及沉积碎屑岩	空落相及内陆湖盆相

注：据夏林圻等，1992；吴仁贵，1999；吴仁贵等，2003修改。

在火山盆地的北西侧，由于区域性伸展拉张作用，形成晚白垩世红色碎屑沉积盆地，堆积了红色砂岩、砂砾岩，与下伏的晚侏罗世火山岩系呈不整合接触关系，厚度约300m。

相山铀矿田是大矿、富矿的集中产出地，现已发现矿床24个，其中大型矿床3个（邹家山、居隆庵、横涧），中型矿床7个（云际、李家岭、石洞、红卫、岗上英、湖田、沙洲），小型矿床14个。所有矿床均分布在相山火山盆地内，铀矿化受基底构造、盖层构造和火山构造联合控制。根据铀矿床空间分布情况，将矿田内铀矿化分为3个成矿区，即北部成矿区、西部成矿区和东部成矿区。相山火山盆地铀矿床的地理分布表现出明显的差异性，矿床密集分布在盆地的北部和西部，东部只有1个矿床，而盆地的中部和南部至今尚未找到一个矿床，仅稀疏分布一些小矿点。分布在北部的矿床为横涧-岗上英、红卫、沙洲、沙洲西南、石马山、源头、湖田、何家、横排山、巴泉、凉亭矿床。分布在西部的矿床为邹家山、如意亭、湖港、河元背、牛头山、船坑、石洞、居隆庵、书塘、李家岭、平顶山矿床。分布在东部的唯一矿床为云际矿床。矿田内赋矿围岩多种多样，既有火山岩、次火山岩，也有变质岩和正常沉积岩（砂岩）。

4.2 岩体概况

熔结凝灰岩：属火山灰流凝灰岩，熔结程度中等，岩石具假流动构造，火山灰流胶结物具熔结珍珠构造，岩石中晶屑含量为10%～20%，主要为石英、钾长石和少量黑云母。熔结凝灰岩分布范围较为局限，主要分布于破火山口的北部和东部，是相山火山侵入杂岩第一期岩浆活动即火山喷发活动的产物。

流纹英安岩：块状构造，顶底部常具有流动构造。流纹英安岩中含有赤铁矿条带，赤铁矿条带常见膝折式褶皱和断裂（图4-2a）。显微镜下斑状结构，斑晶含量20%～30%，大小0.2～3mm，主要成分有斜长石、钾长石、石英以及少量的黑云母。斜长石常发生水云母化、碳酸盐化，黑云母遭受不同程度的绿泥石化。副矿物见锆石、磷灰石、磁铁矿等，基质具微晶或霏细结构。流纹英安岩厚度较大，分布面积较广，主要分布于矿田的北部、西部及东北部，是矿田的含矿主岩之一。

碎斑熔岩：分布非常广泛，出露面积约占盆地内火山岩的80%，是矿田内主要含矿岩性之一，厚度大于1 380m。与下伏岩层接触面由盆地四周向中心倾斜，倾斜度南北对称，东陡西缓，并向深部逐渐变陡（图4-1）。碎斑熔岩以侵出相为主，局部为溢流相。根据岩石中所含的岩屑、碎斑晶的数量及基质结构的变化情况，可将碎斑熔岩划分为底板相（边缘相）、过渡相（中间相）和中心相，在边缘相常含一些岩屑或角砾，中心相的碎斑熔岩常含有电气石结核（图4-2b）。它们之间呈渐变过渡关系。岩性为浅灰色、浅红色，呈中粒碎斑结构和块状构造（图4-2b）。碎斑含量40%～50%，碎斑粒度1～5mm，碎斑具有碎裂但不分散的特点。碎斑矿物透长石（20%）、斜长石（10%）、石英（20%～30%）、黑云母（1%～2%）等。斜长石主要是更—中长石（王传文等，1982）。副矿物主要是锆石、磷灰石等。碎斑有时见溶蚀港湾状，常见六方双锥的高温假象β石英。碎斑流纹岩的基质占全岩的50%～60%，由微晶石英、长石和少量微晶黑云母组成。碎斑熔岩是本区最强烈的一次火山活动的产物，构成了整个火山侵入杂岩体的主体，由于快速大量的喷出而产生塌陷形成了破火山口。

花岗斑岩：为浅成-超浅成侵入岩体，侵入于火山活动晚期塌陷所产生的环状断裂中。岩体形态各异，它们之间多呈相变关系，呈岩墙、岩脉、岩株分布于火山侵入杂岩体的边部。花岗斑岩岩体露头规模在南部较大，并且矿物粒度较粗，也有斑状花岗岩之称。岩石手标本呈肉红色（图4-2c）或浅绿色，呈斑状结构或似斑状结构，斑晶大小0.5～1cm，含量约60%，其中主要为斜长石（20%～25%）、碱性长石（20%）、石英（10%），暗色镁铁质矿物约占5%，以黑云母为主，其次为角闪石及单斜辉石。比较大的花岗斑岩体，以钾长石大斑晶为特征，大小可达2～3cm。基质具花岗结构，由碱性长石、石英以及少量鳞片状黑云母组成。副矿物主要为磷灰石、锆石、褐帘石及磁铁矿等，多包裹于黑云母中。花岗斑岩中常含有镁铁质微粒包体（图4-2c）。

流纹英安斑岩：岩性特征与流纹英安岩较为相似，只是不含赤铁矿条带（图4-2d）。吴仁贵等（2003）对两种流纹英安岩的接触关系进行实地追溯，发现不含赤铁矿条带的流纹英安岩与早期的流纹英安岩呈侵入接触关系，认为流纹英安斑岩的形成晚于流纹英安岩。在野外可见流纹英安斑岩呈侵入关系穿插流纹英安岩，或者直接超覆于早期流纹英安岩之上。同时，深部钻探资料揭示的流纹英安斑岩产状变异很大，但能明显反映出流纹英安斑岩与碎斑熔岩呈典型的侵入接触关系，即流纹英安斑岩侵入到碎斑熔岩之中（吴仁贵等，2003），这些野外地质特征表明流纹英安斑岩是本区火山侵入活动晚期的产物。

流纹斑岩：在野外产状上为侵入到碎斑熔岩中的岩脉，是本区火山侵入活动晚期的产物。与暗紫红色的流纹英安斑岩不同的是，手标本上流纹斑岩呈灰黑色（图4-2e），且含有较多的斑晶，呈斑状结构，块状构造。斑晶以长石为主，偶见石英，基质十分细，为隐晶质结构。显微镜下观察，岩石具有斑状结构，斑晶含量约有40%，大小0.1～5mm，以钾长石（约占20%）和斜长石（约占15%）为主，局部可看到斜长石呈蠕虫状，周围被一圈钾长石包裹。此外斑晶还含有少量的黑云母（<5%），偶见石

图 4-2 相山火山侵入杂岩体的岩相学特征

(a) 流纹英安岩中含有赤铁矿条带;(b) 碎斑熔岩中含有电气石结核;(c) 花岗斑岩中含有暗色的镁铁质微粒包体;
(d) 流纹英安斑岩;(e) 流纹斑岩的标本;(f) 石英二长斑岩

英。基质具有流纹构造,由钾长石条纹和石英条纹相间构成。此种岩性前人还未有过报道。鉴于以上岩相学的观察,笔者将这种岩性命名为"流纹斑岩"。

石英二长斑岩:主要见于火山侵入杂岩体的北部,呈小岩脉、岩墙状产出,是本区火山侵入活动晚期的产物。岩石中含有较大的长石斑晶(图 4-2f),呈斑状结构,斑晶含量 40%,其中长石含量约 25%,主要为斜长石。斜长石斑晶较大,一般 1~3cm,个别可达 5cm;石英含量约 10%;暗色矿物 5%,主要为黑云母以及少量普通辉石,黑云母常包裹许多磷灰石微晶。基质为半自形粒状结构,主要为斜长石、石英以及少量黑云母。副矿物主要为磷灰石、锆石及磁铁矿等,多包裹于黑云母中。

4.3 相山火山盆地的年代学格架

相山铀矿田经过半个多世纪的开采和科研,经历了数次大规模的系统研究。前人对相山地区火山侵入杂岩开展了详细的同位素地质年代学研究(表4-2),大多采用 K-Ar 稀释法、$^{40}Ar-^{39}Ar$ 法、全岩的 Rb-Sr 等时线法和单颗粒锆石 U-Pb 法(方锡珩等,1982;李坤英等,1989;陈迪云等,1993;陈小明等,1999;余达淦,2001;范洪海等,2005;张万良等,2007),这些定年数据表明,相山火山活动发生于晚侏罗世至早白垩世(160~130Ma)。但定年结果不统一,同一岩性得出的年龄值往往不一致,多数定年方法或限于当时的测试条件导致测试结果可靠程度偏低,或定年结果与地质事实差异较大而不能代表岩浆结晶年龄,这不仅没有对相山火山侵入杂岩的形成时代起到较好的限定作用,反而导致关于相山火山侵入杂岩的时代归属的争议愈演愈烈。

表4-2 相山火山侵入杂岩的年代学统计

拉回	阶段	岩性	方法/矿物	年龄(Ma)	参考文献
第一旋回	晚阶段	流纹英安岩	U-Pb,锆石	158.1±0.2	余达淦,2001
		流纹英安岩	Rb-Sr,全岩	169.29±22.59	余达淦,2001
		流纹英安岩	U-Pb,锆石	129.54±7.93	张万良等,2007
第二旋回	早阶段	碎斑熔岩	$^{40}Ar-^{39}Ar$,黑云母	141.16±1.57	李坤英等,1989
		碎斑熔岩	Rb-Sr,全岩	140.7±1.5	陈迪云等,1993
		碎斑熔岩	U-Pb,锆石	140.3±7	陈小明等,1999
		碎斑熔岩	U-Pb,锆石	150.3±8.3	余达淦,2001
		碎斑熔岩	U-Pb,锆石	134.9±3.1	余达淦,2001
		碎斑熔岩	$^{40}Ar-^{39}Ar$	141.8	余达淦,2001
		碎斑熔岩	Rb-Sr,全岩	147±8	余达淦,2001
第二旋回	晚阶段	二长花岗斑岩	U-Pb,锆石	135.4±7	陈小明等,1999
		流纹英安斑岩	Rb-Sr,全岩	125.18±8.5	余达淦,2001
		流纹英安岩	U-Pb,锆石	134.3±3.9	余达淦,2001
		流纹英安岩	U-Pb,锆石	136.0±2.6	范洪海等,2005
		石英二长斑岩	U-Pb,锆石	129.5±2.0	范洪海等,2005
		煌斑岩	U-Pb,锆石	125.5±3.1	范洪海等,2005

相山第一旋回的流纹英安岩,其年龄决定着相山大规模火山活动的开始。余达淦(2001)利用全岩 Rb-Sr 等时线法测得年龄为 169.29±22.59Ma,并运用单颗粒锆石 U-Pb 法(稀释法)测得 158.1±0.2Ma 的年龄,这个年龄后来被 Jiang et al(2005)作为流纹英安岩的年龄,认为相山火山活动始于晚侏罗世。相山如意亭剖面上的流纹英安岩自从被解体成早期溢出相的流纹英安岩和火山期后浅成-超浅成侵入的流纹英安斑岩之后(吴仁贵,1999;吴仁贵等,2003),人们对两者在形成时代和成因归属上又有不同的观点。吴仁贵等(2003)根据野外特征和定年结果,将流纹英安岩分为含赤铁矿条带的流纹英安岩和不含赤铁矿条带的流纹英安斑岩,并认为流纹英安岩形成于碎斑熔岩之前,流纹英安斑岩形成于碎斑熔岩之后。张万良等(2007)则运用单颗粒锆石 U-Pb 法(稀释法),对相山流纹英安岩进行测年,得出年龄为 129.5±7.9Ma,因此他们把"流纹英安岩"归为火山期后浅成-超浅成侵入的流纹英安斑岩。

对于相山火山侵入活动第二旋回呈中心式喷发的相山火山侵入杂岩主体岩石酸性火山熔岩——碎斑

熔岩，前人对其进行了更大量的定年工作。李坤英等（1989）对鹅湖岭组碎斑熔岩中的黑云母采用 $^{40}Ar-^{39}Ar$ 定年，获得坪年龄 141.16±1.57Ma，等时线年龄为 141.16±1.69Ma；陈迪云等（1993）对相山主体岩石，鹅湖岭组的 7 件碎斑熔岩全岩样品进行了 Rb-Sr 同位素测定，获得了 140.7±1.5Ma 的等时线年龄。而余达淦（2001）则对相山地区碎斑熔岩提出了 4 个年龄，全岩的 Rb-Sr 等时线为 147±8Ma，利用 $^{40}Ar-^{39}Ar$ 的方法得出 141.8Ma，而运用单颗粒锆石 U-Pb（稀释法）定年方法得出的两个年龄分别为 134.9±3.1Ma 和 150.3±8.3Ma。此外，陈小明等（1999）利用单颗粒锆石 U-Pb（稀释法）定年方法，单颗粒锆石 $^{206}Pb/^{238}U$ 年龄显示相山火山侵入杂岩体中第二旋回碎斑熔岩边缘相的喷发年龄为 140.3±7Ma，晚期花岗斑岩的结晶年龄为 135.4±7Ma，而这两个年龄也被后人认为代表了相山碎斑熔岩和晚期花岗斑岩的年龄（Zhou et al，2000；范洪海等，2001a，2005；Jiang et al，2005）。范洪海等（2005）也应用单颗粒锆石 U-Pb（稀释法）定年方法对相山火山侵入杂岩体中晚期的岩脉进行了定年研究工作，得出火山期后的潜石英二长斑岩年龄为 129.5±2.0Ma。

对于相山第二旋回的碎斑熔岩，这些同位素年龄资料不但没有起到精确厘定岩体形成时代的作用，反而使相山火山侵入杂岩的时代之争更趋激烈。尽管如此，依据前人的定年工作，认为相山火山侵入杂岩体中第一旋回的流纹英安岩的形成时代为 158.1±0.2Ma（余达淦，2001），第二旋回的碎斑熔岩年龄为 140.3±7Ma（陈小明等，1999），晚阶段次火山岩相的花岗斑岩年龄为 135.4±7Ma（陈小明等，1999），从某种意义上来说符合时空关系，也与野外的地质现象相符合。

由于锆石 U-Pb 同位素体系的封闭温度非常接近于岩浆的固相线温度，因此锆石 U-Pb 法通常能给出岩体的形成年龄。尽管如此，传统的单颗粒锆石定年方法是将几颗锆石一起溶解进行分析，这就有可能误把不同时期不同成因的锆石混在一起，从而获得一个没有确切地质含义的混合年龄（Rogers et al，1989）。运用离子探针质谱（SHRIMP）分析（Compston et al，1984）或者激光等离子质谱（LA-ICP-MS）分析（Feng et al，1993）能够从一颗锆石上获得一个甚至多个年龄数据，从而可探测可能存在的锆石结晶核，并得出准确的年龄信息。

为此，本书运用高灵敏度高分辨率离子探针质谱（SHRIMP）和激光剥蚀-电感耦合等离子质谱（LA-ICP-MS）对相山火山侵入杂岩中的各种岩性进行了系统的锆石 U-Pb 定年，以建立相山火山侵入杂岩体的年代学格架。

4.3.1 分析样品

相山矿田如意亭剖面经核工业部 261 地质大队勘察实测之后，一直作为相山地区地质填图的指示性剖面。该剖面从底部到顶部分布有熔结凝灰岩，含赤铁矿条带的流纹英安岩，不含赤铁矿条带的流纹英安斑岩以及碎斑熔岩（吴仁贵，1999）。对该剖面的岩类进行了系统的采样并进行了锆石 U-Pb 定年。此外，在相山居隆庵铀矿区的 74 线钻孔采了流纹英安岩和流纹英安斑岩的样品，进行锆石 U-Pb 定年对比研究。在云际矿床、居隆庵矿床、油坊村 3 个地方分别采了一个碎斑熔岩样品进行锆石 U-Pb 定年。在沙洲矿床采了一个花岗斑岩样品，在居隆庵矿床采了一个花岗斑岩样品，对两个样品进行了锆石 U-Pb 定年对比研究。对采自邹家山的流纹斑岩岩脉、采自油坊村的石英二长斑岩岩脉，也进行了锆石 U-Pb 定年。所有的定年样品及测试方法见表 4-3。

表 4-3 相山火山侵入杂岩的定年样品资料汇总

样品编号	样品名称	地点	岩相	测试方法	测试单位
RYT-03	熔结凝灰岩	如意亭剖面	火山灰流相	LA-ICP-MS	中国科学院地球化学研究所
RYT-04	流纹英安岩	如意亭剖面	溢流相	LA-ICP-MS	中国科学院地球化学研究所
RYT-05	流纹英安岩	如意亭剖面	溢流相	LA-ICP-MS	中国科学院地球化学研究所
XS-30-1	流纹英安岩	居隆庵矿床	溢流相	LA-ICP-MS	南京大学
RYT-07	碎斑熔岩	如意亭剖面	侵出相	LA-ICP-MS	中国科学院地球化学研究所

续表 4-3

样品编号	样品名称	地点	岩相	测试方法	测试单位
XS-05	碎斑熔岩	云际矿床	侵出相	LA-ICP-MS	南京大学
XS-29-1	碎斑熔岩	居隆庵矿床	侵出相	SHRIMP	北京离子探针中心
XS-59	碎斑熔岩	油坊村	侵出相	LA-ICP-MS	南京大学
XS-12	花岗斑岩	沙洲矿床	次火山岩相	SHRIMP	北京离子探针中心
XS-30-2	花岗斑岩	居隆庵矿床	次火山岩相	SHRIMP	北京离子探针中心
RYT-06	流纹英安斑岩	如意亭剖面	侵入相	LA-ICP-MS	中国科学院地球化学研究所
XS-30-3	流纹英安斑岩	居隆庵矿床	侵入相	SHRIMP	北京离子探针中心
XS-47	流纹斑岩	邹家山	晚期岩脉	LA-ICP-MS	南京大学
XS-63	石英二长斑岩	油坊村	晚期岩脉	SHRIMP	北京离子探针中心

4.3.2 锆石 U-Pb 年代学分析结果

相山火山侵入杂岩体各种岩性中的锆石均为无色透明或浅黄色,从锆石的透射光和显微镜下鉴定分析,大部分锆石结晶较好,呈长柱状晶形,少数为等粒状,自形程度高。在阴极发光图像中,绝大多数锆石具有明显的内部结构和典型的岩浆振荡环带结构,显示为岩浆成因锆石。少数锆石可能是受到后期热液活动的改造,其阴极发光图像显示为黑色(图4-3)。

相山火山侵入杂岩锆石的 Th 和 U 含量的变化范围和平均值汇总在表4-4中,具体的分析结果见表4-5和表4-6。从测试结果可以看出,相山火山侵入杂岩体锆石的 Th 和 U 的含量变化很大,但锆石 Th/U 值变化较小,大部分位于0.2~1.0之间,均大于0.1。

表4-4 相山火山侵入杂岩体的锆石 U-Pb 定年结果汇总表

样品编号	样品名称	测试方法	n	U ($\times 10^{-6}$)	Th ($\times 10^{-6}$)	Th/U	年龄 (Ma)
RYT-03	熔结凝灰岩	LA-ICP-MS	15	427~4 244 平均 1 946	172~921 平均 445	0.16~0.67 平均 0.27	137.3±0.9
RYT-04	流纹英安岩	LA-ICP-MS	14	163~2 968 平均 954	72~809 平均 257	0.18~0.89 平均 0.34	136.8±2.5
RYT-05	流纹英安岩	LA-ICP-MS	20	80~7 044 平均 1 693	39~1 625 平均 394	0.16~0.67 平均 0.32	136.4±1.5
XS-30-1	流纹英安岩	LA-ICP-MS	19	71~2 049 平均 768	62~687 平均 328	0.27~1.22 平均 0.58	135.1±1.7
RYT-07	碎斑熔岩	LA-ICP-MS	23	298~9 386 平均 2 682	122~3 054 平均 730	0.15~0.52 平均 0.31	134.1±1.6
XS-05	碎斑熔岩	LA-ICP-MS	18	139~1 752 平均 611	100~713 平均 313	0.38~1.83 平均 0.63	135.6±1.3
XS-29-1	碎斑熔岩	SHRIMP	10	377~901 平均 533	164~268 平均 200	0.29~0.60 平均 0.40	132.4±1.1
XS-59	碎斑熔岩	LA-ICP-MS	21	150~1 242 平均 516	70~546 平均 262	0.25~1.13 平均 0.58	135.1±1.2
XS-12	花岗斑岩	SHRIMP	11	143~681 平均 342	70~290 平均 164	0.36~0.78 平均 0.52	136.6±1.1
XS-30-2	花岗斑岩	SHRIMP	10	255~1 414 平均 779	110~541 平均 262	0.28~0.47 平均 0.37	136.8±1.1
RYT-06	流纹英安斑岩	LA-ICP-MS	15	134~3 488 平均 849	85~805 平均 267	0.22~0.83 平均 0.45	135.0±2.0
XS-30-3	流纹英安斑岩	SHRIMP	7	171~1 664 平均 817	82~421 平均 252	0.19~0.54 平均 0.37	134.8±1.1
XS-47	流纹斑岩	LA-ICP-MS	17	114~1 442 平均 466	87~750 平均 270	0.28~1.31 平均 0.70	134.6±1.2
XS-63	石英二长斑岩	SHRIMP	12	216~1 160 平均 771	127~406 平均 281	0.17~1.51 平均 0.47	136.0±1.0

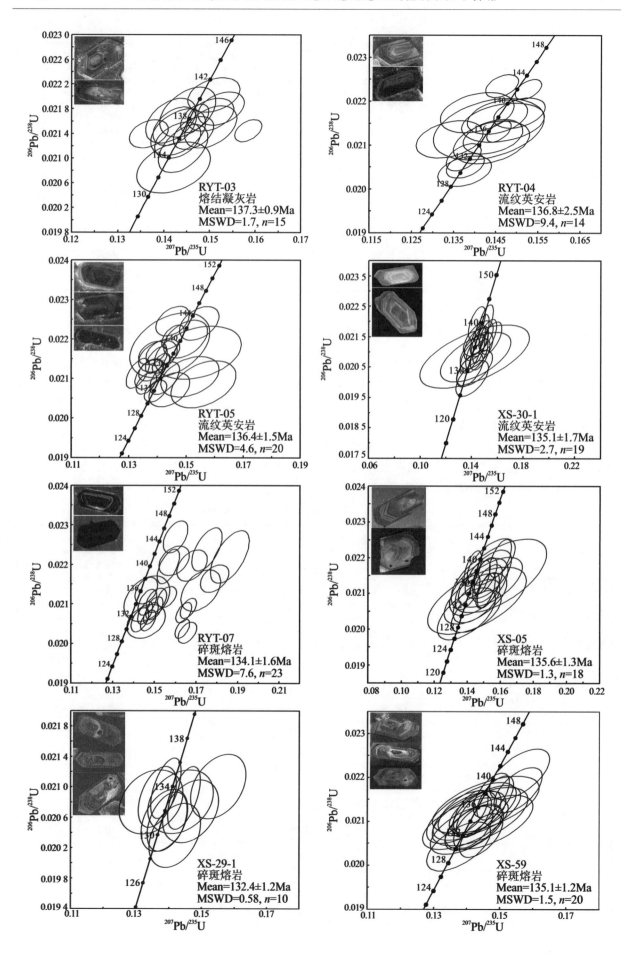

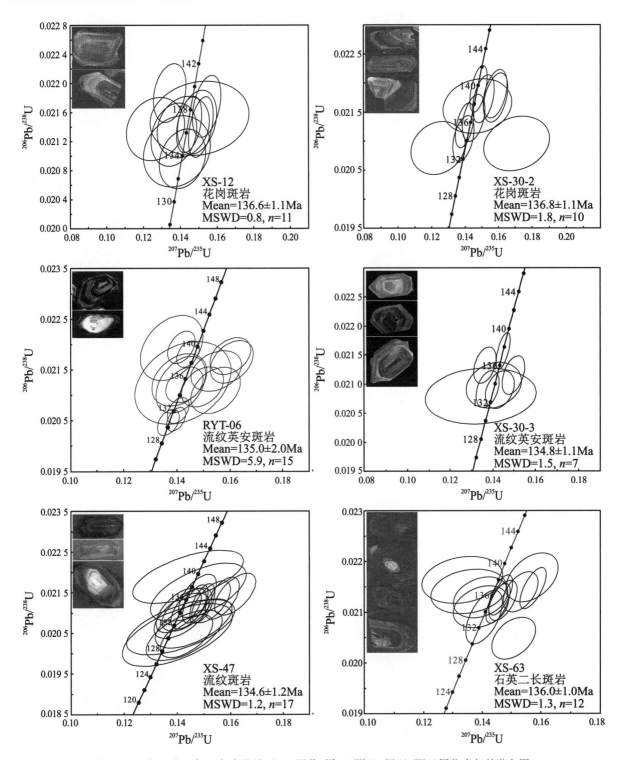

图 4-3 相山火山侵入杂岩的锆石 CL 图像、$^{207}Pb/^{235}U$ - $^{206}Pb/^{238}U$ 同位素年龄谐和图

锆石 U-Pb 定年的具体分析结果见表 4-5 和表 4-6。从锆石的 CL 图像和定年结果可以发现，相山火山侵入杂岩体中锆石的继承核很少。部分测试点因为测得的年龄不在谐和线上，或者与大部分岩浆锆石的年龄相差较远，这些测试点均未统计在内。各个样品测试数据的处理结果见图 4-3。定年结果表明，各个样品所选取的测试点的分析结果在谐和图上组成密集的一簇（图 4-3）。计算出来的 $^{206}Pb/^{238}U$ 加权平均年龄汇总在表 4-4 中。

表 4-5 相山火山侵入杂岩体的 LA-ICP-MS 锆石 U-Pb 定年分析结果

分析点		U	Th	Th/U	$^{207}Pb/^{206}Pb$		$^{207}Pb/^{235}U$		$^{206}Pb/^{238}U$		$^{208}Pb/^{232}Th$		$^{207}Pb/^{235}U$		$^{206}Pb/^{238}U$	
		(×10^{-6})			比值	1σ	比值	1σ	比值	1σ	比值	1σ	年龄(Ma)	1σ	年龄(Ma)	1σ
RYT-03 熔结凝灰岩	RYT03-01	857	219	0.26	0.048 71	0.001 36	0.145 25	0.004 03	0.021 75	0.000 266	0.006 886	0.000 234	138	4	139	2
	RYT03-02	1 247	298	0.24	0.046 24	0.000 94	0.136 75	0.002 79	0.021 39	0.000 150	0.006 845	0.000 154	130	2	136	1
	RYT03-06	1 613	512	0.32	0.047 37	0.001 19	0.141 54	0.003 61	0.021 61	0.000 238	0.006 654	0.000 208	134	3	138	1
	RYT03-07	4 146	921	0.22	0.047 89	0.001 10	0.142 40	0.003 11	0.021 52	0.000 206	0.007 330	0.000 234	135	3	137	1
	RYT03-09	3 609	723	0.20	0.053 17	0.000 68	0.158 41	0.001 99	0.021 45	0.000 118	0.007 560	0.000 133	149	2	137	1
	RYT03-10	2 007	356	0.18	0.050 38	0.001 33	0.150 21	0.003 75	0.021 51	0.000 225	0.006 520	0.000 240	142	3	137	1
	RYT03-11	427	288	0.67	0.049 76	0.001 30	0.150 90	0.003 75	0.022 02	0.000 184	0.007 252	0.000 148	143	3	140	1
	RYT03-16	2 409	518	0.21	0.048 46	0.001 13	0.143 05	0.003 32	0.021 29	0.000 193	0.007 224	0.000 220	136	3	136	1
	RYT03-17	718	192	0.27	0.050 13	0.001 15	0.150 19	0.003 32	0.021 70	0.000 175	0.007 054	0.000 188	142	3	138	1
	RYT03-19	552	172	0.31	0.050 81	0.001 17	0.152 50	0.003 34	0.021 80	0.000 176	0.007 530	0.000 201	144	3	139	1
	RYT03-22	4 244	664	0.16	0.049 16	0.001 23	0.144 24	0.003 56	0.021 16	0.000 258	0.006 729	0.000 233	137	3	135	2
	RYT03-24	999	276	0.28	0.049 68	0.001 05	0.146 47	0.002 92	0.021 41	0.000 177	0.007 269	0.000 159	139	3	137	1
	RYT03-25	1 396	311	0.22	0.048 43	0.001 35	0.143 14	0.003 94	0.021 42	0.000 248	0.006 920	0.000 232	136	4	137	2
	RYT03-26	2 169	520	0.24	0.049 10	0.001 69	0.142 16	0.005 31	0.020 85	0.000 273	0.006 846	0.000 357	135	5	133	2
	RYT03-28	2 793	703	0.25	0.048 88	0.000 64	0.146 72	0.002 05	0.021 64	0.000 150	0.007 191	0.000 133	139	2	138	1
RYT-04 流纹英安岩	RYT04-01	428	122	0.29	0.049 94	0.002 31	0.146 71	0.006 48	0.021 52	0.000 29	0.006 70	0.000 32	139	6	137	2
	RYT04-02	199	111	0.56	0.049 75	0.002 13	0.143 95	0.005 97	0.021 07	0.000 32	0.006 42	0.000 28	137	5	134	2
	RYT04-04	470	160	0.34	0.046 10	0.001 85	0.133 99	0.005 25	0.021 13	0.000 28	0.006 21	0.000 24	128	5	135	2
	RYT04-05	682	203	0.30	0.048 43	0.001 37	0.145 43	0.004 73	0.021 64	0.000 26	0.007 51	0.000 24	138	4	138	2
	RYT04-06	2 532	541	0.21	0.049 46	0.000 64	0.145 77	0.001 91	0.021 31	0.000 16	0.007 11	0.000 12	138	2	136	1
	RYT04-07	1 137	223	0.20	0.047 86	0.000 96	0.137 38	0.002 77	0.020 73	0.000 21	0.006 78	0.000 18	131	3	132	1
	RYT04-08	163	72	0.44	0.048 84	0.003 10	0.143 31	0.008 68	0.021 36	0.000 46	0.007 21	0.000 52	136	8	136	3
	RYT04-09	364	324	0.89	0.048 86	0.001 52	0.137 62	0.004 23	0.020 41	0.000 23	0.006 39	0.000 14	131	4	130	1
	RYT04-10	206	89	0.43	0.049 50	0.001 62	0.144 38	0.004 69	0.021 20	0.000 26	0.006 64	0.000 20	137	4	135	2
	RYT04-11	813	163	0.20	0.048 44	0.001 04	0.137 77	0.002 99	0.020 53	0.000 19	0.007 08	0.000 22	131	3	131	1
	RYT04-12	2 968	809	0.27	0.049 25	0.000 63	0.152 74	0.002 06	0.022 27	0.000 15	0.007 16	0.000 12	144	2	142	1
	RYT04-13	1 100	334	0.30	0.047 21	0.000 84	0.146 51	0.002 59	0.022 35	0.000 17	0.006 73	0.000 14	139	2	142	1
	RYT04-14	1 279	233	0.18	0.050 31	0.001 32	0.150 62	0.004 02	0.021 73	0.000 23	0.007 73	0.000 29	142	4	139	1
	RYT04-16	1 014	216	0.21	0.046 81	0.001 88	0.140 57	0.005 81	0.021 74	0.000 30	0.007 79	0.000 32	134	5	139	2
RYT-05 流纹英安岩	RYT05-01	1 247	196	0.16	0.046 53	0.000 97	0.137 86	0.002 84	0.021 22	0.000 19	0.006 70	0.000 20	131	3	135	1
	RYT05-02	7 044	1 625	0.23	0.047 36	0.000 64	0.141 29	0.002 00	0.021 39	0.000 17	0.006 70	0.000 12	134	2	136	1
	RYT05-03	5 928	965	0.16	0.045 35	0.000 83	0.133 17	0.002 66	0.021 13	0.000 25	0.006 18	0.000 16	127	2	135	2
	RYT05-04	897	215	0.24	0.047 49	0.001 39	0.141 85	0.003 85	0.021 66	0.000 23	0.006 43	0.000 21	135	3	138	1
	RYT05-05	1 723	319	0.19	0.045 71	0.001 01	0.138 31	0.003 19	0.021 64	0.000 20	0.006 57	0.000 22	132	3	138	1
	RYT05-06	1 757	328	0.19	0.048 64	0.000 90	0.139 41	0.002 58	0.020 68	0.000 18	0.006 58	0.000 15	133	3	132	1
	RYT05-08	841	333	0.40	0.046 30	0.001 25	0.145 31	0.003 83	0.022 45	0.000 25	0.006 61	0.000 18	138	3	143	2
	RYT05-09	581	165	0.28	0.049 33	0.001 70	0.149 86	0.005 02	0.022 00	0.000 32	0.006 35	0.000 29	142	4	140	2
	RYT05-11	454	114	0.25	0.053 89	0.002 61	0.156 04	0.007 49	0.020 85	0.000 39	0.007 50	0.000 44	147	7	133	2
	RYT05-12	1 463	325	0.22	0.048 38	0.001 28	0.145 41	0.002 55	0.022 05	0.000 20	0.007 11	0.000 16	138	2	141	1
	RYT05-13	1 637	364	0.22	0.046 52	0.000 80	0.139 67	0.002 50	0.021 47	0.000 20	0.006 65	0.000 20	133	2	137	1
	RYT05-14	964	239	0.25	0.046 89	0.001 09	0.137 12	0.003 22	0.021 10	0.000 25	0.006 76	0.000 20	130	3	135	2
	RYT05-15	3 402	618	0.18	0.048 65	0.001 20	0.142 53	0.003 35	0.021 01	0.000 27	0.006 81	0.000 20	135	3	134	2
	RYT05-17	4 183	1 270	0.30	0.046 87	0.000 80	0.136 22	0.002 36	0.020 88	0.000 28	0.006 78	0.000 15	130	2	133	1
	RYT05-18	763	271	0.36	0.046 84	0.001 46	0.140 17	0.004 41	0.021 56	0.000 26	0.006 62	0.000 22	133	4	138	2
	RYT05-19	411	209	0.51	0.050 47	0.001 62	0.144 22	0.004 70	0.020 72	0.000 26	0.006 72	0.000 22	137	4	132	2
	RYT05-21	80	39	0.50	0.052 84	0.003 87	0.154 21	0.009 97	0.021 65	0.000 44	0.006 77	0.000 41	146	9	138	3
	RYT05-22	114	71	0.62	0.052 26	0.002 32	0.151 42	0.006 72	0.021 04	0.000 34	0.006 86	0.000 25	143	6	134	2
	RYT05-24	163	71	0.43	0.047 85	0.003 12	0.144 35	0.009 21	0.021 84	0.000 54	0.006 49	0.000 37	137	8	139	3
	RYT05-25	199	134	0.67	0.050 85	0.001 63	0.154 57	0.004 60	0.022 40	0.000 28	0.006 62	0.000 16	146	4	143	2

续表4－5

分析点		U	Th	Th/U	$^{207}Pb/^{206}Pb$		$^{207}Pb/^{235}U$		$^{206}Pb/^{238}U$		$^{208}Pb/^{232}Th$		$^{207}Pb/^{235}U$		$^{206}Pb/^{238}U$	
		($\times 10^{-6}$)			比值	1σ	比值	1σ	比值	1σ	比值	1σ	年龄(Ma)	1σ	年龄(Ma)	1σ
XS-30-1流纹英安岩	XS-30-1-03	71	62	0.88	0.049 5	0.009 9	0.142 2	0.028 2	0.020 85	0.000 69	0.007 61	0.001 06	135	25	133	4
	XS-30-1-04	286	236	0.82	0.050 6	0.003 1	0.140 4	0.008 4	0.020 13	0.000 39	0.006 64	0.000 69	133	7	128	2
	XS-30-1-05	390	309	0.79	0.049 3	0.002 4	0.138 6	0.006 7	0.020 41	0.000 37	0.006 65	0.000 63	132	6	130	2
	XS-30-1-06	414	155	0.37	0.049 3	0.002 5	0.141 9	0.007 1	0.020 89	0.000 39	0.007 10	0.000 67	135	6	133	2
	XS-30-1-07	1 204	506	0.42	0.047 6	0.001 4	0.144 0	0.004 3	0.021 95	0.000 36	0.004 97	0.000 31	137	4	140	2
	XS-30-1-08	2 049	548	0.27	0.050 0	0.001 0	0.145 5	0.003 1	0.021 11	0.000 32	0.006 79	0.000 50	138	3	135	2
	XS-30-1-09	699	262	0.38	0.051 4	0.001 5	0.152 6	0.004 6	0.021 55	0.000 35	0.006 49	0.000 45	144	4	137	2
	XS-30-1-10	1 534	687	0.45	0.049 8	0.001 2	0.151 2	0.003 7	0.022 04	0.000 34	0.006 36	0.000 43	143	3	141	2
	XS-30-1-11	609	224	0.37	0.050 9	0.001 7	0.146 6	0.005	0.020 92	0.000 34	0.007 12	0.000 61	139	4	133	2
	XS-30-1-12	483	266	0.55	0.052 5	0.001 8	0.155 3	0.005 4	0.021 46	0.000 35	0.006 29	0.000 66	147	5	137	2
	XS-30-1-13	1 967	586	0.30	0.049 4	0.001 2	0.148 0	0.003 7	0.021 72	0.000 34	0.006 91	0.000 80	140	3	139	2
	XS-30-1-14	377	460	1.22	0.048 9	0.002 1	0.143 3	0.006 1	0.021 26	0.000 36	0.006 36	0.000 68	136	5	136	2
	XS-30-1-15	223	234	1.05	0.050 4	0.003 3	0.142 3	0.008 5	0.020 47	0.000 39	0.007 25	0.000 97	135	8	131	2
	XS-30-1-16	260	262	1.01	0.049 6	0.002 9	0.143 9	0.008 5	0.021 05	0.000 4	0.006 57	0.000 80	136	8	134	3
	XS-30-1-18	684	216	0.32	0.049 8	0.001 5	0.146 4	0.004 4	0.021 34	0.000 33	0.007 73	0.001 28	139	4	136	2
	XS-30-1-19	107	74	0.70	0.049 8	0.006 4	0.143 0	0.018 1	0.020 83	0.000 54	0.008 94	0.002 27	136	16	133	3
	XS-30-1-20	2 77	137	0.5	0.049 1	0.002 6	0.145 2	0.007 7	0.021 45	0.000 38	0.006 39	0.000 88	138	7	137	2
	XS-30-1-21	1 310	439	0.34	0.049 1	0.001 3	0.144 7	0.003 9	0.021 39	0.000 33	0.007 70	0.001 51	137	3	136	2
	XS-30-1-23	1 648	577	0.35	0.048 9	0.001 3	0.141 1	0.003 7	0.020 93	0.000 33	0.008 07	0.001 83	134	3	134	2
RYT-07碎斑熔岩	RYT07-01	3 223	1 054	0.33	0.058 61	0.001 04	0.165 76	0.003 01	0.020 28	0.000 18	0.007 70	0.000 16	156	3	129	1
	RYT07-02	3 304	831	0.25	0.052 67	0.000 93	0.155 97	0.002 99	0.021 18	0.000 17	0.007 22	0.000 16	147	3	135	1
	RYT07-04	1 165	282	0.24	0.052 06	0.001 21	0.156 60	0.003 48	0.021 95	0.000 29	0.008 39	0.000 23	148	3	140	2
	RYT07-06	3 816	1 147	0.30	0.051 46	0.000 85	0.149 97	0.002 72	0.020 89	0.000 19	0.006 12	0.000 12	142	2	133	1
	RYT07-07	1 575	445	0.28	0.050 43	0.001 06	0.146 65	0.002 97	0.021 04	0.000 22	0.007 04	0.000 17	139	3	134	1
	RYT07-09	7 909	2 163	0.27	0.050 32	0.000 78	0.145 54	0.002 35	0.020 78	0.000 19	0.006 98	0.000 15	138	2	133	1
	RYT07-10	1 330	302	0.23	0.049 28	0.001 20	0.146 12	0.003 58	0.021 34	0.000 22	0.006 98	0.000 20	138	3	136	1
	RYT07-11	3 152	588	0.19	0.051 51	0.000 78	0.148 34	0.002 31	0.020 77	0.000 18	0.007 40	0.000 15	140	2	132	1
	RYT07-13	6 451	2 160	0.33	0.057 71	0.000 85	0.163 29	0.002 36	0.020 38	0.000 16	0.006 66	0.000 15	154	2	130	1
	RYT07-14	9 386	3 054	0.33	0.056 32	0.000 74	0.164 03	0.002 56	0.020 79	0.000 17	0.007 82	0.000 17	154	2	133	1
	RYT07-15	3 927	705	0.18	0.049 86	0.001 01	0.143 07	0.002 80	0.020 60	0.000 20	0.007 26	0.000 21	136	2	131	1
	RYT07-16	5 179	1 145	0.22	0.057 21	0.000 89	0.166 25	0.002 63	0.020 89	0.000 17	0.008 35	0.000 17	156	2	133	1
	RYT07-17	1 260	341	0.27	0.051 66	0.001 16	0.150 96	0.003 28	0.021 09	0.000 20	0.006 92	0.000 18	143	3	135	1
	RYT07-18	5 588	863	0.15	0.051 64	0.000 87	0.146 29	0.002 41	0.020 58	0.000 17	0.007 06	0.000 18	139	2	131	1
	RYT07-19	946	308	0.33	0.051 69	0.002 11	0.146 03	0.006 08	0.020 56	0.000 28	0.006 87	0.000 30	138	5	131	2
	RYT07-22	528	199	0.38	0.055 64	0.001 68	0.167 99	0.004 86	0.021 97	0.000 26	0.007 34	0.000 23	158	4	140	2
	RYT07-25	536	280	0.52	0.062 22	0.002 10	0.186 29	0.006 17	0.022 19	0.000 44	0.008 12	0.000 28	173	5	142	3
	RYT07-26	350	177	0.50	0.052 40	0.001 59	0.159 47	0.004 79	0.022 09	0.000 25	0.007 28	0.000 20	150	4	141	2
	RYT07-27	373	149	0.40	0.050 06	0.002 54	0.146 37	0.007 25	0.021 13	0.000 38	0.006 71	0.000 35	139	6	135	2
	RYT07-28	380	122	0.32	0.051 39	0.001 25	0.160 06	0.003 88	0.022 70	0.000 27	0.007 51	0.000 20	151	3	145	2
	RYT07-29	700	182	0.26	0.056 53	0.001 49	0.175 22	0.004 78	0.022 38	0.000 36	0.008 82	0.000 31	164	4	143	2
	RYT07-30	317	163	0.52	0.060 22	0.001 49	0.178 87	0.004 49	0.021 64	0.000 23	0.007 57	0.000 18	167	4	138	1
	RYT07-32	298	127	0.43	0.058 29	0.002 09	0.172 20	0.006 35	0.021 34	0.000 34	0.008 36	0.000 30	161	6	136	2

续表 4-5

分析点		U (×10⁻⁶)	Th (×10⁻⁶)	Th/U	$^{207}Pb/^{206}Pb$ 比值	1σ	$^{207}Pb/^{235}U$ 比值	1σ	$^{206}Pb/^{238}U$ 比值	1σ	$^{208}Pb/^{232}Th$ 比值	1σ	$^{207}Pb/^{235}U$ 年龄(Ma)	1σ	$^{206}Pb/^{238}U$ 年龄(Ma)	1σ
XS-05 碎斑熔岩	XS-05-1	292	168	0.57	0.050 77	0.003 32	0.145 50	0.009 40	0.020 79	0.000 40	0.005 76	0.000 53	138	8	133	3
	XS-05-2	234	171	0.73	0.051 47	0.003 58	0.145 41	0.010 01	0.020 50	0.000 39	0.006 37	0.000 52	138	9	131	2
	XS-05-5	222	138	0.62	0.050 40	0.004 44	0.144 89	0.012 56	0.020 86	0.000 47	0.006 60	0.000 72	137	11	133	3
	XS-05-6	278	154	0.55	0.049 53	0.004 22	0.139 47	0.011 67	0.020 43	0.000 48	0.006 31	0.000 73	133	10	130	3
	XS-05-7	743	320	0.43	0.050 80	0.001 66	0.150 55	0.004 97	0.021 50	0.000 34	0.005 69	0.000 41	142	4	137	2
	XS-05-9	791	320	0.40	0.052 39	0.001 59	0.152 28	0.004 70	0.021 09	0.000 33	0.006 32	0.000 49	144	4	135	2
	XS-05-10	1 746	713	0.41	0.050 39	0.001 01	0.149 04	0.003 20	0.021 46	0.000 31	0.005 83	0.000 40	141	3	137	2
	XS-05-12	180	329	1.83	0.052 41	0.004 41	0.153 97	0.012 79	0.021 32	0.000 46	0.007 15	0.000 68	145	11	136	3
	XS-05-13	1 752	673	0.38	0.052 13	0.001 19	0.151 53	0.003 62	0.021 09	0.000 32	0.006 57	0.000 63	143	2	135	2
	XS-05-14	382	273	0.72	0.050 34	0.004 09	0.146 96	0.011 66	0.021 19	0.000 53	0.006 33	0.000 71	139	10	135	2
	XS-05-15	660	314	0.48	0.048 28	0.001 70	0.140 11	0.004 97	0.021 06	0.000 34	0.006 35	0.000 52	133	4	134	2
	XS-05-16	513	239	0.47	0.051 90	0.002 00	0.152 25	0.005 89	0.021 28	0.000 35	0.007 15	0.000 70	144	5	136	2
	XS-05-17	1 229	504	0.41	0.047 91	0.001 09	0.143 28	0.003 46	0.021 70	0.000 33	0.005 77	0.000 41	136	3	138	2
	XS-05-18	139	100	0.72	0.050 92	0.007 00	0.145 86	0.019 74	0.020 80	0.000 62	0.007 67	0.001 24	138	17	133	4
	XS-05-19	967	712	0.74	0.052 82	0.001 40	0.160 09	0.004 39	0.021 99	0.000 35	0.006 63	0.000 51	151	4	140	2
	XS-05-20	395	195	0.49	0.051 44	0.003 18	0.152 72	0.009 26	0.021 54	0.000 45	0.007 70	0.000 90	144	8	137	3
	XS-05-21	268	174	0.65	0.051 21	0.003 20	0.154 49	0.009 55	0.021 89	0.000 43	0.007 19	0.000 65	146	8	140	3
	XS-05-22	206	137	0.67	0.053 65	0.006 59	0.159 01	0.019 05	0.021 50	0.000 68	0.007 57	0.001 70	150	17	137	4
XS-59 碎斑熔岩	XS-59-1	150	70	0.47	0.049 45	0.003 66	0.145 72	0.010 66	0.021 38	0.000 43	0.007 27	0.000 74	138	9	136	3
	XS-59-2	491	217	0.44	0.051 93	0.001 57	0.155 50	0.004 79	0.021 72	0.000 34	0.008 72	0.000 59	147	4	139	2
	XS-59-3	741	295	0.40	0.050 05	0.001 16	0.148 61	0.003 66	0.021 54	0.000 33	0.006 46	0.000 33	141	3	137	2
	XS-59-4	208	132	0.63	0.049 64	0.002 44	0.145 50	0.007 14	0.021 26	0.000 37	0.007 14	0.000 42	138	6	136	2
	XS-59-5	209	104	0.50	0.048 32	0.002 50	0.140 78	0.007 27	0.021 13	0.000 37	0.007 05	0.000 47	134	6	135	2
	XS-59-6	292	208	0.71	0.049 35	0.001 97	0.142 02	0.005 71	0.020 87	0.000 35	0.006 76	0.000 40	135	5	133	2
	XS-59-7	858	211	0.25	0.049 50	0.001 14	0.147 43	0.003 59	0.021 60	0.000 33	0.006 94	0.000 43	140	3	138	2
	XS-59-8	1 035	477	0.46	0.048 82	0.001 14	0.142 16	0.003 50	0.021 12	0.000 32	0.006 73	0.000 41	135	3	135	2
	XS-59-10	575	271	0.47	0.049 35	0.001 33	0.141 97	0.003 96	0.020 87	0.000 32	0.006 58	0.000 39	135	4	133	2
	XS-59-11	288	259	0.90	0.050 72	0.003 08	0.146 72	0.008 76	0.020 98	0.000 41	0.006 54	0.000 60	139	8	134	3
	XS-59-12	287	184	0.64	0.049 46	0.003 35	0.143 98	0.009 56	0.021 11	0.000 44	0.008 63	0.000 93	137	8	135	3
	XS-59-14	1 242	546	0.44	0.048 98	0.001 69	0.142 97	0.004 92	0.021 17	0.000 35	0.006 96	0.000 80	136	4	135	2
	XS-59-15	307	347	1.13	0.048 80	0.002 71	0.143 16	0.007 82	0.021 28	0.000 40	0.006 86	0.000 58	136	7	136	3
	XS-59-16	310	262	0.85	0.048 81	0.002 58	0.140 03	0.007 33	0.020 81	0.000 37	0.005 88	0.000 46	133	7	133	2
	XS-59-17	421	251	0.60	0.047 58	0.002 42	0.138 41	0.006 99	0.021 10	0.000 40	0.006 24	0.000 43	132	6	135	3
	XS-59-18	756	347	0.46	0.050 65	0.001 46	0.144 36	0.004 28	0.020 68	0.000 33	0.005 94	0.000 35	137	4	132	2
	XS-59-19	469	237	0.51	0.048 86	0.002 30	0.137 58	0.006 40	0.020 43	0.000 37	0.005 62	0.000 48	131	6	130	2
	XS-59-20	944	420	0.44	0.048 24	0.001 12	0.141 21	0.003 46	0.021 23	0.000 32	0.006 31	0.000 36	134	3	135	2
	XS-59-21	225	147	0.65	0.048 33	0.002 99	0.139 56	0.008 56	0.020 95	0.000 39	0.006 75	0.000 53	133	8	134	2

续表4-5

分析点		U ($\times 10^{-6}$)	Th ($\times 10^{-6}$)	Th/U	$^{207}Pb/^{206}Pb$ 比值	1σ	$^{207}Pb/^{235}U$ 比值	1σ	$^{206}Pb/^{238}U$ 比值	1σ	$^{208}Pb/^{232}Th$ 比值	1σ	$^{207}Pb/^{235}U$ 年龄 (Ma)	1σ	$^{206}Pb/^{238}U$ 年龄 (Ma)	1σ
RYT-06 流纹英安斑岩	RYT06-01	134	109	0.81	0.052 69	0.002 17	0.154 92	0.006 29	0.021 48	0.000 26	0.007 10	0.000 21	146	6	137	2
	RYT06-03	402	321	0.80	0.050 89	0.001 71	0.149 75	0.005 23	0.021 17	0.000 26	0.006 36	0.000 20	142	5	135	2
	RYT06-04	272	181	0.66	0.053 24	0.002 19	0.154 68	0.006 17	0.021 09	0.000 30	0.007 14	0.000 24	146	5	135	2
	RYT06-05	633	161	0.25	0.048 39	0.002 10	0.141 58	0.006 16	0.021 21	0.000 37	0.007 40	0.000 33	134	5	135	2
	RYT06-06	134	85	0.63	0.054 04	0.001 86	0.160 27	0.005 09	0.021 77	0.000 24	0.007 09	0.000 22	151	4	139	2
	RYT06-10	134	111	0.83	0.047 98	0.003 77	0.142 39	0.011 89	0.021 24	0.000 54	0.006 48	0.000 37	135	11	136	3
	RYT06-14	340	148	0.43	0.053 95	0.001 86	0.160 80	0.005 38	0.021 66	0.000 28	0.007 18	0.000 23	151	5	138	2
	RYT06-16	717	224	0.31	0.045 89	0.002 69	0.138 16	0.007 74	0.021 93	0.000 42	0.007 08	0.000 41	131	7	140	3
	RYT06-17	3 488	805	0.23	0.048 98	0.000 76	0.139 83	0.002 35	0.020 53	0.000 16	0.006 57	0.000 14	133	2	131	1
	RYT06-18	922	234	0.25	0.047 68	0.000 92	0.144 26	0.002 82	0.021 81	0.000 17	0.006 86	0.000 16	137	2	139	1
	RYT06-19	1 574	366	0.23	0.048 99	0.000 95	0.140 53	0.002 72	0.020 70	0.000 17	0.006 84	0.000 16	134	2	132	1
	RYT06-20	1 516	588	0.39	0.048 22	0.000 93	0.136 86	0.002 70	0.020 47	0.000 17	0.006 55	0.000 14	130	2	131	1
	RYT06-21	543	247	0.46	0.048 30	0.002 50	0.141 05	0.006 81	0.021 30	0.000 34	0.006 05	0.000 28	134	6	136	2
	RYT06-23	1 146	256	0.22	0.046 49	0.001 12	0.141 81	0.003 44	0.021 94	0.000 21	0.007 52	0.000 23	135	3	140	1
	RYT06-24	773	172	0.22	0.048 37	0.001 51	0.142 93	0.004 61	0.021 20	0.000 23	0.007 24	0.000 29	136	4	135	1
XS-47 流纹斑岩	XS-47-1	172	187	1.08	0.051 1	0.003 4	0.146 2	0.009 5	0.020 74	0.000 40	0.006 04	0.000 40	139	8	132	3
	XS-47-2	254	146	0.58	0.049 5	0.002 1	0.143 7	0.006 2	0.021 08	0.000 35	0.006 59	0.000 42	136	6	134	2
	XS-47-3	762	298	0.39	0.053 3	0.001 4	0.156 9	0.004 3	0.021 36	0.000 34	0.007 44	0.000 47	148	4	136	2
	XS-47-4	244	189	0.77	0.047 8	0.004 7	0.144 2	0.013 8	0.021 89	0.000 43	0.006 95	0.000 36	137	12	140	3
	XS-47-5	139	123	0.88	0.049 7	0.005 0	0.140 0	0.013 7	0.020 46	0.000 51	0.006 79	0.000 82	133	12	131	3
	XS-47-6	192	102	0.53	0.050 6	0.003 4	0.142 7	0.009 5	0.020 45	0.000 41	0.006 74	0.000 58	135	8	130	3
	XS-47-7	437	316	0.72	0.052 1	0.001 6	0.152 7	0.004 8	0.021 27	0.000 34	0.007 09	0.000 43	144	4	136	2
	XS-47-8	522	351	0.67	0.054 7	0.001 7	0.161 9	0.005	0.021 46	0.000 34	0.007 25	0.000 52	152	5	137	2
	XS-47-12	739	373	0.50	0.050 0	0.001 6	0.147 7	0.004 7	0.021 42	0.000 35	0.007 75	0.000 55	140	4	137	2
	XS-47-13	276	164	0.59	0.049 1	0.002 4	0.141 7	0.006 8	0.020 93	0.000 37	0.006 80	0.000 50	135	6	134	2
	XS-47-14	149	87	0.58	0.049 9	0.004 1	0.148 0	0.011 9	0.021 51	0.000 47	0.008 03	0.000 72	140	11	137	3
	XS-47-15	574	750	1.31	0.049 6	0.001 5	0.144 3	0.004 4	0.021 10	0.000 33	0.007 29	0.000 47	137	4	135	2
	XS-47-16	114	109	0.96	0.049 6	0.004 8	0.141 3	0.013 4	0.020 65	0.000 45	0.006 86	0.000 61	134	12	132	3
	XS-47-17	1 241	451	0.36	0.050 2	0.001 0	0.146 8	0.003 2	0.021 22	0.000 31	0.007 78	0.000 53	139	3	135	2
	XS-47-19	287	236	0.82	0.051 0	0.002 3	0.143 5	0.006 5	0.020 43	0.000 35	0.007 00	0.000 52	136	6	130	2
	XS-47-20	385	310	0.81	0.048 4	0.001 9	0.140 6	0.005 6	0.021 06	0.000 36	0.006 70	0.000 42	134	5	134	2
	XS-47-21	1 442	401	0.28	0.051 1	0.001 0	0.149 5	0.003 1	0.021 23	0.000 32	0.007 25	0.000 41	141	3	135	2

表 4-6 相山火山侵入杂岩的 SHRIMP 锆石 U-Pb 定年分析结果

分析点		$^{206}Pb^c$ (%)	U ($\times 10^{-6}$)	Th ($\times 10^{-6}$)	Th/U	$^{206}Pb^*$ ($\times 10^{-6}$)	$^{207}Pb^*/^{206}Pb^*$ 比值	1σ	$^{207}Pb^*/^{235}U$ 比值	1σ	$^{206}Pb^*/^{238}U$ 比值	1σ	$^{206}Pb/^{238}U$ 年龄 (Ma)	1σ
XS-29-1 碎斑熔岩	XS29-1-1.1	0.21	577	209	0.37	10.40	0.047 4	0.001 2	0.136 4	0.003 8	0.020 87	0.000 27	133.1	1.7
	XS29-1-3.1	0.55	394	164	0.43	7.08	0.046 9	0.002 2	0.134 5	0.006 5	0.020 80	0.000 27	132.7	1.8
	XS29-1-4.1	—	649	216	0.34	11.70	0.048 1	0.000 9	0.139 0	0.003 1	0.020 98	0.000 27	133.9	1.7
	XS29-1-5.1	0.00	553	194	0.36	9.91	0.050 3	0.001 0	0.144 6	0.003 3	0.020 86	0.000 27	133.1	1.7
	XS29-1-6.1	—	377	171	0.47	6.78	0.053 6	0.001 8	0.155 1	0.005 6	0.021 01	0.000 27	134.0	1.8
	XS29-1-7.1	0.23	440	180	0.42	7.88	0.050 1	0.002 2	0.143 6	0.006 6	0.020 81	0.000 27	132.7	1.7
	XS29-1-8.1	—	438	253	0.60	7.76	0.051 4	0.001 9	0.146 7	0.005 7	0.020 68	0.000 27	131.9	1.7
	XS29-1-9.1	0.01	901	268	0.31	15.90	0.049 2	0.001 3	0.139 5	0.004 0	0.020 54	0.000 27	131.1	1.6
	XS29-1-10.1	—	574	164	0.29	10.10	0.048 8	0.001 5	0.138 5	0.004 7	0.020 56	0.000 27	131.2	1.7
	XS29-1-13.1	—	425	185	0.45	7.43	0.050 5	0.001 7	0.141 8	0.005 2	0.020 36	0.000 29	129.9	1.8
XS-12 花岗斑岩	XS12-1.1	0.90	255	146	0.59	4.71	0.046 5	0.002 7	0.136 6	0.008 2	0.021 29	0.000 30	136.2	1.8
	XS12-2.1	0.60	565	196	0.36	10.70	0.044 5	0.001 9	0.134 4	0.005 8	0.021 87	0.000 26	140.2	1.7
	XS12-3.1	1.20	314	134	0.44	5.84	0.043 0	0.003 5	0.127 0	0.010 4	0.021 37	0.000 28	137.3	1.8
	XS12-4.1	0.34	681	237	0.36	12.60	0.049 0	0.001 4	0.144 8	0.004 5	0.021 43	0.000 26	136.7	1.6
	XS12-5.1	0.41	181	81	0.46	3.35	0.050 8	0.006 1	0.151 0	0.018 1	0.021 52	0.000 34	136.9	1.9
	XS12-7.1	0.10	235	123	0.54	4.33	0.050 0	0.002 3	0.149 2	0.007 0	0.021 47	0.000 30	136.6	1.8
	XS12-8.1	0.18	295	204	0.71	5.51	0.051 6	0.001 6	0.154 4	0.005 1	0.021 68	0.000 28	137.8	1.8
	XS12-9.1	0.20	307	142	0.48	5.66	0.051 3	0.001 5	0.151 2	0.004 5	0.021 40	0.000 28	136.1	1.8
	XS12-10.1	0.48	384	290	0.78	7.09	0.048 0	0.003 3	0.141 7	0.009 4	0.021 40	0.000 28	136.6	1.7
	XS12-11.1	0.89	143	70	0.51	2.61	0.047 6	0.004 0	0.138 0	0.012 0	0.021 07	0.000 32	134.6	2.0
	XS12-11.2	0.43	397	177	0.46	7.18	0.048 9	0.002 8	0.141 2	0.008 3	0.020 96	0.000 27	133.7	1.7
XS-30-2 花岗斑岩	XS-30-2-02	—	894	243	0.28	16.7	0.052 6	0.001 5	0.158 1	0.004 7	0.021 81	0.000 28	139.1	1.7
	XS-30-2-03	0.15	945	254	0.28	17.4	0.049 2	0.001 4	0.145 2	0.004 4	0.021 40	0.000 26	136.5	1.7
	XS-30-2-04	0.42	386	148	0.40	7.2	0.049 5	0.004 5	0.148 0	0.013 6	0.021 60	0.000 30	137.8	1.9
	XS-30-2-05	0.05	1 099	323	0.30	20.7	0.049 0	0.000 9	0.148 1	0.003 4	0.021 90	0.000 28	139.6	1.7
	XS-30-2-06	0.10	685	262	0.40	12.8	0.050 4	0.001 3	0.151 0	0.004 2	0.021 73	0.000 28	138.6	1.7
	XS-30-2-07	—	660	218	0.34	12.3	0.052 2	0.001 5	0.158 5	0.004 9	0.021 75	0.000 28	138.7	1.8
	XS-30-2-10	0.18	1 177	395	0.35	21.3	0.047 9	0.001 3	0.139 1	0.004 2	0.021 04	0.000 25	134.3	1.6
	XS-30-2-11	—	255	110	0.44	4.6	0.059 1	0.004 4	0.171 0	0.013 0	0.020 95	0.000 31	133.7	2.0
	XS-30-2-12	0.24	1 414	541	0.40	25.9	0.047 7	0.001 1	0.139 8	0.003 5	0.021 27	0.000 26	135.7	1.6
	XS-30-2-13	1.02	279	127	0.47	5.1	0.043 0	0.003 7	0.124 0	0.010 7	0.020 88	0.000 29	133.2	1.9
XS-30-3 流纹英安斑岩	XS-30-3-1-1	0.38	1 303	244	0.19	24	0.046 1	0.001 1	0.136 3	0.003 4	0.021 32	0.000 21	136.4	1.3
	XS-30-3-1-2	0.13	1 664	334	0.21	30.9	0.048 8	0.000 6	0.145 1	0.002 3	0.021 57	0.000 21	137.6	1.3
	XS-30-3-2	0.27	292	90	0.32	5.27	0.048 6	0.002 9	0.140 6	0.008 6	0.020 98	0.000 25	133.8	1.6
	XS-30-3-4	0.3	910	421	0.48	16.4	0.047 7	0.001 1	0.137 6	0.003 6	0.020 91	0.002 09	133.6	1.3
	XS-30-3-5	0.17	738	385	0.54	13.3	0.049 8	0.001 5	0.143 4	0.004 6	0.020 90	0.000 21	133.2	1.3
	XS-30-3-6	—	638	205	0.33	11.6	0.051 4	0.001 1	0.149 9	0.003 4	0.021 15	0.000 21	134.5	1.4
	XS-30-3-7	0.93	171	82	0.49	3.09	0.046 9	0.006 1	0.134 0	0.017 4	0.020 79	0.000 31	133.0	1.8
XS-63 石英二长斑岩	XS63-1.1	—	631	129	0.21	11.10	0.053 4	0.001 6	0.150 7	0.005 0	0.020 48	0.000 27	130.7	1.7
	XS63-2.1	0.22	1 008	371	0.38	18.10	0.048 8	0.001 2	0.140 7	0.004 2	0.020 90	0.000 36	133.3	2.2
	XS63-3.1	0.36	936	307	0.34	17.20	0.047 5	0.002 0	0.139 6	0.006 1	0.021 29	0.000 26	135.8	1.7
	XS63-4.1	0.44	757	127	0.17	13.80	0.048 0	0.002 1	0.139 7	0.006 3	0.021 10	0.000 27	134.6	1.7
	XS63-5.1	—	1 000	336	0.35	18.30	0.049 8	0.000 7	0.146 4	0.002 8	0.021 34	0.000 26	136.1	1.6
	XS63-7.1	0.00	970	329	0.35	17.70	0.050 3	0.001 0	0.147 1	0.003 2	0.021 23	0.000 25	135.4	1.6
	XS63-8.1	—	1 160	406	0.36	21.30	0.051 9	0.001 1	0.153 2	0.003 8	0.021 40	0.000 26	136.5	1.6
	XS63-10.1	—	927	317	0.35	16.90	0.049 8	0.000 7	0.145 5	0.002 8	0.021 17	0.000 25	135.1	1.6
	XS63-11.2	1.58	307	229	0.77	5.81	0.044 5	0.003 0	0.133 5	0.009 2	0.021 63	0.000 30	138.0	1.9
	XS63-11.3	—	216	315	1.51	4.02	0.052 6	0.001 7	0.157 1	0.005 7	0.021 68	0.000 33	138.3	2.0
	XS63-12.1	—	930	338	0.38	17.10	0.053 2	0.000 7	0.157 4	0.002 8	0.021 47	0.000 26	136.9	1.7
	XS63-13.1	1.02	405	168	0.43	7.52	0.045 9	0.002 8	0.135 4	0.008 5	0.021 41	0.000 28	136.5	1.8

注：Pb^c 和 Pb^* 分别代表普通铅和放射成因铅。

4.3.3 相山火山侵入杂岩的年代学格架

对于相山中酸性火山侵入杂岩的形成时期，前人认为是从中侏罗世至早白垩世（163~114Ma，方锡珩等，1982；163~147Ma，刘家远，1985；李坤英等，1989）。如意亭剖面最底部的熔结凝灰岩（样品RYT-03）代表了相山火山侵入活动的开始时间。本书的锆石U-Pb定年结果为137.3±0.9Ma，表明相山火山侵入活动开始于早白垩世。

最早对流纹英安岩成因的认识仅局限于火山溢出作用（刘家远，1985），并据此将流纹英安岩划分为含赤铁矿条带的流纹英安岩和不含赤铁矿条带的流纹英安斑岩（或块熔岩）（徐海江等，1984）。吴仁贵等（2003）从地质产状、岩石学和同位素年龄等特征出发，对相山铀矿田的两套英安岩进行了厘定，指出流纹英安岩为溢出相岩石，而流纹英安斑岩为浅成侵入相岩石，两者系不同时期形成的产物，在时间序列上，流纹英安斑岩形成于碎斑熔岩和花岗斑岩之后。本书对如意亭的两个流纹英安岩样品的定年结果分别是136.8±2.5Ma和136.4±1.5Ma，对居隆安矿床的流纹英安岩样品的定年结果是135.1±1.7Ma。这3个年龄很好地限定了流纹英安岩的形成时代为137~135Ma。

对如意亭的流纹英安斑岩的定年结果是135.0±2.0Ma，对居隆安矿床的流纹英安斑岩样品的定年结果是134.8±1.1Ma，这两个年龄与余达淦（2001）测得的如意亭的流纹英安斑岩的单颗粒锆石U-Pb法（稀释法）的年龄一致。范洪海等（2005）在相山西部的邹家山矿区，在两期火山旋回的界面之间也发现了潜火山岩，岩性同样为流纹英安斑岩，利用单颗粒锆石的U-Pb稀释法测年，确定其形成年龄为136.0±2.6Ma，这些年龄结果十分一致。这些定年结果表明，流纹英安斑岩的年龄在误差范围内和流纹英安岩是一致的，代表流纹英安岩和流纹英安斑岩是同一期火山作用的产物。根据吴仁贵等（2003）和范洪海等（2005）分析，这类次火山-侵入岩往往介于打鼓顶组与鹅湖岭组之间，并呈舌状体穿插到碎斑熔岩中。因此，这一类次火山-侵入岩可能属于相山火山喷发旋回晚期的次火山-侵入岩，从野外地质产状上来看，流纹英安岩应该形成于流纹英安斑岩之前，流纹英安斑岩应代表同一期次岩浆活动的晚阶段潜火山岩的侵入，两者属同一期岩浆活动不同阶段的产物，这也预示着相山大规模的火山侵入活动是一次集中而短暂的活动。

本书测年结果显示，相山火山侵入杂岩中4个采自不同地方的碎斑熔岩样品定年结果分别为134.1±1.6Ma、135.6±1.3Ma、132.4±1.1Ma、135.1±1.2Ma，两个花岗斑岩样品的定年结果分别为136.6±1.1Ma和136.8±1.1Ma，这些实测数据显示出碎斑熔岩和花岗斑岩两者的年龄在误差范围内是基本一致的，表明它们应为近似同时期形成。这种关系在野外同样可以找到证据：在相山西部和北部，可见花岗斑岩侵位于碎斑熔岩之中；在边缘相的碎斑熔岩中，可以见到花岗斑岩的团块。这些野外证据也表明，碎斑熔岩和花岗斑岩是近似同时期形成的。

上述分析数据显示相山火山侵入杂岩的定年结果变化范围为137~132Ma，表明相山火山侵入杂岩体的各种岩性形成于早白垩世，是近似同时期形成的。

4.4 相山火山侵入杂岩的岩石地球化学研究

4.4.1 主量元素和微量元素组成

相山火山侵入杂岩以及镁铁质微粒包体的主元素和微量元素组成见表4-7。相山火山侵入杂岩大部分是过铝质的，A/CNK［=molar $Al_2O_3/(CaO+Na_2O+K_2O)$］主要介于1.00~1.10之间（图4-4）。这些岩石具有高硅，富钾，低MgO、CaO和P_2O_5的特点，并且$K_2O>Na_2O$。早期流纹英安岩的SiO_2含量为68.5%~69.6%，K_2O+Na_2O为6.8%~9.0%；在火山喷发之后的侵出相碎斑熔岩的SiO_2含量为74.4%~76.9%，K_2O+Na_2O为6.2%~7.9%；浅成-超浅成侵入的花岗斑岩的SiO_2含量为65.4%~71.2%，K_2O+Na_2O为7.0%~8.5%；晚期的流纹英安斑岩的SiO_2含量为67.8%~

表4-7 相山火山侵入杂岩以及镁铁质微粒包体的主量元素（%）和微量元素（×10⁻⁶）组成

分析项目	流纹英安岩			流纹英安斑岩				碎斑熔岩					
	XS-30-1	X9-18[a]	X9-19[a]	X9-20[a]	X9-25[a]	X9-26[a]	X9-27[a]	XS-29-1	XS-59	X9-21[a]	X9-22[a]	X9-24[a]	X9-28[a]
SiO_2	69.55	68.48	68.59	67.80	68.64	69.00	67.47	74.41	76.94	76.79	76.06	76.05	74.97
TiO_2	0.43	0.39	0.44	0.37	0.40	0.38	0.35	0.20	0.13	0.08	0.1	0.09	0.08
Al_2O_3	13.73	14.82	14.78	14.35	14.56	14.23	15.10	12.89	12.52	11.92	12.35	12.48	11.55
Fe_2O_3	3.53	3.08	3.28	1.65	1.80	2.37	1.77	0.16	0.16	0.47	0.6	0.41	1.48
FeO	1.16	0.37	0.42	1.85	1.54	1.21	1.40	2.01	1.62	0.63	0.8	0.98	1.21
MnO	0.11	0.07	0.07	0.11	0.07	0.07	0.08	0.10	0.09	0.04	0.06	0.04	0.05
MgO	0.42	0.87	0.58	0.93	0.87	0.76	0.87	0.28	0.17	0.27	0.27	0.21	0.32
CaO	1.89	1.71	1.85	1.96	1.41	1.59	1.77	1.44	1.14	0.79	0.84	0.56	1.07
Na_2O	3.74	2.92	2.77	3.17	3.58	3.00	3.70	2.65	2.11	2.88	2.88	2.82	2.62
K_2O	3.11	5.07	4.97	4.92	4.78	4.97	4.92	4.81	4.06	4.59	4.77	5.07	4.85
P_2O_5	0.17	0.18	0.19	0.18	0.17	0.16	0.19	0.08	0.07	0.03	0.04	0.06	0.06
LOI	2.28	2.17	1.35	2.25	1.76	1.87	1.69	0.82	0.70	0.95	0.53	0.71	1.11
Total	100.12	100.13	99.30	99.54	99.58	99.61	99.31	99.85	99.71	99.44	99.3	99.48	99.37
AR	2.56	2.87	2.74	2.97	3.20	3.03	3.09	3.17	2.65	3.85	3.76	4.06	3.90
A/CNK	1.06	1.11	1.11	1.02	1.07	1.08	1.03	1.06	1.26	1.07	1.08	1.12	1.00
A/NK	1.44	1.44	1.49	1.36	1.32	1.38	1.32	1.35	1.59	1.23	1.25	1.23	1.21
Ga	20.4	25.0	25.0	26.0	22.0	23.0	—	19.4	17.9	19.0	19.0	21.0	19.0
Rb	227	296	279	293	273	296	—	254	290	315	276	240	268
Sr	190	213	244	140	174	180	—	116	71.8	35.0	70.0	162	59.0
Y	28.1	29.0	29.0	30.0	27.0	29.0	—	24.1	26.9	27.0	27.0	27.0	28.0
Zr	249	221	258	223	236	187	—	231	140	85.0	146	239	103
Nb	19.3	22.0	22.0	23.0	22.0	22.0	—	16.5	15.2	18.0	20.0	20.0	15.0
Ba	352	530	501	428	554	539	—	217	109	50.0	84.0	372	105
Hf	6.09	5.90	7.20	6.40	6.70	5.90	—	6.16	4.39	3.80	5.10	6.60	4.10
Ta	2.14	2.19	2.34	2.34	2.39	2.44	—	1.61	1.81	3.08	2.52	1.65	2.10
Th	22.5	24.0	25.0	24.0	23.0	24.0	—	23.5	22.7	22.0	24.0	23.0	27.0
U	7.63	6.20	5.80	11.60	7.90	8.30	—	6.08	7.76	10.5	11.4	7.20	14.8
La	48.5	54.0	53.0	51.0	51.0	49.0	—	52.9	30.8	18.0	31.0	65.0	33.0
Ce	97.6	128	115	123	115	114	—	108	74.5	35.0	71.0	160	79.0
Pr	10.7	15.2	15.0	14.8	14.9	13.7	—	11.7	8.02	5.70	9.90	17.7	10.5
Nd	35.4	53.0	51.0	50.0	51.0	46.0	—	37.9	26.3	21.0	35.0	59.0	36.0
Sm	7.30	8.40	8.20	7.70	8.10	7.90	—	7.31	5.83	4.60	6.50	8.50	6.70
Eu	0.91	1.48	1.30	1.20	1.18	1.25	—	0.73	0.50	0.27	0.47	1.17	0.53
Gd	6.26	8.20	8.40	8.00	8.10	7.90	—	5.78	5.09	4.70	5.80	8.50	6.50
Tb	0.87	1.19	1.15	1.13	1.13	1.19	—	0.75	0.74	0.88	0.93	1.10	0.95
Dy	5.60	6.40	6.50	6.40	6.40	6.80	—	4.74	5.04	5.80	5.50	5.70	5.60
Ho	1.14	1.29	1.32	1.35	1.35	1.41	—	0.91	1.05	1.24	1.21	1.17	1.15
Er	3.25	3.70	3.70	4.10	3.90	4.10	—	2.57	3.06	3.90	3.70	3.30	3.40
Tm	0.50	0.56	0.56	0.58	0.56	0.59	—	0.41	0.47	0.59	0.53	0.47	0.50
Yb	2.80	3.30	3.30	3.40	3.30	3.40	—	2.34	2.83	3.50	3.10	2.70	3.00
Lu	0.44	0.57	0.56	0.59	0.58	0.59	—	0.37	0.43	0.63	0.55	0.47	0.52
ΣREE	221.3	285.3	269.0	273.3	266.5	257.8	—	236.2	164.6	105.8	175.2	334.8	187.4
LREE/HREE	9.61	10.32	9.55	9.69	9.53	8.92	—	12.21	7.79	3.98	7.22	13.30	7.67
$(La/Yb)_N$	11.66	11.03	10.83	10.11	10.42	9.72	—	15.23	7.35	3.47	6.74	16.23	7.42
$(La/Sm)_N$	4.18	4.04	4.07	4.17	3.96	3.90	—	4.55	3.33	2.46	3.00	4.81	3.10
Eu/Eu*	0.40	0.54	0.47	0.46	0.44	0.48	—	0.33	0.27	0.18	0.23	0.42	0.24

续表 4-7

分析项目	花岗斑岩											石英二长斑岩			镁铁质微粒包体		
	XS-07	XS-08	XS-09	XS-10	XS-12	XS-13	XS-43	X9-12	X9-15	SB-1[a]	SB-2[a]	XS-63	89-30[b]	C-25[b]	SB-4[c]	SB-5[c]	99-5[c]
SiO_2	71.52	69.61	70.52	69.76	69.53	71.22	70.23	65.35	67.61	68.83	69.07	63.35	62.52	64.24	53.76	54.3	54.66
TiO_2	0.40	0.36	0.36	0.36	0.44	0.34	0.32	0.42	0.38	0.32	0.34	0.59	0.80	0.84	0.47	0.5	0.48
Al_2O_3	14.66	14.28	14.22	14.19	15.00	13.96	14.72	15.63	15	13.53	13.3	14.03	15.66	14.82	11.69	11.75	12.09
Fe_2O_3	0.92	0.63	0.74	0.84	0.60	0.61	0.05	0.88	0.93	1.29	1.27	0.94	0.90	0.75	2.27	2.06	2.21
FeO	1.98	2.07	1.96	1.83	2.54	1.90	2.20	3.13	2.12	1.66	2.45	3.60	4.73	3.73	5.48	5.21	4.96
MnO	0.05	0.07	0.06	0.06	0.06	0.05	0.04	0.07	0.06	0.06	0.08	0.12	0.08	0.02	0.17	0.17	0.17
MgO	0.58	0.54	0.52	0.52	0.71	0.51	0.43	0.94	0.7	0.7	0.84	2.45	2.40	1.81	9.73	10.15	9.62
CaO	2.17	2.25	2.06	2.29	2.27	1.97	1.83	2.9	2.3	3.22	2.81	4.00	2.50	2.20	6.32	6.68	6.25
Na_2O	2.59	2.39	2.62	2.31	2.36	2.69	2.92	2.74	2.49	2.65	2.68	2.54	3.16	5.75	1.29	1.82	1.66
K_2O	4.85	4.86	5.12	4.75	4.82	4.84	5.59	5.2	5.27	4.37	4.16	3.04	5.23	1.48	3.04	3.66	4.65
P_2O_5	0.14	0.14	0.14	0.14	0.19	0.16	0.12	0.2	0.15	0.12	0.13	0.21	0.27	0.25	0.2	0.21	0.19
LOI	1.74	2.99	1.75	3.09	1.39	1.62	1.35	1.48	2.51	2.56	2.44	4.87	0.84	3.14	2.34	2.93	2.38
Total	101.60	100.19	100.07	100.14	99.91	99.87	99.80	98.94	99.52	99.31	99.57	99.74	99.09	99.03	99.3	99.44	99.32
AR	2.58	2.56	2.81	2.50	2.42	2.79	3.12	2.50	2.63	2.44	2.48	1.90	2.72	2.48	2.23	1.85	2.05
A/CNK	1.09	1.08	1.05	1.08	1.13	1.05	1.04	1.01	1.07	0.91	0.95	0.95	1.02	0.98	0.59	0.62	0.63
A/NK	1.54	1.55	1.44	1.59	1.65	1.44	1.36	1.54	1.53	1.49	1.49	1.88	1.44	1.34	1.43	1.69	1.56
Ga	20.6	20.3	20.9	24.8	21.2	20.2	22.2	24.0	21.0	18.0	19.0	19.3	—	—	15.0	15.0	19.0
Rb	160	146	181	182	145	143	193	188	218	161	146	151	—	—	189	152	—
Sr	182	173	184	174	272	200	189	368	281	205	185	346	—	—	222	250	278
Y	25.7	22.6	23.0	27.5	26.0	23.4	27.0	19.0	22.0	25.0	29.0	24.8	—	—	30.0	24.0	23.0
Zr	365	311	338	391	365	312	349	347	306	244	268	169	—	—	108	110	—
Nb	18.9	17.8	17.7	20.7	17.9	18.4	19.2	19.0	19.0	19.0	19.0	23.7	—	—	12.0	9.6	21.0
Ba	419	406	473	471	648	444	400	1117	744	409	378	508	—	—	455	263	300
Hf	8.82	7.81	8.09	9.41	8.63	7.66	8.66	8.70	7.60	6.90	7.30	4.51	—	—	3.40	3.30	—
Ta	1.51	1.47	1.49	1.71	1.48	1.54	1.70	1.27	1.12	1.15	1.20	2.28	—	—	1.21	0.92	—
Th	21.5	21.1	19.6	26.2	19.2	21.6	26.9	21.0	21.0	18.0	18.0	23.1	—	—	9.10	8.40	—
U	3.84	3.56	3.67	3.47	3.97	4.58	6.16	4.50	3.80	3.40	3.50	6.86	—	—	3.60	3.80	—
La	75.5	74.8	73.6	95.3	77.4	65.0	82.6	72.0	87.0	65.0	73.0	47.5	—	—	20.0	25.0	26.0
Ce	148	138	143	180	153	128	169	176	196	143	171	101	—	—	49.0	53.0	52.0
Pr	16.1	15.4	15.1	19.3	15.7	13.7	17.4	19.7	22.0	14.0	16.0	10.8	—	—	6.40	6.20	6.80
Nd	58.1	54.5	55.9	67.8	56.7	49.4	61.2	64.0	68.0	47.0	54.0	34.5	—	—	25.0	23.0	27.0
Sm	9.07	8.40	8.42	10.3	8.71	8.00	9.49	8.50	9.10	8.40	9.00	6.35	—	—	5.80	5.00	5.10
Eu	1.31	1.28	1.30	1.57	1.50	1.24	1.24	2.26	1.90	1.27	1.26	1.06	—	—	1.31	1.03	1.20
Gd	6.66	6.19	6.25	7.70	6.57	5.99	7.10	8.20	9.40	6.80	7.40	5.60	—	—	5.20	4.60	5.00
Tb	0.84	0.76	0.77	0.93	0.84	0.77	0.88	0.77	1.05	0.88	0.95	0.78	—	—	0.84	0.67	0.72
Dy	5.15	4.69	4.67	5.77	5.30	4.71	5.30	4.60	4.80	4.80	5.30	5.03	—	—	5.10	4.10	4.40
Ho	1.02	0.91	0.92	1.11	1.01	0.94	1.04	0.87	0.93	0.92	1.05	1.06	—	—	1.07	0.83	0.89
Er	2.71	2.43	2.36	2.94	2.66	2.50	2.85	2.40	2.60	2.50	2.80	2.94	—	—	3.00	2.40	2.20
Tm	0.39	0.35	0.34	0.43	0.39	0.35	0.41	0.34	0.37	0.36	0.41	0.45	—	—	0.46	0.36	0.35
Yb	2.36	2.11	2.06	2.56	2.38	2.17	2.50	1.90	2.00	2.20	2.50	2.66	—	—	3.00	2.30	2.30
Lu	0.35	0.32	0.31	0.38	0.34	0.33	0.38	0.34	0.36	0.35	0.37	0.41	—	—	0.46	0.36	0.35
ΣREE	327.8	310.5	315.2	396.0	332.5	283.6	361.3	362.0	405.5	297.5	345.0	219.6	—	—	126.6	128.9	134.3
LREE/HREE	15.83	16.47	16.83	17.15	16.06	14.97	16.66	17.49	17.85	14.81	15.60	10.60	—	—	5.62	7.25	7.29
$(La/Yb)_N$	21.58	23.83	24.09	25.06	21.96	20.21	22.29	25.55	29.33	19.92	19.69	12.04	—	—	4.49	7.33	7.62
$(La/Sm)_N$	5.23	5.60	5.50	5.81	5.59	5.11	5.47	5.33	6.01	4.87	5.10	4.70	—	—	2.17	3.15	3.21
Eu/Eu*	0.50	0.52	0.52	0.52	0.58	0.53	0.44	0.82	0.62	0.50	0.46	0.53	—	—	0.72	0.65	0.72

注：[a] 数据引自 Jiang et al (2005)；[b] 数据引自夏林圻等 (1992)；[c] 数据引自范洪海等 (2001b)。

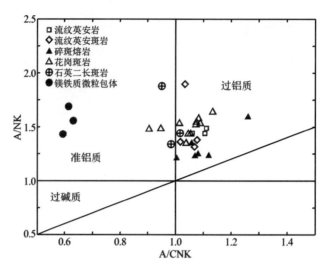

图 4-4 相山火山侵入杂岩及镁铁质微粒包体的 A/CNK-A/NK 图解
（据 Maniar et al, 1989）
显示火山侵入杂岩是过铝质的，镁铁质微粒包体是准铝质的。$A=Al_2O_3$，$C=CaO$，$N=Na_2O$，$K=K_2O$

69.0%，K_2O+Na_2O 为 8.0%～8.4%；石英二长斑岩的 SiO_2 为 62.5%～64.2%，K_2O+Na_2O 为 5.6%～8.4%。

主量元素和部分微量元素比值相对于 SiO_2 成分变异图解如图 4-5 所示。从图 4-5 中可以看出，火山杂岩与镁铁质微粒包体之间存在成分间断，并且随着 SiO_2 的增加，TiO_2、Al_2O_3、TFe、MgO、CaO 和 P_2O_5 都相应减少。

相山火山侵入杂岩的稀土元素分析结果显示，样品的总稀土元素含量较高（表 4-7），$\sum$REE 为 $(106～405)\times10^{-6}$。样品 LREE/HREE 为 4.0～17.9，$(La/Yb)_N$ 为 3.5～29.3，表现为 LREE 富集型；Eu 负异常明显但变化比较大（$Eu/Eu^*=0.2～0.8$）。

在球粒陨石标准化（球粒陨石值采用 Boynton, 1984 数据）图解（图 4-6a）上可以看出，相山火山侵入杂岩均为富 LREE 型，稀土元素配分曲线向右陡倾，而重稀土元素配分曲线相对平坦，反映岩石成岩过程中 LREE 发生了较强烈的分馏，HREE 分馏微弱。但是，这些岩石的稀土配分曲线实际上并不平行一致，表现为不同岩性之间的轻重稀土比值以及 Eu 的负异常程度并不相同，例如，相山火山侵入杂岩的流纹英安岩 $(La/Yb)_N$ 平均值为 11.17，Eu/Eu^* 平均值为 0.47；碎斑熔岩 $(La/Yb)_N$ 平均值为 9.41，Eu/Eu^* 平均值为 0.28；浅成-超浅成的花岗斑岩 $(La/Yb)_N$ 平均值为 23.05，Eu/Eu^* 平均值为 0.55。

以原始地幔成分（原始地幔值采用 McDonough et al, 1995 数据）为标准，对不同阶段的岩石微量元素含量进行标准化作图。从微量元素蛛网图（图 4-6b）上可以看出，Ba、Sr、P、Ti 都表现出明显的负异常，而 Rb、Th、U、La、Ce、Zr、Hf 则呈现正异常。对于 Ba、Sr、P、Ti 的负异常程度，火山侵出相的碎斑熔岩的负异常最明显，而浅成-超浅成侵入相的花岗斑岩的负异常较弱，这表明不相容元素出现的负异常或正异常与岩浆的产出形态有关，而岩浆的产出形态与岩浆过程也是有紧密联系的。相山火山侵入杂岩各种岩性的 Rb/Sr、Rb/Ba、Zr/Hf、Th/U、Nb/Ta 值相差都较大，同时这些比值与 SiO_2 含量或岩浆活动期次没有构成明显的正消长或反消长关系（图 4-5h～l）。Rb-Ba、Zr-Hf、Th-U、Nb-Ta 这些元素对之间的地球化学性质相似，但在相山火山侵入杂岩中的变化情况较为复杂，同时这些比值与 SiO_2 含量或岩浆活动期次没有构成明显的相关关系。这些现象表明相山火山侵入杂岩的岩浆过程或者源区性质是有差异的。

4.4.2 Sr-Nd-Hf 同位素组成

相山火山侵入杂岩的 $\varepsilon_{Nd}(t)$ 值（表 4-8）变化范围较小，除石英二长斑岩之外，主要变化范围为

4 相山火山盆地岩浆岩成因研究

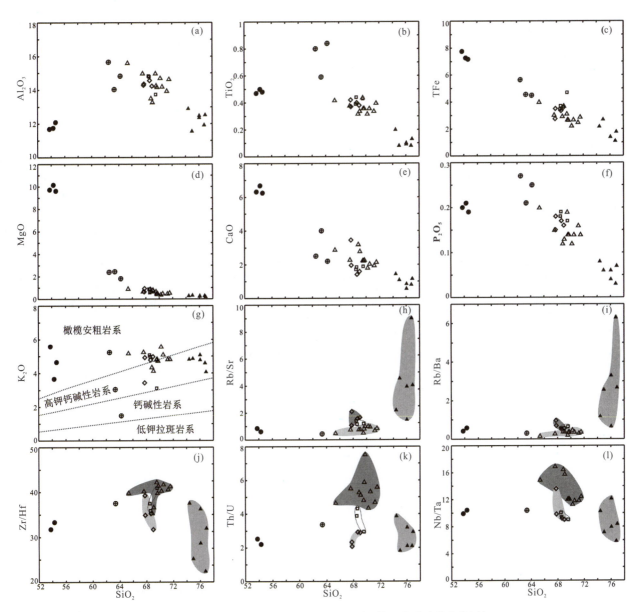

图 4-5 相山火山侵入杂岩和镁铁质微粒包体的化学成分变化图解

(图例同图 4-4)

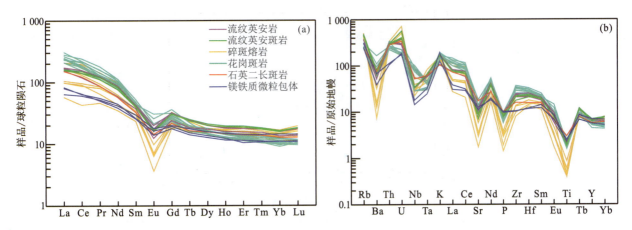

图 4-6 相山火山侵入杂岩及镁铁质微粒包体的稀土元素配分图 (a) 和微量元素蛛网图 (b)

球粒陨石数据引自 Boynton (1984),原始地幔数据引自 McDonough et al (1995)

$-8.73\sim-6.86$，$T_{DM}{}^c$ 值为 $1639\sim1488$Ma，而初始 $^{87}Sr/^{86}Sr$ (ISr) 值变化范围则较大（表4-8），从 0.708 516 到 0.715 057 之间，这些同位素组成特征表明，火山岩浆主要来自地壳岩石的熔融，在其形成过程中没有明显的地幔岩浆加入。除石英二长斑岩之外，其他火山侵入杂岩具有相似的 Sr、Nd 同位素初始值，这些岩石的 $\varepsilon_{Nd}(t)$ 值以及 $T_{DM}{}^c$ 值非常相似，在 I_{Sr}-$\varepsilon_{Nd}(t)$ 图解（图4-7）上，相山火山侵

表 4-8 相山火山侵入杂岩及镁铁质微粒包体的 Nd 同位素和 Sr 同位素组成

样品编号	岩性	t	Sm	Nd	$^{147}Sm/^{144}Nd$	$^{143}Nd/^{144}Nd$	$\varepsilon_{Nd}(0)$	$\varepsilon_{Nd}(t)$	T_{DM}	$T_{DM}{}^c$	Rb	Sr	$^{87}Rb/^{86}Sr$	$^{87}Sr/^{86}Sr$	I_{Sr}
XS-30-1	流纹英安岩	135	7.30	35.4	0.124 6	0.512 197	-8.60	-7.36	1 630	1 528	227	190	3.44	0.718 530	0.711 915
X9-18[a]	流纹英安岩	135	8.32	37.9	0.132 5	0.512 196	-8.62	-7.52	1 790	1 540	263	181	4.21	0.718 183	0.710 108
XS-30-3	流纹英安斑岩	135	7.03	35.5	0.119 8	0.512 193	-8.68	-7.36	1 555	1 527	172	161	3.08	0.720 964	0.715 057
X9-20[a]	流纹英安斑岩	135	7.86	38.0	0.125 0	0.512 161	-9.30	-8.07	1 700	1 585	256	113	6.56	0.721 085	0.708 516
XS-29-1	碎斑熔岩	132	7.31	37.9	0.116 4	0.512 157	-9.38	-8.03	1 556	1 579	254	116	6.34	0.722 225	0.710 297
XS-59	碎斑熔岩	135	5.83	26.3	0.134 1	0.512 189	-8.76	-7.68	1 839	1 553	290	71.8	11.70	0.732 225	0.709 751
X9-21[a]	碎斑熔岩	135	5.79	20.5	0.170 3	0.512 188	-8.78	-8.33	3 365	1 606	299	42.7	20.23	0.750 231	0.711 385
X9-22[a]	碎斑熔岩	135	7.11	31.2	0.137 6	0.512 199	-8.56	-7.55	1 905	1 543	275	70.3	11.32	0.733 224	0.711 483
X9-24[a]	碎斑熔岩	135	6.97	32.5	0.129 7	0.512 182	-8.90	-7.74	1 756	1 558	290	71.2	11.78	0.731 717	0.709 096
XS-07	花岗斑岩	137	9.07	58.1	0.094 4	0.512 167	-9.19	-7.41	1 257	1 532	160	182	2.54	0.716 993	0.712 060
XS-08	花岗斑岩	137	8.40	54.5	0.093 5	0.512 172	-9.09	-7.29	1 237	1 523	146	173	2.44	0.718 298	0.713 565
XS-09	花岗斑岩	137	8.42	55.9	0.091 0	0.512 192	-8.70	-6.86	1 191	1 488	181	184	2.84	0.717 198	0.711 680
XS-10	花岗斑岩	137	10.3	67.8	0.091 9	0.512 159	-9.34	-7.52	1 241	1 542	182	174	3.02	0.720 515	0.714 653
XS-12	花岗斑岩	137	8.71	56.7	0.092 9	0.512 098	-10.53	-8.73	1 328	1 639	145	272	1.55	0.715 358	0.712 355
XS-13	花岗斑岩	137	8.00	49.4	0.097 7	0.512 168	-9.17	-7.45	1 292	1 536	143	200	2.07	0.717 089	0.713 077
XS-43	花岗斑岩	137	9.49	61.2	0.093 7	0.512 157	-9.38	-7.59	1 262	1 547	193	189	2.94	0.717 943	0.712 230
SB-1[a]	花岗斑岩	137	9.50	61.2	0.093 8	0.512 165	-9.23	-7.43	1 253	1 535	178	205	2.50	0.715 619	0.710 762
XS-63	石英二长斑岩	136	6.35	34.5	0.111 2	0.512 189	-7.22	-5.74	1 314	1 396	151	346	1.26	0.712 489	0.710 049
SB-5[b]	镁铁质微粒包体	135	4.84	26.5	0.110 6	0.512 346	-5.70	-4.21	1 190	1 272	139	223	1.80	0.711 515	0.708 058

注：[a] 数据引自 Jiang et al (2005a)；[b] 数据引自范洪海等 (2001b)。

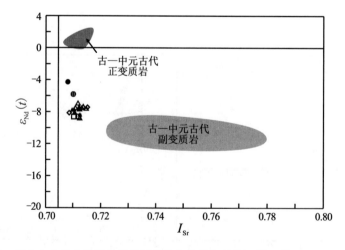

图 4-7 相山火山侵入杂岩及镁铁质微粒包体的初始 $^{87}Sr/^{86}Sr$ 值 I_{Sr}-$\varepsilon_{Nd}(t)$ 值图解

正变质岩和副变质岩的 Sr-Nd 同位素引自袁忠信等（1991）和胡恭任等（1999），
计算变质岩的 I_{Sr} 值和 $\varepsilon_{Nd}(t)$ 值时采用的 t 值是 135Ma。图例同图 4-4

入杂岩的投点落在较小的范围内。相山流纹英安岩的 $\varepsilon_{Nd}(t)$ 值为 $-7.52\sim-7.36$，流纹英安斑岩的 $\varepsilon_{Nd}(t)$ 值为 $-8.07\sim-7.36$，碎斑熔岩的 $\varepsilon_{Nd}(t)$ 值为 $-8.33\sim-7.55$，花岗斑岩的 $\varepsilon_{Nd}(t)$ 值为 $-8.73\sim-6.86$，这些同位素组成特征表明，它们是属于同源而不同期次火山岩浆活动的产物。石英二长斑岩具有相对较高的 $\varepsilon_{Nd}(t)$ 值，为 -5.74，反映成岩物质中含有一定的地幔组分。

锆石原位 Hf 同位素测试在以前进行的锆石 U-Pb 定年的相同部位或者临近部位上进行，其初始 $^{176}Hf/^{177}Hf$ 比值用相对应的锆石年龄进行校正。相山火山侵入杂岩的 Hf 同位素组成汇总在表 4-9，具体数值见表 4-10。

表 4-9 相山火山侵入杂岩的 Lu-Hf 同位素组成特征汇总表

岩性	$\varepsilon_{Hf}(t)$		T_{DM}^c	
	范围	平均值	范围（Ma）	平均值
流纹英安岩	$-8.5\sim-5.7$	-7.0	$1\,720\sim1\,550$	$1\,630$
流纹英安斑岩	$-10.1\sim-6.9$	-8.5	$1\,823\sim1\,621$	$1\,721$
碎斑熔岩	$-10.3\sim6.3$	-8.3	$1\,832\sim1\,585$	$1\,706$
花岗斑岩	$-9.9\sim-6.1$	-8.6	$1\,813\sim1\,571$	$1\,731$
石英二长斑岩	$-10.2\sim-5.2$	-7.7	$1\,832\sim1\,514$	$1\,672$

表 4-10 相山火山侵入杂岩的 LA-MC-ICP-MS 锆石 Lu-Hf 同位素组成测试结果

	分析点	年龄（Ma）	$^{176}Yb/^{177}Hf$ 比值	$^{176}Lu/^{177}Hf$ 比值	$^{176}Hf/^{177}Hf$ 比值	2σ	$\varepsilon_{Hf}(0)$	$\varepsilon_{Hf}(t)$	2σ	T_{DM}（Ma）	T_{DM}^c（Ma）	$f_{Lu/Hf}$
XS-30-1 流纹英安岩	XS-30-1-1	151	0.056 173	0.001 317	0.282 510	0.000 021	-9.3	-6.1	0.7	1 059	1 582	-0.96
	XS-30-1-2	125	0.058 125	0.001 442	0.282 464	0.000 042	-10.9	-8.3	1.5	1 127	1 698	-0.96
	XS-30-1-3	133	0.049 883	0.001 130	0.282 458	0.000 022	-11.1	-8.3	0.8	1 126	1 706	-0.97
	XS-30-1-4	128	0.048 788	0.001 291	0.282 483	0.000 019	-10.2	-7.5	0.7	1 095	1 654	-0.96
	XS-30-1-5	130	0.056 918	0.001 390	0.282 479	0.000 018	-10.4	-7.6	0.6	1 104	1 663	-0.96
	XS-30-1-6	133	0.041 452	0.000 971	0.282 489	0.000 018	-10.0	-7.2	0.6	1 078	1 636	-0.97
	XS-30-1-7	141	0.068 848	0.002 035	0.282 468	0.000 019	-10.8	-7.8	0.6	1 140	1 685	-0.94
	XS-30-1-8	135	0.060 070	0.001 638	0.282 494	0.000 015	-9.8	-7.0	0.5	1 090	1 628	-0.95
	XS-30-1-9	137	0.038 512	0.000 885	0.282 503	0.000 017	-9.5	-6.6	0.6	1 057	1 604	-0.97
	XS-30-1-11	133	0.042 246	0.001 014	0.282 495	0.000 018	-9.8	-7.0	0.6	1 071	1 624	-0.97
	XS-30-1-12	137	0.044 494	0.001 081	0.282 505	0.000 016	-9.4	-6.5	0.6	1 058	1 599	-0.97
	XS-30-1-13	139	0.063 616	0.001 511	0.282 484	0.000 015	-10.2	-7.3	0.5	1 100	1 647	-0.95
	XS-30-1-14	136	0.066 594	0.001 511	0.282 510	0.000 019	-9.3	-6.4	0.6	1 065	1 593	-0.95
	XS-30-1-15	131	0.046 518	0.001 089	0.282 507	0.000 018	-9.4	-6.6	0.6	1 056	1 598	-0.97
	XS-30-1-16	134	0.051 789	0.001 242	0.282 524	0.000 020	-8.8	-5.9	0.7	1 036	1 559	-0.96
	XS-30-1-18	136	0.043 033	0.001 006	0.282 483	0.000 016	-10.2	-7.3	0.6	1 088	1 649	-0.97
	XS-30-1-19	133	0.038 304	0.000 964	0.282 528	0.000 017	-8.6	-5.8	0.6	1 023	1 550	-0.97
	XS-30-1-21	136	0.047 353	0.001 196	0.282 506	0.000 015	-9.4	-6.5	0.6	1 061	1 599	-0.96
	XS-30-1-22	139	0.058 605	0.001 490	0.282 528	0.000 017	-8.6	-5.7	0.6	1 038	1 550	-0.96
	XS-30-1-23	134	0.062 409	0.001 489	0.282 517	0.000 014	-9.0	-6.2	0.6	1 053	1 577	-0.96
	XS-30-1-24	135.1	0.035 828	0.000 745	0.282 466	0.000 022	-10.8	-7.9	0.8	1 103	1 685	-0.98
	XS-30-1-25	135.1	0.042 279	0.001 018	0.282 451	0.000 018	-11.4	-8.5	0.6	1 133	1 720	-0.97

续表 4-10

	分析点	年龄 (Ma)	^{176}Yb/^{177}Hf 比值	^{176}Lu/^{177}Hf 比值	^{176}Hf/^{177}Hf 比值	2σ	$\varepsilon_{Hf}(0)$	$\varepsilon_{Hf}(t)$	2σ	T_{DM} (Ma)	T_{DM}^C (Ma)	$f_{Lu/Hf}$
XS-30-3 流纹英安斑岩	XS-30-3-1-1	136.4	0.042 908	0.001 371	0.282 437	0.000 025	−11.9	−9.0	0.9	1 164	1 753	−0.96
	XS-30-3-1-2	137.6	0.036 745	0.000 939	0.282 429	0.000 014	−12.1	−9.2	0.5	1 162	1 768	−0.97
	XS-30-3-2	133.8	0.032 433	0.000 864	0.282 435	0.000 017	−11.9	−9.1	0.6	1 150	1 755	−0.97
	XS-30-3-3	138.7	0.035 196	0.000 940	0.282 403	0.000 015	−13.0	−10.1	0.5	1 197	1 823	−0.97
	XS-30-3-4	133.6	0.052 697	0.001 359	0.282 470	0.000 016	−10.7	−7.9	0.6	1 117	1 682	−0.96
	XS-30-3-5	133.2	0.057 916	0.001 516	0.282 476	0.000 017	−10.5	−7.7	0.6	1 112	1 669	−0.95
	XS-30-3-6	134.5	0.038 648	0.001 056	0.282 494	0.000 018	−9.8	−7.0	0.6	1 074	1 626	−0.97
	XS-30-3-7	133.0	0.040 619	0.001 085	0.282 432	0.000 019	−12.0	−9.2	0.7	1 162	1 765	−0.97
	XS-30-3-8	134.8	0.034 861	0.000 959	0.282 469	0.000 015	−10.7	−7.8	0.5	1 105	1 680	−0.97
	XS-30-3-9	134.8	0.031 225	0.000 819	0.282 447	0.000 014	−11.5	−8.6	0.5	1 133	1 728	−0.98
	XS-30-3-10	134.8	0.049 835	0.001 402	0.282 455	0.000 018	−11.2	−8.4	0.7	1 138	1 713	−0.96
	XS-30-3-11	134.8	0.031 207	0.000 921	0.282 447	0.000 018	−11.5	−8.6	0.6	1 136	1 729	−0.97
	XS-30-3-12	134.8	0.025 273	0.000 703	0.282 443	0.000 018	−11.6	−8.7	0.7	1 134	1 736	−0.98
	XS-30-3-13	134.8	0.031 890	0.000 879	0.282 449	0.000 020	−11.4	−8.6	0.6	1 132	1 725	−0.97
	XS-30-3-14	134.8	0.030 761	0.000 791	0.282 446	0.000 017	−11.5	−8.6	0.6	1 133	1 729	−0.98
	XS-30-3-15	134.8	0.048 626	0.001 306	0.282 447	0.000 018	−11.5	−8.6	0.6	1 146	1 730	−0.96
	XS-30-3-16	134.8	0.036 649	0.000 915	0.282 441	0.000 022	−11.7	−8.8	0.8	1 144	1 742	−0.97
	XS—30-3—17	134.8	0.041 812	0.001 035	0.282 496	0.000 015	−9.8	−6.9	0.5	1 071	1 621	−0.97
XS-05 碎斑熔岩	XS-05-1	133	0.043 249	0.000 986	0.282 479	0.000 021	−10.4	−7.5	0.7	1 093	1 660	−0.97
	XS-05-2	131	0.047 360	0.001 338	0.282 455	0.000 025	−11.2	−8.4	0.9	1 137	1 715	−0.96
	XS-05-3	128	0.038 116	0.001 186	0.282 410	0.000 029	−12.8	−10.1	1.0	1 196	1 817	−0.96
	XS-05-4	132	0.038 997	0.000 947	0.282 508	0.000 024	−9.3	−6.5	0.8	1 050	1 595	−0.97
	XS-05-5	133	0.031 127	0.000 827	0.282 448	0.000 021	−11.5	−8.6	0.8	1 131	1 727	−0.98
	XS-05-6	130	0.041 716	0.000 945	0.282 473	0.000 020	−10.6	−7.8	0.7	1 100	1 675	−0.97
	XS-05-7	137	0.044 560	0.001 016	0.282 480	0.000 021	−10.3	−7.4	0.7	1 092	1 654	−0.97
	XS-05-8	124	0.047 473	0.001 106	0.282 489	0.000 020	−10.0	−7.4	0.7	1 082	1 643	−0.97
	XS-05-9	135	0.036 665	0.001 054	0.282 465	0.000 024	−10.9	−8.0	0.8	1 115	1 690	−0.97
	XS-05-10	137	0.071 406	0.001 893	0.282 445	0.000 023	−11.5	−8.7	0.8	1 168	1 736	−0.94
	XS-05-11	128	0.041 717	0.000 970	0.282 462	0.000 020	−11.0	−8.2	0.7	1 116	1 700	−0.97
	XS-05-12	136	0.031 405	0.000 730	0.282 433	0.000 021	−12.0	−9.1	0.7	1 150	1 759	−0.98
	XS-05-13	135	0.063 813	0.001 958	0.282 446	0.000 023	−11.5	−8.7	0.8	1 169	1 736	−0.94
	XS-05-14	135	0.053 587	0.001 597	0.282 437	0.000 026	−11.8	−9.0	0.9	1 170	1 753	−0.95
	XS-05-15	134	0.031 205	0.000 870	0.282 485	0.000 020	−10.1	−7.3	0.7	1 081	1 645	−0.97
	XS-05-16	136	0.043 970	0.001 039	0.282 466	0.000 015	−10.8	−7.9	0.5	1 113	1 687	−0.97
	XS-05-17	138	0.043 087	0.001 004	0.282 511	0.000 016	−9.2	−6.3	0.6	1 048	1 585	−0.97
	XS-05-18	133	0.029 092	0.000 745	0.282 484	0.000 016	−10.2	−7.3	0.6	1 079	1 646	−0.98
	XS-05-19	140	0.066 510	0.002 041	0.282 453	0.000 020	−11.3	−8.4	0.7	1 162	1 720	−0.94
	XS-05-20	137	0.032 470	0.000 867	0.282 480	0.000 018	−10.3	−7.4	0.6	1 088	1 654	−0.97
	XS-05-21	140	0.043 798	0.001 104	0.282 462	0.000 020	−11.0	−8.0	0.7	1 121	1 694	−0.97
	XS-05-22	137	0.052 654	0.001 267	0.282 446	0.000 016	−11.5	−8.6	0.6	1 147	1 731	−0.96

续表 4-10

分析点		年龄(Ma)	$^{176}Yb/^{177}Hf$ 比值	$^{176}Lu/^{177}Hf$ 比值	$^{176}Hf/^{177}Hf$ 比值	2σ	$\varepsilon_{Hf}(0)$	$\varepsilon_{Hf}(t)$	2σ	T_{DM} (Ma)	T_{DM}^{c} (Ma)	$f_{Lu/Hf}$
XS-29-1 碎斑熔岩	XS29-1-1-1	133.1	0.034 238	0.000 792	0.282 479	0.000 016	-10.4	-7.5	0.6	1 088	1 659	-0.98
	XS29-1-2-1	134.5	0.038 980	0.000 869	0.282 442	0.000 016	-11.7	-8.8	0.6	1 141	1 740	-0.97
	XS29-1-3-1	132.7	0.033 488	0.000 837	0.282 438	0.000 020	-11.8	-9.0	0.7	1 146	1 750	-0.97
	XS29-1-4-1	133.9	0.031 162	0.000 738	0.282 442	0.000 017	-11.7	-8.8	0.6	1 137	1 739	-0.98
	XS29-1-5-1	133.1	0.027 111	0.000 720	0.282 421	0.000 013	-12.4	-9.6	0.5	1 166	1 787	-0.98
	XS29-1-6-1	134.0	0.037 021	0.000 995	0.282 435	0.000 017	-11.9	-9.1	0.6	1 154	1 755	-0.97
	XS29-1-7-1	132.7	0.024 072	0.000 681	0.282 456	0.000 015	-11.2	-8.3	0.5	1 116	1 709	-0.98
	XS29-1-8-1	131.9	0.053 082	0.001 496	0.282 402	0.000 017	-13.1	-10.3	0.6	1 216	1 832	-0.95
	XS29-1-9-1	131.1	0.036 654	0.000 995	0.282 416	0.000 019	-12.6	-9.8	0.7	1 182	1 801	-0.97
	XS29-1-10-1	131.2	0.027 215	0.000 784	0.282 433	0.000 016	-12.0	-9.2	0.5	1 151	1 761	-0.98
	XS29-1-11-1	125.8	0.027 848	0.000 687	0.282 435	0.000 019	-11.9	-9.2	0.7	1 145	1 758	-0.98
	XS29-1-12-1	125.0	0.032 325	0.000 926	0.282 456	0.000 016	-11.2	-8.5	0.5	1 123	1 714	-0.97
	XS29-1-13-1	129.9	0.033 102	0.000 947	0.282 416	0.000 018	-12.6	-9.8	0.6	1 179	1 800	-0.97
	XS29-1-14	132.4	0.029 943	0.000 784	0.282 423	0.000 015	-12.3	-9.5	0.5	1 164	1 782	-0.98
	XS29-1-15	132.4	0.036 765	0.001 058	0.282 403	0.000 015	-13.1	-10.2	0.5	1 202	1 829	-0.97
	XS29-1-16	132.4	0.040 556	0.000 974	0.282 441	0.000 020	-11.7	-8.9	0.7	1 146	1 744	-0.97
	XS29-1-17	132.4	0.041 997	0.001 020	0.282 467	0.000 022	-10.8	-8.0	0.8	1 111	1 687	-0.97
XS-59 碎斑熔岩	XS-59-1	136	0.028 471	0.000 625	0.282 419	0.000 019	-12.5	-9.6	0.7	1 166	1 789	-0.98
	XS-59-2	139	0.042 264	0.000 950	0.282 423	0.000 021	-12.3	-9.4	0.7	1 169	1 779	-0.97
	XS-59-3	137	0.041 019	0.000 902	0.282 454	0.000 015	-11.2	-8.3	0.5	1 125	1 712	-0.97
	XS-59-4	136	0.028 409	0.000 642	0.282 442	0.000 018	-11.7	-8.8	0.6	1 135	1 738	-0.98
	XS-59-5	135	0.036 704	0.000 851	0.282 494	0.000 017	-9.8	-6.9	0.6	1 067	1 623	-0.97
	XS-59-6	133	0.035 993	0.000 846	0.282 460	0.000 014	-11.0	-8.2	0.5	1 114	1 699	-0.97
	XS-59-7	138	0.050 672	0.001 258	0.282 501	0.000 016	-9.6	-6.7	0.6	1 069	1 609	-0.96
	XS-59-8	135	0.045 099	0.001 108	0.282 472	0.000 017	-10.6	-7.7	0.6	1 106	1 674	-0.97
	XS-59-9	141	0.080 666	0.001 933	0.282 468	0.000 013	-10.8	-7.8	0.5	1 137	1 685	-0.94
	XS-59-10	133	0.034 195	0.000 815	0.282 442	0.000 016	-11.7	-8.8	0.6	1 139	1 740	-0.98
	XS-59-11	134	0.063 359	0.001 463	0.282 488	0.000 018	-10.1	-7.3	0.7	1 094	1 642	-0.96
	XS-59-12	135	0.042 589	0.001 058	0.282 463	0.000 014	-10.9	-8.1	0.5	1 118	1 695	-0.97
	XS-59-13	107	0.051 568	0.001 281	0.282 453	0.000 017	-11.3	-9.0	0.6	1 138	1 734	-0.96
	XS-59-14	135	0.067 249	0.001 804	0.282 471	0.000 016	-10.7	-7.9	0.6	1 129	1 681	-0.95
	XS-59-15	136	0.027 644	0.000 656	0.282 492	0.000 016	-9.9	-7.0	0.6	1 065	1 626	-0.98
	XS-59-16	133	0.051 048	0.001 298	0.282 508	0.000 016	-9.3	-6.5	0.6	1 061	1 597	-0.96
	XS-59-17	135	0.054 307	0.001 330	0.282 495	0.000 014	-9.8	-6.9	0.5	1 080	1 624	-0.96
	XS-59-18	132	0.029 224	0.000 744	0.282 455	0.000 013	-11.2	-8.4	0.4	1 119	1 712	-0.98
	XS-59-19	130	0.018 465	0.000 487	0.282 489	0.000 013	-10.0	-7.2	0.5	1 065	1 637	-0.99
	XS-59-20	135	0.049 455	0.001 322	0.282 457	0.000 019	-11.1	-8.3	0.7	1 134	1 709	-0.96
	XS-59-22	135.1	0.036 836	0.000 952	0.282 510	0.000 017	-9.3	-6.4	0.6	1 048	1 588	-0.97
	XS-59-23	135.1	0.048 692	0.001 305	0.282 449	0.000 016	-11.4	-8.6	0.6	1 145	1 727	-0.96

续表 4-10

	分析点	年龄 (Ma)	^{176}Yb/^{177}Hf 比值	^{176}Lu/^{177}Hf 比值	^{176}Hf/^{177}Hf 比值	2σ	$\varepsilon_{Hf}(0)$	$\varepsilon_{Hf}(t)$	2σ	T_{DM} (Ma)	T_{DM}^c (Ma)	$f_{Lu/Hf}$
XS-12 花岗斑岩	XS12-1-1	136.2	0.041 978	0.001 001	0.282 518	0.000 019	−9.0	−6.1	0.7	1 038	1 571	−0.97
	XS12-2-1	140.2	0.050 282	0.001 209	0.282 454	0.000 016	−11.2	−8.3	0.6	1 134	1 711	−0.96
	XS12-3-1	137.3	0.026 171	0.000 651	0.282 475	0.000 017	−10.5	−7.5	0.6	1 088	1 663	−0.98
	XS12-4-1	136.7	0.024 618	0.000 695	0.282 425	0.000 015	−12.3	−9.3	0.5	1 159	1 775	−0.98
	XS12-5-1	136.9	0.033 603	0.000 898	0.282 453	0.000 016	−11.3	−8.4	0.6	1 126	1 714	−0.97
	XS12-6-1	139.1	0.022 494	0.000 630	0.282 440	0.000 018	−11.7	−8.8	0.6	1 137	1 740	−0.98
	XS12-7-1	136.6	0.024 444	0.000 670	0.282 449	0.000 013	−11.4	−8.5	0.5	1 126	1 723	−0.98
	XS12-8-1	137.8	0.044 844	0.001 260	0.282 409	0.000 016	−12.8	−9.9	0.6	1 200	1 813	−0.96
	XS12-9-1	136.1	0.032 115	0.000 974	0.282 436	0.000 026	−11.9	−9.0	0.9	1 152	1 752	−0.97
	XS12-10-1	136.6	0.065 317	0.001 510	0.282 471	0.000 019	−10.6	−7.8	0.7	1 119	1 678	−0.95
	XS12-11-1	134.6	0.024 021	0.000 614	0.282 453	0.000 021	−11.3	−8.4	0.7	1 118	1 714	−0.98
	XS12-11-2	133.7	0.041 806	0.001 054	0.282 463	0.000 019	−10.9	−8.1	0.7	1 117	1 694	−0.97
	XS12-12	136.6	0.025 980	0.000 696	0.282 444	0.000 015	−11.6	−8.7	0.5	1 133	1 732	−0.98
	XS12-13	136.6	0.036 280	0.000 949	0.282 427	0.000 015	−12.2	−9.3	0.5	1 164	1 771	−0.97
	XS12-14	136.6	0.037 540	0.000 945	0.282 435	0.000 018	−11.9	−9.0	0.6	1 153	1 754	−0.97
	XS12-16	136.6	0.045 121	0.001 139	0.282 447	0.000 019	−11.5	−8.6	0.7	1 142	1 729	−0.97
	XS12-17	136.6	0.033 596	0.000 865	0.282 447	0.000 015	−11.5	−8.6	0.5	1 134	1 728	−0.97
	XS12-18	136.6	0.040 017	0.000 936	0.282 488	0.000 019	−10.0	−7.1	0.7	1 078	1 636	−0.97
	XS12-19	136.6	0.021 553	0.000 540	0.282 467	0.000 015	−10.8	−7.8	0.5	1 096	1 681	−0.98
XS-30-2 花岗斑岩	XS-30-2-1	132.9	0.038 227	0.000 953	0.282 445	0.000 012	−11.6	−8.7	0.4	1 139	1 734	−0.97
	XS-30-2-2	139.1	0.030 701	0.000 764	0.282 414	0.000 011	−12.6	−9.7	0.4	1 176	1 797	−0.98
	XS-30-2-3	136.5	0.041 681	0.001 027	0.282 461	0.000 012	−11.0	−8.1	0.4	1 119	1 697	−0.97
	XS-30-2-4	137.8	0.027 307	0.000 679	0.282 437	0.000 012	−11.9	−8.9	0.4	1 142	1 748	−0.98
	XS-30-2-5	139.6	0.043 101	0.001 106	0.282 441	0.000 011	−11.7	−8.7	0.4	1 149	1 739	−0.97
	XS-30-2-6	138.6	0.033 674	0.000 877	0.282 443	0.000 012	−11.6	−8.7	0.4	1 139	1 734	−0.97
	XS-30-2-7	138.7	0.034 729	0.000 967	0.282 447	0.000 015	−11.5	−8.5	0.5	1 137	1 726	−0.97
	XS-30-2-9	129.6	0.031 710	0.000 798	0.282 447	0.000 026	−11.5	−8.7	0.9	1 131	1 730	−0.98
	XS-30-2-10	134.3	0.080 247	0.001 987	0.282 435	0.000 015	−11.9	−9.2	0.5	1 186	1 762	−0.94
	XS-30-2-11	133.7	0.041 533	0.001 049	0.282 412	0.000 016	−12.7	−9.9	0.6	1 189	1 808	−0.97
	XS-30-2-12	135.7	0.035 522	0.000 898	0.282 425	0.000 015	−12.3	−9.4	0.5	1 165	1 776	−0.97
	XS-30-2-13	133.2	0.037 174	0.000 901	0.282 431	0.000 013	−12.0	−9.2	0.5	1 157	1 764	−0.97
	XS-30-2-14	136.8	0.050 172	0.001 229	0.282 431	0.000 017	−12.0	−9.2	0.6	1 167	1 764	−0.96
	XS-30-2-15	136.8	0.046 434	0.001 177	0.282 440	0.000 011	−11.7	−8.9	0.4	1 153	1 745	−0.96
	XS-30-2-16	136.8	0.027 086	0.000 718	0.282 433	0.000 019	−12.0	−9.1	0.7	1 149	1 758	−0.98

续表 4-10

分析点		年龄 (Ma)	^{176}Yb/^{177}Hf 比值	^{176}Lu/^{177}Hf 比值	^{176}Hf/^{177}Hf 比值	2σ	$\varepsilon_{Hf}(0)$	$\varepsilon_{Hf}(t)$	2σ	T_{DM} (Ma)	T_{DM}^c (Ma)	$f_{Lu/Hf}$
XS-63 石英二长斑岩	XS63-1-1	130.7	0.022 225	0.000 607	0.282 482	0.000 011	−10.3	−7.4	0.4	1 078	1 652	−0.98
	XS63-2-1	133.3	0.038 219	0.001 042	0.282 504	0.000 014	−9.5	−6.6	0.5	1 059	1 603	−0.97
	XS63-3-1	135.8	0.032 424	0.000 825	0.282 543	0.000 012	−8.1	−5.2	0.4	998	1 514	−0.98
	XS63-4-1	134.6	0.036 430	0.000 936	0.282 426	0.000 011	−12.2	−9.4	0.4	1 165	1 774	−0.97
	XS63-4-2	134.6	0.029 800	0.000 768	0.282 478	0.000 012	−10.4	−7.5	0.4	1 088	1 660	−0.98
	XS63-5-1	136.1	0.032 693	0.000 852	0.282 486	0.000 011	−10.1	−7.2	0.4	1 079	1 642	−0.97
	XS63-5-2	441.8	0.022 999	0.000 579	0.281 860	0.000 011	−32.3	−22.7	0.4	1 933	2 832	−0.98
	XS63-6-1	129.9	0.026 936	0.000 626	0.282 461	0.000 013	−11.0	−8.2	0.5	1 107	1 698	−0.98
	XS63-7-1	135.4	0.031 594	0.000 864	0.282 491	0.000 010	−9.9	−7.0	0.4	1 072	1 630	−0.97
	XS63-8-1	136.5	0.033 640	0.000 951	0.282 486	0.000 014	−10.1	−7.2	0.5	1 081	1 641	−0.97
	XS63-9-1	153.8	0.004 096	0.000 094	0.282 529	0.000 013	−8.6	−5.2	0.4	999	1 531	−1.00
	XS63-10-1	135.1	0.030 512	0.000 851	0.282 461	0.000 014	−11.0	−8.1	0.5	1 114	1 698	−0.97
	XS63-11-1	144.3	0.080 510	0.002 595	0.282 402	0.000 022	−13.1	−10.2	0.8	1 253	1 832	−0.92
	XS63-11-2	138.0	0.053 273	0.001 598	0.282 424	0.000 019	−12.3	−9.4	0.7	1 189	1 782	−0.95
	XS63-12-1	136.9	0.043 597	0.001 397	0.282 439	0.000 024	−11.8	−8.9	0.8	1 161	1 748	−0.96
	XS63-12-2	129.9	0.033 523	0.000 931	0.282 441	0.000 028	−11.7	−8.9	1.0	1 144	1 744	−0.97
	XS63-13-1	136.5	0.058 728	0.001 775	0.282 460	0.000 028	−11.0	−8.2	1.0	1 142	1 703	−0.95
	XS63-14-1	136.0	0.073 257	0.002 058	0.282 505	0.000 014	−9.5	−6.7	0.5	1 087	1 607	−0.94
	XS63-14-2	136.0	0.083 784	0.002 210	0.282 496	0.000 014	−9.8	−7.0	0.4	1 104	1 626	−0.93
	XS63-15	136.0	0.040 716	0.001 328	0.282 480	0.000 019	−10.3	−7.5	0.7	1 101	1 657	−0.96
	XS63-16	136.0	0.041 148	0.001 182	0.282 494	0.000 019	−9.8	−7.0	0.7	1 077	1 625	−0.96
	XS63-17	136.0	0.036 247	0.000 941	0.282 438	0.000 012	−11.8	−8.9	0.4	1 149	1 748	−0.97

从测试结果可以看出，^{176}Hf/^{177}Hf 的误差值（2σ）绝大部分在 0.000 030 以内。所有锆石的 ^{176}Lu/^{177}Hf 比值均小于 0.002，表明锆石形成后放射性成因 Hf 积累很少，可以很好地反映锆石形成时岩浆的 Hf 同位素组成特征。从表 4-9 和图 4-8、图 4-9 可以看出，不同岩性之间的 Hf 同位素组成较为相似，这些岩石的 $\varepsilon_{Hf}(t)$ 值都集中在 −9～−7 之间，两阶段 Hf 模式年龄值 T_{DM}^c 集中在 1.8～1.6Ga 之间（图 4-8、图 4-9）。

4.4.3 相山火山侵入杂岩的岩石成因

4.4.3.1 成因类型

总的来说，相山火山侵入杂岩样品都显示出 A 型岩浆所特有的地球化学特征，例如：富碱，具有较高的 K_2O+Na_2O 含量；富集 REE、HFSE 和 Ga，亏损 Ba、Sr 和过渡元素；具有高的 Ga/Al 比值（Whalen et al，1987，1996）。此外，相山火山侵入杂岩具有较高的形成温度，由矿物成分估算的结晶温度介于 870～940℃ 之间（Jiang et al，2005），岩浆包裹体实测均一温度值为 838～1 130℃（夏林圻等，1992）。在 A 型花岗岩的判别图解上，如 10 000×Ga/Al-K_2O+Na_2O、Nb、Zr 图解以及 Zr+Nb+Ce+Y-(K_2O+Na_2O)/CaO（图 4-10）中，相山火山杂岩显示出高的 Ga/Al 比值以及较高的 Zr+Nb+Ce+Y 含量，大部分数据点都落入了 A 型花岗岩的范围内，表明相山火山侵入杂岩具有 A 型花岗岩的地球化学特征。

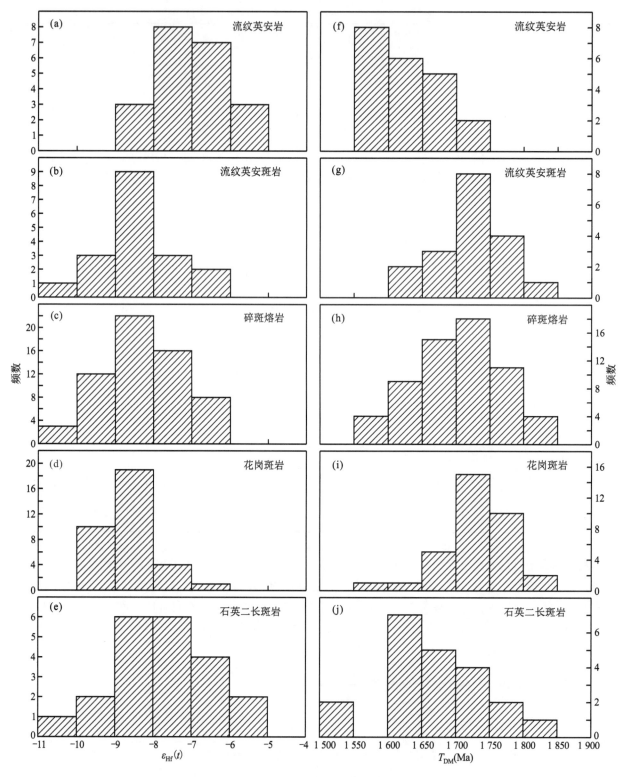

图4-8 相山火山侵入杂岩的锆石 $\varepsilon_{Nd}(t)$ 值和 Hf 模式年龄值柱状图

4.4.3.2 物质来源

前人通过大量的岩石学、地球化学数据分析论证了相山火山侵入杂岩主要是陆壳物质（基底变质岩）部分熔融的产物（方锡珩等，1982；王德滋等，1991；刘昌实等，1992；夏林圻等，1992；王德滋等，1993，1994；段芸等，2001；范洪海等，2001a；Jiang et al，2005），相山火山盆地内喷发相、喷

4 相山火山盆地岩浆岩成因研究

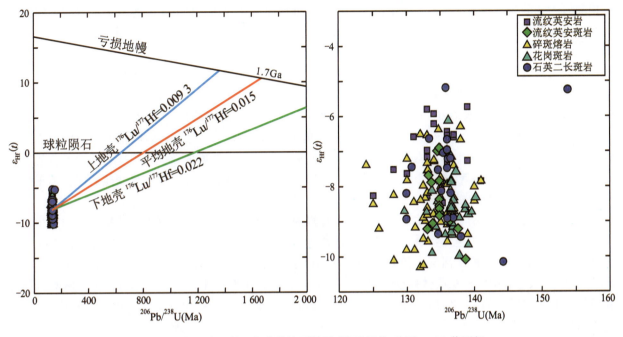

图 4-9 相山火山侵入杂岩的锆石 $^{206}Pb/^{238}U$ 年龄-锆石 $\varepsilon_{Hf}(t)$ 值图解

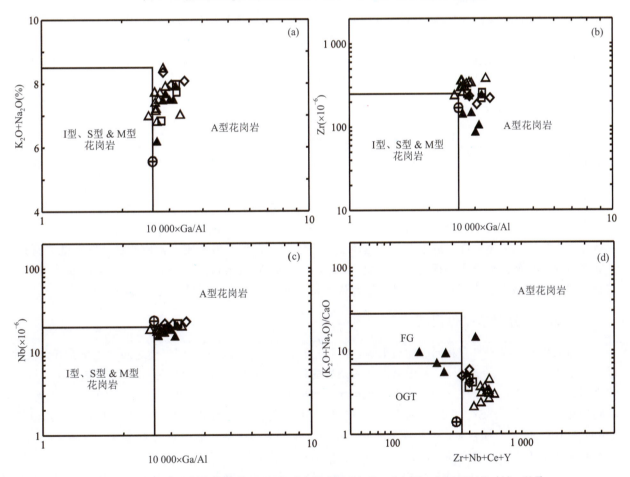

图 4-10 相山火山侵入杂岩的 (a) Na_2O+K_2O, (b) Zr, (c) $Nb-10\,000\times Ga/Al$, 以及
(d) $(Na_2O+K_2O)/CaO-(Zr+Nb+Ce+Y)$ 分类判别图解
(Whalen et al, 1987)
显示出相山火山侵入杂岩具有 A 型花岗岩的地球化学特征。FG：高分异花岗岩；
OGT：未分异的 I 型、S 型以及 M 型花岗岩。图例同图 4-4

溢相和侵入相的岩石均来源于同一岩浆房。因此，野外地质事实及前人的岩石地球化学、同位素测试分析和本书的测年结果，进一步表明相山火山侵入杂岩属于同时间、同空间、同物质来源的一套火山-侵入岩的组合，形成于135Ma左右。

相山火山侵入杂岩的$\varepsilon_{Nd}(t)$值（表4-8）除石英二长斑岩之外，主要变化范围为$-8.31 \sim -7.29$。不同岩性之间的Hf同位素组成较为相似（图4-9），$\varepsilon_{Hf}(t)$值集中在$-9 \sim -7$，这些同位素组成特征表明，相山火山侵入杂岩具有相同的物质来源。此外，火山杂岩的两阶段Nd模式年龄（$T_{DM}{}^c$）介于$1.6 \sim 1.5$Ga之间，两阶段Hf模式年龄值（$T_{DM}{}^c$）集中在$1.8 \sim 1.6$Ga之间，表明相山火山侵入杂岩起源于中元古代变质岩。在$I_{Sr}-\varepsilon_{Nd}(t)$图解（图4-7）中，相山火山杂岩的数据点位于古—中元古代正变质岩和副变质岩的演化区域之间，这就表明火山岩浆可能起源于地壳深处中元古代变质岩（包括正变质岩和副变质岩）的部分熔融。

关于相山火山侵入杂岩的物质来源中是否含有幔源组分也是一个一直没有解决的地质问题。相山花岗斑岩中含有镁铁质微粒包体，表面上看来是镁铁质岩浆与长英质岩浆之间发生了混合作用。然而，相山含有镁铁质微粒包体的花岗斑岩和不含镁铁质微粒包体的流纹英安岩以及碎斑熔岩具有相同的Nd-Hf同位素组成，表明了镁铁质微粒包体的存在在化学成分上对花岗斑岩的贡献很小。而晚期的石英二长斑岩具有相对较高的$\varepsilon_{Nd}(t)$值，可能预示了其原始岩浆有部分地幔物质的加入。因此，总体上来说，相山火山侵入杂岩主要起源于基底变质岩的部分熔融，并且其源区无明显地幔物质的加入。

A型岩浆"无水"特性要求源区岩石先前必须发生过脱水作用，Jiang et al（2005）提出了一种形成相山A型火山侵入杂岩的可能模式：在早期热事件中，地壳深处的中元古代变质岩在麻粒岩相条件下发生脱水作用，从而形成以钾长石和斜长石为稳定矿物相的源岩。一旦温度超过900℃，上述脱水和麻粒岩化的源岩就会发生部分熔融而形成A型岩浆。因此，相山火山杂岩是由发生过脱水作用和麻粒岩化的中元古代正变质岩和副变质岩发生部分熔融而形成的。

4.4.3.3 构造环境

Jiang et al（2005）研究发现，花岗斑岩中的镁铁质微粒包体具有高的镁含量和低的钛含量，表明它们属于玻安岩系列，通常认为原始玻安质岩浆是萃取过玄武质岩浆的地幔中加入LREE、Zr、H_2O、LILE等富集组分而再次发生部分熔融的产物（Hickey et al，1982；Bloomer et al，1987；Sobolev et al，1994）。Jiang et al（2005）认为相山镁铁质微粒包体的玻安质岩浆中富集流体组分可能来自俯冲的海洋沉积物，产生岛弧拉斑玄武岩以后的地幔是形成相山产生玻安质岩浆的亏损地幔的最合理机制，并认为相山玻安质岩浆可能形成于弧后盆地环境。通常认为A型岩浆形成于各种伸展构造环境，例如，大陆弧后拉张，碰撞后拉张和板内裂谷环境（Eby，1992；Whalen et al，1996；Förster et al，1997）。结合上述镁铁质微粒包体所提供的信息，笔者认为相山A型火山杂岩形成于大陆弧后拉张环境。

4.4.3.4 分离结晶作用

相山火山侵入杂岩具有相同的物质来源，但是，相山火山侵入杂岩不同岩性之间的主量元素以及微量元素组成特征并不完全相同。相山火山侵入杂岩的稀土配分曲线实际上并不平行一致，表现为不同岩性之间的轻重稀土比值以及Eu的负异常程度并不相同。从微量元素蛛网图（图4-6b）上可以看出，不同岩性之间的Ba、Sr、P、Ti的负异常程度也并不相同，各种岩性的Rb/Sr、Rb/Ba、Zr/Hf、Th/U、Nb/Ta值相差都较大，这些现象表明，相山火山侵入杂岩的岩浆过程是有差异的，分离结晶作用控制了相山火山侵入杂岩的主量元素和微量元素的组成变化。

Rb、Sr和Ba能对岩浆演化过程中造岩矿物（如长石矿物、角闪石、辉石、黑云母等）的行为提供重要制约，而Zr、Hf、Th和REE则受控于副矿物相（如锆石、榍石、磷灰石、褐帘石、独居石等）的行为。因此，我们利用上述微量元素来示踪岩浆的演化特征。

在Sr-Ba、Rb-Ba和Sr-Ba/Sr图解（图4-11a~c）上可以看到，花岗斑岩发生分离结晶作用的程度最小，而流纹英安岩和流纹英安斑岩主要发生斜长石的分离结晶作用，而碎斑熔岩主要发生钾长石的分离结晶作用。在 La-(La/Yb)$_N$ 图解（图 4-11d）上可以看到，褐帘石和独居石的分离结晶控制了相山火山侵入杂岩轻稀土元素（LREE）的含量变化。

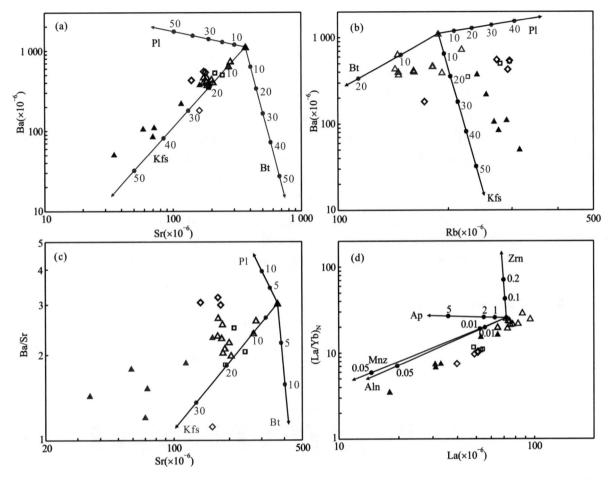

图 4-11 相山火山侵入杂岩的 (a) Ba-Sr，(b) Ba-Rb，以及 (c) Sr-Ba/Sr 图解，显示出流纹英安岩和流纹英安斑岩主要发生了斜长石的分离结晶作用，而碎斑熔岩主要发生了钾长石的分离结晶作用。(d) La-(La/Yb)$_N$ 图解表明褐帘石和独居石的分离结晶控制了相山火山侵入杂岩稀土元素的含量变化

Rb、Sr 和 Ba 的分配系数引自 Philpotts et al (1970)；磷灰石的分配系数引自 Fujimaki (1986)，锆石和褐帘石的分配系数引自 Mahood et al (1983)，独居石的分配系数引自 Yurimoto et al (1990)。Pl. 斜长石；Kfs. 钾长石；Bt. 黑云母；Aln. 褐帘石；Mnz. 独居石；Ap. 磷灰石；Zrn. 锆石。图例同图 4-4

4.5 MME 中石英角闪片岩捕虏体的发现及意义

花岗质岩石中常含有混染进来的岩石，包括围岩捕虏体和镁铁质微粒包体（Mafic microgranular enclave，简称 MME）。镁铁质微粒包体是指在花岗质岩石中广泛分布的暗色、球形液滴状、细粒且比寄主岩更富含镁铁质矿物的中基性岩石包体。镁铁质微粒包体的研究对镁铁质岩浆和长英质岩浆之间的混合作用以及壳幔混源花岗岩的形成机制具有重要的指示意义，目前已有大量的研究工作（Castro et al, 1990；Dorais et al, 1990；Maas et al, 1997；Clynne, 1999；Eichelberger et al, 2000；Silva et al, 2000；Kuscu et al, 2001；Waight et al, 2001；Ban et al, 2005；Barbarin, 2005；Kumar et al, 2006；Christofides et al, 2007；Karsli et al, 2007；Słaby et al, 2008），认为镁铁质微粒包体对于研究壳幔深部作用过程、探索地壳生长与地壳增生事件、反演地壳结构、探讨构造动力学演化及花岗岩浆侵位空间及其地球动力学有很重要的意义。

在相山火山盆地北部的次火山岩（花岗斑岩）岩墙中，发育有少数暗色的镁铁质微粒包体。前人对这些暗色包体进行了研究，如范洪海等（2001b）指出暗色包体为闪长质的，在成因类型上属于淬冷包体。Jiang et al（2005）研究得出，这些淬冷包体形成于异常高的温度（1 200～1 300℃），并属于玻安岩系列。在本次研究中，发现在淬冷包体中含有浅色（相对于MME）的捕虏体，本书在前人工作的基础上对沙洲岩体的花岗斑岩、MME以及首次在淬冷包体中发现的浅色捕虏体进行了较详细的岩相学研究、矿物化学研究，探讨此捕虏体的来源及其地质意义。

4.5.1 岩相学特征及矿物化学成分特征

在相山北部的沙洲岩体中，有一套次火山岩（二长花岗斑岩、花岗斑岩），在花岗斑岩中发育有少量闪长质的MME。研究发现，在MME（样品号：XS-22）中含有一浅色的捕虏体。

次火山岩呈浅灰色，岩性为黑云母二长花岗斑岩或黑云母花岗斑岩。粗粒斑状结构，斑晶含量约60%，主要由斜长石（20%～25%）、碱性长石（～20%）、石英（～10%）和暗色矿物（5%～10%，主要为黑云母，并含有少量角闪石和辉石）组成。斜长石有时具有环带，主要为中长石和更长石；碱性长石通常包含斜长石、黑云母、角闪石、磷灰石和褐帘石等矿物晶体；黑云母斑晶常包裹绿帘石、楣石、锆石和磷灰石等矿物晶体；角闪石大部分发生绿泥石化和绿帘石化；辉石呈残斑状，多被角闪石和绿泥石所取代。副矿物主要为褐帘石、锆石、磷灰石以及一些金属矿物；褐帘石常见，呈自形晶并具有环带。基质呈微晶结构，主要由斜长石、碱性长石、石英和黑云母组成。

MME岩性主要为石英二长闪长岩，寄主岩为次火山岩（花岗斑岩），MME手标本呈黑灰色，形态常为卵圆形，大小不一，大者60cm，小者几个厘米。大的包体常有来自寄主岩的反向脉，并显示有淬冷边。包体内部通常含有寄主岩的捕虏晶，有的还跨越包体与寄主岩的边界。捕虏晶通常被溶蚀成筛状或浑圆状。MME呈细粒结构，主要由石英（～10%）、斜长石（～35%）、碱性长石（～25%）、黑云母（～20%）、角闪石（5%～10%）和少量辉石组成。

MME中捕虏体岩性为石英角闪片岩。石英角闪片岩在手标本上呈浅灰色，细粒结构（图4-12a）。从背散射图像上可以看到，石英角闪片岩捕虏体主要由石英（50%～60%）、斜长石（～15%）、黑云母（～5%）和角闪石（～20%）组成（图4-12b），副矿物主要是楣石和金属氧化物。从图4-12a、b可以看出，MME和捕虏体之间的界线比较清晰，但是界线呈浑圆形，并且MME和捕虏体之间存在一条只含石英、斜长石和钾长石的反应边（图4-12b），这些特征表明MME岩浆已经溶解了一部分的石英角闪片岩捕虏体。

通过详细的背散射图像观察，可以看到石英角闪片岩捕虏体中的角闪石已经不同程度地被单斜辉石以及斜方辉石交代（图4-12c～h）。捕虏体中的角闪石通常呈不规则柱状，并且颗粒有很多裂隙，被方解石充填。角闪石呈残留的颗粒被辉石包裹着，表明角闪石先于辉石结晶，在后期的变质事件中被辉石交代。尽管角闪石已经被交代成辉石，但是角闪石仍保留着原来的形态（图4-12e），还可以观察到角闪石的解理（图4-12h）。大部分的角闪石被单斜辉石交代，而有少部分是被斜方辉石交代的。

石英角闪片岩中辉石的电子探针分析结果见表4-11，辉石的化学成分以及命名方式是将结构式分配到$Ca_2Si_2O_6$（Wo），$Mg_2Si_2O_6$（En），以及$Fe_2Si_2O_6$（Fs）（Morimoto et al，1988）中。将辉石化学成分中的Ca、Mg和TFe归一化到Ca+Mg+TFe=100（其中TFe=Fe^{2+}+Fe^{3+}+Mn^{2+}），然后投点到图4-13中，可以得出石英角闪片岩中单斜辉石属于透辉石，斜方辉石属于铁辉石。透辉石中Mg/(Mg+Fe)比值范围在0.598～0.706之间，铁辉石中Mg/(Mg+Fe)比值范围在0.451到0.523之间。

石英角闪片岩中角闪石的电子探针分析结果见表4-12，角闪石的化学成分在Mg/(Fe^{2+}+Mg)-Si分类图解（图4-14；据Leake et al，1997）上主要属于阳起石和镁角闪石，其Mg/(Mg+Fe)比值范围在0.535～0.66之间。

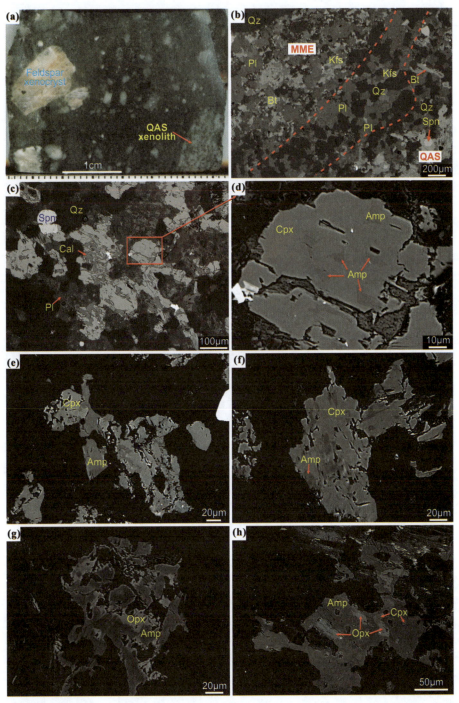

图 4-12 （a）镁铁质微粒包体（样品 XS-22）的手标本照片，包体中含有一些捕虏晶，如长石等。在照片右下角的浅色部位是石英角闪片岩捕虏体，可以看到石英角闪片岩捕虏体中的暗色矿物具有定向排列的结构特征。（b）镁铁质微粒包体和石英角闪片岩捕虏体的背散射照片。QAS. 石英角闪片岩；Bt. 黑云母；Spn. 榍石；Kfs. 钾长石；Pl. 斜长石；Qz. 石英。（c）石英角闪片岩捕虏体的背散射照片。捕虏体中的角闪石呈不规则柱状，并且角闪石颗粒通常是不完整的，晶体呈破碎状，破碎的地方被方解石充填。Cal. 方解石。（d）石英角闪片岩中角闪石的背散射照片，可见角闪石已经蚀变成单斜辉石，残留的角闪石呈孤岛状，被辉石包围着。Cpx. 单斜辉石；Amp. 角闪石。（e）石英角闪片岩中角闪石的背散射照片，可见角闪石已经被单斜辉石交代，角闪石仍保留着角闪石的形态，残留的角闪石在单斜辉石中呈不规则条带状。（f）石英角闪片岩中角闪石的背散射照片，可见角闪石已经被单斜辉石交代，角闪石呈不规则状残留在单斜辉石中，并且角闪石和单斜辉石的边界是模糊的。（g）石英角闪片岩中角闪石的背散射照片，可见角闪石已经被斜方辉石交代。Opx. 斜方辉石。（h）石英角闪片岩中角闪石的背散射照片，可见角闪石已经被斜方辉石交代，在角闪石中还发现有少部分单斜辉石的存在。在此照片中还可看到角闪石的解理

表 4-11 相山样品 XS-22 石英角闪片岩捕虏体中辉石的电子探针分析结果

分析点	0805XS 22-4	0805XS 22-5	0805XS 22-6	0805XS 22-7	0805XS 22-14	0805XS 22-17	0805XS 22-19	0805XS 22-21	0805XS 22-23	0805XS 22-25	0805XS 22-27	0805XS 22-28	0805XS 22-29	0805XS 22-30	0805XS 22-32
矿物	Cpx	Cpx	Cpx	Cpx	Cpx	Cpx	Cpx	Cpx	Cpx	Cpx	Cpx	Cpx	Cpx	Cpx	Cpx
SiO_2	52.24	51.70	52.39	52.17	51.81	52.46	51.52	51.85	52.00	52.66	52.73	52.41	51.84	52.07	52.80
TiO_2	0.02	0.12	0.05	0.05	0.10	0.07	0.00	0.02	0.06	0.04	0.00	0.04	0.08	0.10	0.04
Al_2O_3	0.30	0.53	0.21	0.32	0.86	0.40	0.31	0.26	0.34	0.35	0.32	0.18	0.31	0.51	0.07
FeO	11.42	12.44	11.54	11.94	12.80	11.92	10.81	11.64	11.97	11.30	11.67	10.70	12.04	12.54	10.64
MnO	0.54	0.49	0.68	0.56	0.52	0.63	0.54	0.40	0.48	0.55	0.51	0.47	0.69	0.49	0.65
MgO	11.43	11.76	11.74	11.69	12.15	11.53	11.96	11.78	12.23	12.40	11.63	12.14	12.06	11.96	11.65
CaO	23.01	22.24	23.27	22.50	21.67	22.37	23.26	24.25	22.44	22.90	23.41	23.82	22.49	22.05	23.98
Na_2O	0.21	0.15	0.11	0.12	0.27	0.19	0.11	0.12	0.16	0.11	0.23	0.08	0.15	0.20	0.08
K_2O	0.00	0.00	0.00	0.00	0.05	0.01	0.01	0.01	0.00	0.00	0.02	0.00	0.01	0.00	0.03
Total	99.18	99.41	99.99	99.34	100.22	99.57	98.52	100.33	99.67	100.31	100.53	99.86	99.65	99.92	99.95
以 6 个氧原子为基准计算阳离子个数															
Si	2.00	1.98	1.99	1.99	1.97	2.00	1.98	1.97	1.98	1.99	1.99	1.99	1.98	1.98	2.00
Ti	0.00	0.00	0.00	0.00	0.00	0.00	0.00	0.00	0.00	0.00	0.00	0.00	0.00	0.00	0.00
Al^{IV}	0.00	0.02	0.01	0.01	0.03	0.00	0.01	0.01	0.02	0.01	0.01	0.01	0.01	0.02	0.00
Al^{VI}	0.01	0.00	0.00	0.01	0.01	0.02	0.00	0.00	0.00	0.00	0.01	0.00	0.00	0.00	0.00
Fe^{3+}	0.01	0.04	0.03	0.04	0.07	0.00	0.05	0.08	0.05	0.03	0.03	0.03	0.03	0.04	0.00
Fe^{2+}	0.36	0.36	0.34	0.37	0.34	0.38	0.30	0.29	0.33	0.33	0.34	0.31	0.33	0.36	0.33
Mn	0.02	0.02	0.02	0.02	0.02	0.02	0.02	0.01	0.02	0.02	0.02	0.02	0.02	0.02	0.02
Mg	0.65	0.67	0.66	0.67	0.69	0.65	0.69	0.67	0.69	0.70	0.65	0.69	0.69	0.68	0.66
Ca	0.94	0.91	0.95	0.92	0.88	0.91	0.96	0.99	0.92	0.93	0.95	0.97	0.92	0.90	0.97
Na	0.02	0.01	0.01	0.01	0.02	0.01	0.01	0.01	0.01	0.01	0.02	0.01	0.01	0.01	0.01
K	0.00	0.00	0.00	0.00	0.00	0.00	0.00	0.00	0.00	0.00	0.00	0.00	0.00	0.00	0.00
Sum	4.00	4.01	4.01	4.01	4.02	4.00	4.02	4.03	4.02	4.01	4.01	4.01	4.02	4.01	4.00
Wo	47.69	45.67	47.34	46.37	44.26	46.40	47.69	48.45	45.63	46.34	47.68	48.18	45.70	45.12	48.93
En	32.95	33.60	33.24	33.51	34.51	33.27	34.13	32.75	34.61	34.92	32.95	34.17	34.10	34.05	33.07
Fs	19.36	20.73	19.42	20.11	21.24	20.32	18.18	18.79	19.77	18.74	19.37	17.64	20.20	20.82	18.00

分析点	0805XS 22-33	0805XS 22-34	0805XS 22-36	0805XS 22-39	0809XS 22-51	0809XS 22-54	0809XS 22-55	0809XS 22-58	0809XS 22-60	0809XS 22-62	0809XS 22-64	0809XS 22-67	0809XS 22-69	0809XS 22-86	0809XS 22-87
矿物	Cpx	Cpx	Cpx	Cpx	Cpx	Cpx	Cpx	Cpx	Cpx	Cpx	Cpx	Cpx	Cpx	Cpx	Cpx
SiO_2	51.89	51.37	52.53	52.95	52.36	51.59	52.63	52.51	52.13	52.59	51.78	52.63	52.38	52.66	52.28
TiO_2	0.04	2.34	0.10	0.09	0.03	0.08	0.01	0.03	0.07	0.07	0.01	0.05	0.02	0.04	0.06
Al_2O_3	0.12	0.63	0.37	0.44	0.49	0.53	0.44	0.57	0.35	0.37	0.25	0.37	0.31	0.26	0.41
FeO	12.85	10.21	11.96	12.31	12.32	12.99	12.43	12.13	13.64	12.26	12.17	11.49	11.64	11.30	11.76
MnO	0.73	0.56	0.66	0.55	0.43	0.62	0.55	0.48	0.79	0.62	0.56	0.62	0.61	0.56	0.39
MgO	10.02	10.79	11.82	11.54	12.00	11.32	11.54	12.00	10.84	11.79	11.48	11.95	11.67	11.95	12.46
CaO	24.19	24.40	22.44	22.41	22.51	21.78	22.56	22.00	22.67	22.29	24.71	23.28	23.23	24.11	22.64
Na_2O	0.09	0.07	0.22	0.17	0.14	0.17	0.23	0.16	0.18	0.17	0.16	0.17	0.20	0.17	0.22
K_2O	0.03	0.03	0.01	0.01	0.00	0.00	0.00	0.00	0.01	0.00	0.00	0.00	0.01	0.00	0.00
Total	99.95	100.40	100.13	100.47	100.28	99.07	100.39	99.89	100.66	100.17	101.11	100.56	100.05	101.06	100.22

续表 4-11

分析点	0805XS 22-33	0805XS 22-34	0805XS 22-36	0805XS 22-39	0809XS 22-51	0809XS 22-54	0809XS 22-55	0809XS 22-58	0809XS 22-60	0809XS 22-62	0809XS 22-64	0809XS 22-67	0809XS 22-69	0809XS 22-86	0809XS 22-87
以6个氧原子为基准计算阳离子个数															
Si	1.99	1.94	1.99	2.00	1.98	1.98	1.99	1.99	1.98	1.99	1.96	1.99	1.99	1.98	1.98
Ti	0.00	0.07	0.00	0.00	0.00	0.00	0.00	0.00	0.00	0.00	0.00	0.00	0.00	0.00	0.00
Al^{IV}	0.01	0.03	0.01	0.00	0.02	0.02	0.01	0.01	0.02	0.01	0.01	0.01	0.01	0.01	0.02
Al^{VI}	0.00	0.00	0.01	0.02	0.00	0.01	0.00	0.01	0.02	0.00	0.01	0.00	0.00	0.00	0.00
Fe^{3+}	0.03	0.00	0.02	0.00	0.03	0.02	0.02	0.01	0.04	0.01	0.11	0.03	0.03	0.06	0.06
Fe^{2+}	0.38	0.32	0.36	0.39	0.36	0.40	0.38	0.38	0.39	0.38	0.27	0.33	0.34	0.30	0.31
Mn	0.02	0.02	0.02	0.02	0.01	0.02	0.02	0.02	0.03	0.02	0.02	0.02	0.02	0.02	0.01
Mg	0.57	0.61	0.67	0.65	0.68	0.65	0.65	0.68	0.61	0.67	0.65	0.67	0.66	0.67	0.70
Ca	0.99	0.99	0.91	0.91	0.91	0.90	0.91	0.89	0.92	0.91	1.00	0.94	0.94	0.97	0.92
Na	0.01	0.00	0.02	0.01	0.01	0.01	0.02	0.01	0.00	0.01	0.01	0.01	0.01	0.01	0.02
K	0.00	0.00	0.00	0.00	0.00	0.00	0.00	0.00	0.00	0.00	0.00	0.00	0.00	0.00	0.00
Sum	4.01	3.98	4.01	4.00	4.01	4.01	4.01	4.00	4.01	4.00	4.04	4.01	4.01	4.02	4.02
Wo	49.64	51.02	46.03	46.19	45.78	45.22	46.28	45.31	46.24	45.72	48.80	47.16	47.37	48.21	45.78
En	28.60	31.38	33.74	33.10	33.95	32.72	32.93	34.41	30.76	33.65	31.56	33.69	33.11	33.26	35.04
Fs	21.76	17.60	20.23	20.71	20.26	22.06	20.80	20.28	22.99	20.63	19.63	19.16	19.52	18.53	19.18

分析点	0809XS 22-90	0809XS 22-92	0809XS 22-96	0809XS 22-71	0809XS 22-72	0809XS 22-74	0809XS 22-76	0809XS 22-78	0809XS 22-80	0809XS 22-94	0809XS 22-95	0809XS 22-97	0809XS 22-99	0809XS 22-101
矿物	Cpx	Cpx	Cpx	Opx1	Opx1	Opx1	Opx1	Opx1	Opx2	Opx2	Opx2	Opx2	Opx2	Opx2
SiO$_2$	52.58	52.80	52.29	53.29	53.57	53.54	53.58	53.06	53.01	53.75	53.71	53.96	53.48	54.00
TiO$_2$	0.03	0.04	0.02	0.00	0.00	0.02	0.02	0.04	0.05	0.01	0.00	0.03	0.02	0.00
Al$_2$O$_3$	0.30	0.27	0.38	0.40	0.55	0.53	0.39	0.66	0.57	0.18	0.26	0.44	0.38	0.39
FeO	11.32	12.00	13.96	29.02	28.42	28.65	29.05	27.63	26.21	27.86	27.08	26.64	26.21	25.78
MnO	0.46	0.67	0.73	1.64	1.59	1.67	1.57	1.47	1.37	1.66	1.75	1.45	1.66	1.28
MgO	11.73	11.53	11.56	13.53	13.88	13.24	13.41	13.19	13.24	14.69	14.02	14.25	15.18	15.85
CaO	23.88	22.74	20.96	1.20	1.24	1.44	1.31	2.63	3.43	1.08	1.27	2.18	1.40	1.95
Na$_2$O	0.16	0.18	0.16	0.11	0.10	0.21	0.11	0.19	0.11	0.07	0.07	0.15	0.10	0.11
K$_2$O	0.01	0.01	0.01	0.01	0.03	0.00	0.02	0.02	0.01	0.02	0.01	0.03	0.00	0.01
Total	100.47	100.23	100.05	99.20	99.35	99.31	99.45	98.91	97.98	99.30	98.17	99.11	98.43	99.36
以6个氧原子为基准计算阳离子个数														
Si	1.99	2.00	1.99	2.07	2.07	2.07	2.07	2.06	2.07	2.07	2.09	2.08	2.07	2.06
Ti	0.00	0.00	0.00	0.00	0.00	0.00	0.00	0.00	0.00	0.00	0.00	0.00	0.00	0.00
Al^{IV}	0.01	0.00	0.01	0.00	0.00	0.00	0.00	0.00	0.00	0.00	0.00	0.00	0.00	0.00
Al^{VI}	0.00	0.01	0.01	0.02	0.02	0.02	0.02	0.03	0.03	0.01	0.01	0.02	0.02	0.02
Fe^{3+}	0.04	0.00	0.01	0.00	0.00	0.00	0.00	0.00	0.00	0.00	0.00	0.00	0.00	0.00
Fe^{2+}	0.32	0.38	0.43	0.94	0.92	0.93	0.94	0.90	0.86	0.90	0.88	0.86	0.85	0.82
Mn	0.01	0.02	0.02	0.05	0.05	0.05	0.05	0.05	0.05	0.05	0.06	0.05	0.05	0.04
Mg	0.66	0.65	0.66	0.78	0.80	0.76	0.77	0.76	0.77	0.84	0.81	0.82	0.87	0.90
Ca	0.97	0.92	0.86	0.05	0.05	0.06	0.05	0.11	0.14	0.04	0.05	0.09	0.06	0.08
Na	0.01	0.01	0.01	0.01	0.01	0.02	0.01	0.01	0.01	0.00	0.01	0.01	0.01	0.01
K	0.00	0.00	0.00	0.00	0.00	0.00	0.00	0.00	0.00	0.00	0.00	0.00	0.00	0.00
Sum	4.01	4.00	4.00	3.93	3.92	3.92	3.93	3.92	3.93	3.91	3.92	3.93	3.93	3.93
Wo	48.33	46.72	43.20	2.73	2.81	3.30	2.98	6.03	7.90	2.42	2.94	4.97	3.17	4.32
En	33.04	32.97	33.14	42.81	43.90	42.31	42.52	41.99	42.45	45.85	45.06	45.11	47.69	48.86
Fs	18.62	20.32	23.65	54.47	53.29	54.39	54.50	51.99	49.65	51.73	52.00	49.92	49.15	46.82

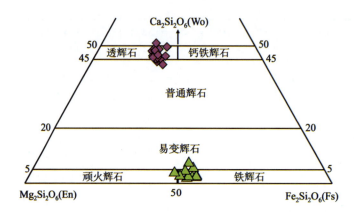

图 4-13 石英角闪片岩中辉石化学成分的顽火辉石-透辉石-钙铁辉石-铁辉石四角分类图解
(据 Morimoto et al,1988)

表 4-12 相山样品 XS-22 石英角闪片岩捕虏体中角闪石的电子探针分析结果

分析点	0805XS 22-8	0805XS 22-9	0805XS 22-10	0805XS 22-11	0805XS 22-12	0805XS 22-13	0805XS 22-15	0805XS 22-16	0805XS 22-18	0805XS 22-20	0805XS 22-22	0805XS 22-24	0805XS 22-26
SiO_2	51.69	51.84	51.94	50.10	52.33	50.99	50.02	49.14	51.76	51.74	51.61	51.27	50.47
TiO_2	0.38	0.47	0.35	0.33	0.25	0.37	0.63	0.75	0.37	0.26	0.31	0.27	0.35
Al_2O_3	3.30	2.66	2.53	4.34	2.47	3.75	4.89	5.33	2.80	1.98	2.72	2.67	3.80
FeO	15.07	17.06	16.66	17.06	17.48	15.30	16.15	15.84	17.23	15.36	14.55	17.71	16.47
MnO	0.43	0.44	0.34	0.43	0.45	0.44	0.34	0.55	0.39	0.46	0.51	0.44	0.34
MgO	13.67	12.94	13.51	12.75	13.31	13.45	13.14	12.07	12.89	12.74	13.66	13.25	12.93
CaO	12.21	12.40	12.64	12.05	11.74	12.07	11.75	12.50	12.97	14.82	14.01	11.95	12.98
Na_2O	0.85	0.45	0.51	0.94	0.56	0.79	1.08	1.14	0.46	0.38	0.72	0.53	0.88
K_2O	0.18	0.00	0.00	0.35	0.00	0.40	0.50	0.51	0.00	0.01	0.13	0.00	0.35
Total	97.76	98.24	98.48	98.35	98.59	97.56	98.50	97.82	98.87	97.75	98.22	98.08	98.55
以 23 个氧原子为基准计算阳离子个数													
Si	7.55	7.57	7.56	7.34	7.61	7.48	7.29	7.28	7.53	7.68	7.57	7.53	7.40
Al^{IV}	0.45	0.43	0.44	0.66	0.39	0.52	0.71	0.72	0.47	0.32	0.43	0.47	0.60
sum T	8.00	8.00	8.00	8.00	8.00	8.00	8.00	8.00	8.00	8.00	8.00	8.00	8.00
Al^{VI}	0.12	0.02	0.00	0.09	0.03	0.13	0.13	0.21	0.01	0.03	0.04	0.00	0.06
Ti	0.04	0.05	0.04	0.04	0.03	0.04	0.07	0.08	0.04	0.03	0.03	0.03	0.04
Fe^{3+}	0.10	0.24	0.20	0.29	0.26	0.14	0.24	0.00	0.23	0.00	0.00	0.23	0.11
Mg	2.98	2.82	2.93	2.78	2.88	2.94	2.86	2.67	2.80	2.82	2.99	2.90	2.83
Fe^{2+}	1.74	1.84	1.82	1.80	1.80	1.74	1.71	1.99	1.87	2.16	1.91	1.85	1.91
Mn	0.02	0.03	0.01	0.00	0.00	0.02	0.00	0.08	0.06	0.22	0.16	0.00	0.06
sum C	5.00	5.00	5.00	5.00	5.00	5.00	5.00	5.00	5.00	5.00	5.00	5.00	5.00
Fe^{2+}	0.00	0.00	0.00	0.00	0.00	0.00	0.00	0.00	0.00	0.00	0.00	0.09	0.00
Mn	0.03	0.03	0.04	0.05	0.06	0.04	0.04	0.00	0.00	0.00	0.00	0.06	0.00
Ca	1.91	1.94	1.97	1.89	1.83	1.90	1.84	1.98	2.02	2.36	2.20	1.88	2.04
Na	0.06	0.03	0.00	0.06	0.05	0.00	0.10	0.03	0.00	0.00	0.00	0.00	0.00
sum B	2.00	2.00	2.00	2.00	2.00	2.00	2.00	2.00	2.00	2.00	2.00	2.00	2.00
Na	0.18	0.09	0.15	0.21	0.11	0.16	0.21	0.30	0.14	0.31	0.17	0.27	
K	0.03	0.00	0.00	0.07	0.00	0.07	0.09	0.10	0.00	0.00	0.00	0.00	0.06
sum A	0.21	0.09	0.15	0.27	0.11	0.24	0.30	0.40	0.14	0.30	0.34	0.17	0.34

续表 4-12

分析点	0809XS 22-52	0809XS 22-53	0809XS 22-56	0809XS 22-57	0809XS 22-61	0809XS 22-63	0809XS 22-65	0809XS 22-66	0809XS 22-68	0809XS 22-70	0809XS 22-73	0809XS 22-75	0809XS 22-77
SiO_2	51.79	50.80	48.30	51.12	49.82	48.40	50.49	52.18	50.47	52.33	49.30	53.22	52.81
TiO_2	0.18	0.17	0.67	0.37	0.55	0.60	0.60	0.39	0.38	0.02	0.06	0.07	0.00
Al_2O_3	2.41	4.03	5.86	3.18	4.43	5.19	3.23	4.09	4.34	1.42	5.44	1.05	1.68
FeO	15.16	16.40	17.44	15.77	16.06	17.08	16.15	14.71	15.14	19.25	20.26	19.33	19.22
MnO	0.41	0.37	0.48	0.37	0.42	0.47	0.40	0.35	0.40	0.78	0.81	0.82	0.77
MgO	13.96	13.49	11.77	12.83	13.08	11.89	12.62	14.06	13.78	13.16	11.66	13.32	12.72
CaO	11.70	12.45	11.24	12.83	11.25	11.92	11.89	11.56	11.63	9.74	10.24	9.52	10.02
Na_2O	0.47	0.83	1.22	0.55	1.03	0.89	0.64	0.92	0.87	0.37	1.34	0.27	0.47
K_2O	0.23	0.34	0.67	0.19	0.42	0.54	0.29	0.37	0.43	0.10	0.44	0.08	0.15
Total	96.31	98.88	97.64	97.22	97.05	96.99	96.30	98.64	97.45	97.17	99.55	97.69	97.84
以 23 个氧原子为基准计算阳离子个数													
Si	7.65	7.37	7.16	7.56	7.35	7.22	7.53	7.50	7.38	7.77	7.18	7.85	7.78
Al^{IV}	0.35	0.63	0.84	0.44	0.65	0.78	0.47	0.50	0.62	0.23	0.82	0.15	0.22
sum T	8.00	8.00	8.00	8.00	8.00	8.00	8.00	8.00	8.00	8.00	8.00	8.00	8.00
Al^{VI}	0.07	0.06	0.19	0.12	0.12	0.14	0.10	0.19	0.13	0.02	0.11	0.03	0.07
Ti	0.02	0.02	0.07	0.04	0.06	0.07	0.07	0.04	0.04	0.00	0.01	0.01	0.00
Fe^{3+}	0.20	0.31	0.29	0.01	0.31	0.24	0.13	0.21	0.27	0.14	0.61	0.10	0.15
Mg	3.07	2.92	2.60	2.83	2.88	2.65	2.81	3.01	3.00	2.91	2.53	2.93	2.79
Fe^{2+}	1.64	1.68	1.85	1.94	1.64	1.89	1.89	1.54	1.55	1.92	1.74	1.93	1.98
Mn	0.00	0.01	0.00	0.06	0.00	0.02	0.01	0.00	0.00	0.00	0.00	0.00	0.00
sum C	5.00	5.00	5.00	5.00	5.00	5.00	5.00	5.00	5.00	5.00	5.00	5.00	5.00
Fe^{2+}	0.03	0.00	0.02	0.00	0.04	0.00	0.01	0.02	0.03	0.32	0.12	0.35	0.24
Mn	0.05	0.03	0.06	0.00	0.05	0.04	0.04	0.04	0.05	0.10	0.10	0.10	0.10
Ca	1.85	1.94	1.79	2.03	1.78	1.91	1.90	1.78	1.82	1.55	1.60	1.50	1.58
Na	0.07	0.03	0.13	0.00	0.13	0.05	0.06	0.16	0.10	0.03	0.19	0.04	0.08
sum B	2.00	2.00	2.00	2.00	2.00	2.00	2.00	2.00	2.00	2.00	2.00	2.00	2.00
Na	0.07	0.20	0.22	0.18	0.16	0.21	0.12	0.10	0.15	0.08	0.19	0.03	0.05
K	0.04	0.06	0.13	0.04	0.08	0.10	0.06	0.07	0.08	0.02	0.08	0.02	0.03
sum A	0.11	0.26	0.34	0.21	0.24	0.31	0.18	0.16	0.23	0.10	0.27	0.05	0.08

分析点	0809XS 22-79	0809XS 22-81	0809XS 22-82	0809XS 22-83	0809XS 22-84	0809XS 22-85	0809XS 22-88	0809XS 22-89	0809XS 22-91	0809XS 22-93	0809XS 22-98	0809XS 22-100	
SiO_2	51.60	51.95	49.27	51.88	48.81	48.56	49.99	50.18	50.50	51.03	53.61	51.63	
TiO_2	0.12	0.10	0.07	0.03	0.05	0.49	0.00	0.29	0.32	0.13	0.06	0.64	
Al_2O_3	2.30	2.62	5.83	3.39	5.15	5.54	4.57	4.77	4.65	4.02	1.36	2.74	
FeO	19.05	19.93	20.18	19.01	19.17	16.51	19.11	16.75	15.55	17.63	16.96	17.16	
MnO	0.81	0.83	0.66	0.71	0.63	0.39	0.82	0.55	0.41	0.63	0.63	0.71	
MgO	12.62	11.94	11.41	13.27	11.09	12.76	12.16	12.43	13.61	12.87	14.52	13.33	
CaO	9.96	9.83	10.21	10.36	10.46	11.38	9.94	11.17	11.15	10.65	10.22	10.21	
Na_2O	0.54	0.58	1.24	0.78	1.14	1.11	0.99	0.99	1.09	0.86	0.39	0.81	
K_2O	0.19	0.22	0.46	0.26	0.42	0.54	0.30	0.42	0.43	0.34	0.14	0.24	
Total	97.18	98.00	99.34	99.68	96.93	97.27	97.87	97.55	97.70	98.16	97.88	97.47	

续表 4-12

分析点	0809XS 22-79	0809XS 22-81	0809XS 22-82	0809XS 22-83	0809XS 22-84	0809XS 22-85	0809XS 22-88	0809XS 22-89	0809XS 22-91	0809XS 22-93	0809XS 22-98	0809XS 22-100
以 23 个氧原子为基准计算阳离子个数												
Si	7.66	7.67	7.19	7.48	7.29	7.17	7.37	7.38	7.36	7.46	7.81	7.58
Al^{IV}	0.34	0.33	0.81	0.52	0.71	0.83	0.63	0.62	0.64	0.54	0.19	0.42
sum T	8.00	8.00	8.00	8.00	8.00	8.00	8.00	8.00	8.00	8.00	8.00	8.00
Al^{VI}	0.06	0.13	0.19	0.06	0.20	0.14	0.16	0.20	0.16	0.15	0.04	0.06
Ti	0.01	0.01	0.01	0	0.01	0.05	0	0	0.04	0.01	0.01	0.07
Fe^{3+}	0.22	0.18	0.52	0.40	0.45	0.37	0.42	0.30	0.34	0.33	0.14	0.24
Mg	2.79	2.63	2.48	2.85	2.47	2.81	2.67	2.72	2.96	2.80	3.15	2.92
Fe^{2+}	1.91	2.05	1.80	1.68	1.88	1.63	1.75	1.74	1.51	1.70	1.67	1.71
Mn	0	0	0	0	0	0	0	0	0	0	0	0
sum C	5.00	5.00	5.00	5.00	5.00	5.00	5.00	5.00	5.00	5.00	5.00	5.00
Fe^{2+}	0.23	0.23	0.14	0.21	0.07	0.04	0.19	0.02	0.05	0.12	0.26	0.15
Mn	0.10	0.10	0.08	0.09	0.08	0.05	0.10	0.07	0.05	0.08	0.08	0.09
Ca	1.58	1.56	1.60	1.60	1.67	1.80	1.57	1.76	1.74	1.67	1.59	1.61
Na	0.08	0.11	0.18	0.11	0.18	0.11	0.14	0.15	0.16	0.13	0.06	0.15
sum B	2.00	2.00	2.00	2.00	2.00	2.00	2.00	2.00	2.00	2.00	2.00	2.00
Na	0.07	0.06	0.17	0.11	0.15	0.21	0.14	0.13	0.15	0.11	0.04	0.08
K	0.04	0.04	0.09	0.05	0.08	0.10	0.06	0.08	0.08	0.06	0.03	0.04
sum A	0.11	0.10	0.26	0.16	0.23	0.31	0.20	0.21	0.23	0.17	0.07	0.13

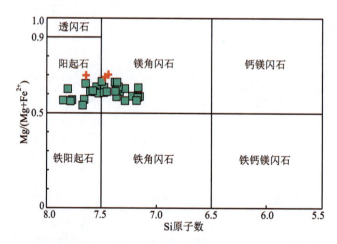

图 4-14 角闪石的 Mg/(Fe^{2+}+Mg)-Si 分类图解（据 Leake et al, 1997）
图像参数：$Ca_B \geqslant 1.5$；$(Na+K)_A < 0.5$；$Ca_A < 0.5$。蓝色正方形为石英角闪片岩捕虏体中的角闪石；
红色加号为基底变质岩中的角闪石。数据引自章邦桐等（2005）

4.5.2 石英角闪片岩捕虏体的形成过程

相山火山盆地东北部贯下、马口一带的石榴黑云母片岩（石榴石带）中发育一层厚数米至数十米的斜长角闪（片）岩层，在该区的云母片岩（黑云母带）中含有薄层状或不规则团块状产出的石英角闪片岩（胡恭任等，2004）。章邦桐等（2005）对这套石英角闪片岩进行了较为全面的矿物学（角闪石）、岩相学的研究。而本次发现的镁铁质微粒包体中的石英角闪片岩捕虏体在岩性和矿物组成上与相山盆地基底的石英角闪片岩相似。尽管角闪石已经被辉石交代，但残留的角闪石矿物成分与基底的石英角闪片岩相似，主要为阳起石和镁角闪石（图 4-14）。因此，我们认为石英角闪片岩捕虏体来自于相山盆地基底的变质岩。

相山火山盆地东北部贯下、马口一带的石英角闪片岩中的角闪石通常是新鲜的，没有发生过重要的蚀变作用（章邦桐等，2005）。然而，MME 中石英角闪片岩捕虏体的角闪石已经被辉石交代，这种交代作用是角闪石在脱水反应过程中发生重结晶形成辉石。运用 Lindsley et al（1983）的矫正程序重新计算辉石的结构式，然后投点到 Lindsley（1983）提出的辉石温度计图解（压力为 5kbar，1bar＝10^5Pa），得出斜方辉石的形成温度为 1 000～800℃，透辉石的形成温度则小于 700℃（图 4-15）。因此，可以得出角闪石蚀变成辉石的最高变质温度应该在 1 000～800℃ 或者更高，这个蚀变温度反映了 MME 岩浆捕获石英角闪片岩捕虏体时的温度。而形成透闪石（＜700℃）可能是晚期冷却过程中发生重平衡的结果。

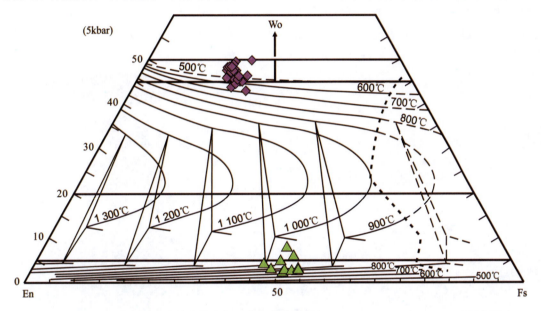

图 4-15　相山石英角闪片岩捕虏体中辉石的四角分类图解（Morimoto et al，1988）以及辉石在
p＝5kbar 条件下的温度计图解（Lindsley，1983）

辉石的化学成分运用 Lindsley et al（1983）提出的矫正程序重新计算辉石的结构式。斜方辉石的形成温度在
1 000～800℃，而透闪石的形成温度小于 700℃，表明透闪石的形成可能是晚期冷却过程中发生重平衡的结果

Jiang et al（2005）研究得出花岗斑岩中的斜方辉石结晶温度为 950～900℃，MME 中的辉石化学成分变化较大，得出结晶温度变化也比较大，在 1 300～700℃ 之间。石英角闪片岩捕虏体中角闪石蚀变成辉石的最高温度（1 000～800℃）比较接近于 MME 中普通辉石的结晶温度（1 050～850℃，Jiang et al,2005），尽管我们无法判断这个温度是不是捕虏体被捕获之后发生蚀变的最高温度，但是高于花岗斑岩中辉石的形成温度（＜900℃）。由于 MME 岩浆进入花岗斑岩岩浆之后，迅速发生淬冷，温度很快和花岗斑岩岩浆达到一致，因此，进入花岗斑岩岩浆之后的 MME 无法再给石英角闪片岩捕虏体中的角闪石提供约 1 000℃ 的变质温度。此外，MME 包体进入长英质岩浆房之后，迅速发生淬冷，其黏度必然增大，甚至发生固结，因此进入长英质岩浆房之后很难再捕获捕虏体。因此，可以得出 MME 在进入长英质岩浆房之前就捕获了石英角闪片岩捕虏体。

4.5.3　MME 化学成分演化过程及指示意义

许多人认为，花岗岩中的 MME 是岩浆混合作用最显著、最直接的证据，是研究混合作用方式、端元组分的性质、成岩过程的物化条件等不可缺少的信息载体，是了解壳幔作用的窗口。但是也有部分人认为上述说法大大夸大了暗色微粒包体在花岗岩成因上的意义。暗色微粒包体形态各异，最常见的为浑圆状和椭圆状，大多数包体与花岗岩有清晰的界线。包体的体积通常很小，绝大多数直径不到 1m，常成群成带密集分布。而花岗岩非常大，直径可达几千米甚至上百千米，如此大的花岗岩连不到1m的包体都没办法完全混合，很难让人相信。花岗岩中的MME是岩浆混合作用最显著、最直接的证据。相反的，花岗质岩石中MME的存在，没有被花岗质岩浆完全混合，恰恰说明了岩浆混合的局限性。

根据包体的成分和结构推测，在大多数情况下包体的源岩应该是玄武质的，玄武质岩浆是幔源的，通常来自于软流圈地幔（Hildreth，1981）。然而，花岗岩中的微粒包体的成分主要是闪长质的，少量为辉长-闪长质或石英闪长质。MME岩浆化学成分的变化可以有两种解释：一种解释是玄武质的MME岩浆进入长英质岩浆房之后与周围的花岗质岩浆混合，使MME岩浆成分由玄武质成分转变为闪长质成分；另一种解释是MME岩浆在进入长英质岩浆房之前就和地壳物质发生同化混染作用，使MME岩浆成分由玄武质成分转变为闪长质成分。这两种MME的化学成分演化的解释可以是来自于3个不同阶段混合作用的结果（图4-16）。第一阶段是幔源岩浆在下地壳和地壳物质发生混合，形成了化学成分相对均一的偏酸性的MME岩浆；第二阶段是镁铁质在上升和侵位过程中和围岩发生同化混染作用，这种同化混染作用可以产生不同类型的偏酸性的MME岩浆；第三阶段是镁铁质岩浆进入长英质岩浆之后和长英质岩浆发生混合作用，形成偏酸性的MME岩浆。

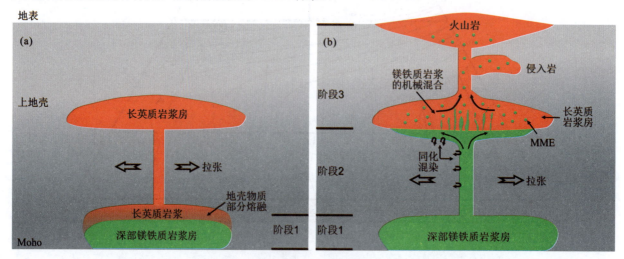

图4-16　相山火山侵入杂岩中镁铁质微粒包体的形成及演化过程示意图

Sparks et al（1986）和Poli et al（1996）指出，MME代表较热的偏基性岩浆，而寄主花岗岩代表较冷的酸性岩浆，二者的成分组成、温差决定了两种岩浆具有不同的物理性质（如岩浆黏性等）。由于MME岩浆进入花岗质岩浆之后发生淬冷作用，MME岩浆的温度会迅速降低，MME岩浆将比长英质岩浆更早结晶（Zeck，1970），导致花岗质岩浆很难与快固结的MME岩浆发生物质交换作用。

长英质岩浆房中镁铁质岩浆包体是可以独立存在的，并不会发生瓦解（Yoder，1973；Vernon，1984），特别是小体积的镁铁质岩浆被大体积的长英质岩浆包裹着并且混合程度很小的时候（Kouchi et al，1983），因为急剧冷却以及快速结晶增加了镁铁质岩浆的黏性。同时，已有研究表明，这两种岩浆混合在一起，可能会发生微量元素和同位素的交换，但是主量元素之间很难发生交换（Snyder et al，1998）。

因此，MME岩浆成分由玄武质成分转变为闪长质成分，可能是MME岩浆在进入长英质岩浆房之前与地壳物质发生同化混染作用造成的。本书发现的相山MME中的石英角闪片岩捕房体很好地佐证了这一观点。

MME在进入长英质岩浆房之前就捕获了石英角闪片岩捕房体，而石英角闪片岩来自于相山盆地基底的变质岩，通过这两点可以得出MME是在上地壳才进入到长英质岩浆房的。结合相山火山杂岩起源于相山盆地基底的变质岩，我们对淬冷包体的形成提出了两个岩浆房模式的猜想，即深部岩浆房中的镁铁质岩浆，底侵到下地壳，造成地壳岩石部分熔融，形成长英质岩浆房并侵位至地壳浅部，最后镁铁质岩浆也侵位至地壳浅部，在侵位过程中与围岩发生同化混染作用而使镁铁质岩浆在化学成分上向偏酸性岩浆的方向演化，变成闪长质岩浆，最后闪长质岩浆注入长英质岩浆，从而形成镁铁质微粒包体（图4-16）。

中国东南部晚中生代花岗岩中的MME大都是闪长质的（王德滋等，2008），这些MME化学成分的演化可以用上述3个不同阶段混合作用的结果来解释。然而，华南花岗岩中MME的化学成分演化不能用单一的模式来解释，因为华南花岗岩中MME种类各异。相山火山侵入杂岩中的MME具有高的MgO和Ni的含量，属于玻安质岩浆（Jiang et al，2005）。福建东南部的平潭火山杂岩中的岩浆混合作用，在野外地质上表现为同深成岩墙和岩株的发育、大量多种多样的镁铁质微粒包体（岩性为石英闪长岩）的出现以及混染岩石的形成（董传万等，1998）。江西灵山花岗岩中也含有复合式的镁铁质微粒包体，包体的中心是玄武质的，而边部则是闪长质的（郑建平等，1996）。南岭花岗岩中也含有大量的镁铁质微粒包体，朱金初等（2006b）研究得出里松花岗岩中暗色包体是中基性岩浆与花岗质岩浆相互混合时不完全混合的残留。提供暗色包体的熔浆主要是岩石圈地幔熔融、地壳混染和分离结晶作用的综合产物，亦不能排除软流圈地幔岩浆直接参与的可能性。因此，华南花岗岩中MME的形成，可以用来自深部岩浆房中的镁铁质岩浆向浅部的长英质岩浆的注入作用来解释，但是关于MME化学成分的演化不能统一而论，需要根据上述的3个阶段混合作用，结合两种岩浆的成分差异、物理学特征等因素进行研究。

4.6 碎斑熔岩中电气石的成因研究

电气石是自然界岩石中常见的含硼的矿物。电气石是一复杂的硼铝硅酸盐矿物，其一般化学式为：

$$XY_3Z_6[T_6O_{18}][BO_3]_3V_3W$$

其中，X位主要为Na、Ca和少量K以及空位，Y位主要为Mg、Fe^{2+}、Mn^{2+}、Al、Fe^{3+}、Ti^{4+}和Li，Z位主要为Al和少量Mg、Fe、Cr和V，T位是Si和Li，而V位主要为O、OH，W位为O、OH、F和极少量的Cl（Hawthorne et al，1999；Henry et al，2011）。电气石见于各类型岩石（如花岗岩和伟晶岩，变质岩，沉积岩）和热液矿床中，在许多的地质环境中都能生长（London et al，1996；Henry et al，1996；Slack，1996；Dutrow et al，2011；van Hinsberg et al，2011）。在岩浆演化过程中的早期、晚期以及热液阶段都能结晶出电气石。由于电气石具有独特的结构、化学成分以及硼同位素信息，因此电气石的化学成分以及硼同位素在岩浆演化-热液过程中具有很好的应用前景，目前在这方面已经有了大量的研究（Keller et al，1999；Trumbull et al，1999；Jiang，2001；Jiang et al，2002；Bebout et al，2003；Jiang et al，2004；Marschall et al，2006；Buriánek et al，2007；Marschall et al，2008；Trumbull et al，2008）。

在花岗岩中经常产出有一种特殊的电气石，称为电气石结核（Tourmaline nodule），指的是一种在花岗岩结晶晚期所形成的电气石-石英球状体。这种电气石结核通常具有以下特征：形态上近似球形，直径从几厘米到几十厘米，主要由电气石、石英以及少量的长石、萤石组成。电气石呈充填状生长于石英颗粒之间，并常交代斜长石和钾长石。在结核的周围含有一圈白色的晕。电气石结核最常发现于深成花岗岩中，并且在不同年代不同类型的花岗岩中都可以含有这种电气石结核，因此，这种电气石结核的成因一直以来都受到科学家们的关注（Samson et al，1992；Sinclair et al，1992；Taylor et al，1992；Rozendaal et al，1995；London，1999；Buriánek et al，2007；Trumbull et al，2008；Balen et al，2011）。电气石结核在浅成的花岗斑岩之中比较少见（Dini et al，2002，2007；Perugini et al，2007），而在火山岩中还未有报道。

在相山碎斑熔岩中发现了这种电气石结核。此外，在相山碎斑熔岩中还含有另外两种产状的电气石，分别是电英岩捕虏体和含电气石黑云角岩捕虏体。本书通过岩相学观察，化学成分和硼同位素组成的测试分析，探讨这3种类型电气石的成因。

4.6.1 电气石的岩相学特征

电气石样品采自居隆庵矿床的钻孔以及油坊村野外露头，从钻孔以及野外露头可发现电气石结核随意地分散在碎斑熔岩中。电气石结核（NT型电气石）具有典型电气石结核的结构特征，形态上近似球形，直径一般为几厘米，在结核的周围含有一圈白色的晕（图4-17a）。结核主要由电气石、石英以及少量的长石和萤石组成（图4-17b~d）。电气石呈他形或者半自形，具有不规则的多色性和成分环带。电气石充填状生长于石英颗粒之间（图4-17b），并常交代早期结晶的斜长石（图4-17c）和钾长石（图4-17d），表明电气石是在花岗岩结晶晚期形成的。电气石结核边部白色的晕的矿物组成和周围的碎斑熔岩相似，只是没有黑云母和电气石。白色的晕将电气石结核和碎斑熔岩隔离开来，使电气石结核形成一个封闭的体系。白色的晕亏损镁铁质成分，可能是镁铁质成分迁移到了电气石结核中间，形成了电气石。

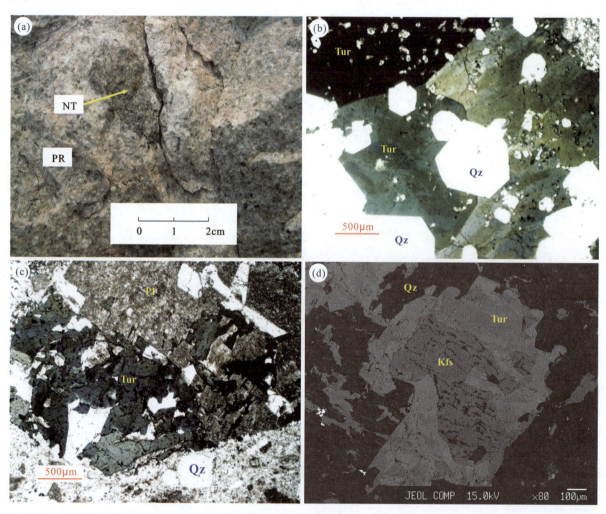

图4-17 （a）碎斑熔岩中电气石结核的野外照片，电气石结核周围含有一圈白色的晕；（b）（c）电气石结核的显微照片，电气石呈黄绿色到蓝灰色的多色性，充填在石英颗粒与长石之间，并且电气石交代早期形成的斜长石（单偏光）。（d）电气石交代早期形成的钾长石（背散射照片）。Tur. 电气石；Qz. 石英；Pl. 斜长石；Kfs. 钾长石；NT. 电气石结核；PR. 碎斑熔岩

在碎斑熔岩中还发现有电英岩捕虏体（TT型电气石）（图4-18）。电英岩主要由电气石和石英组成，电气石含量55%~70%，石英含量30%~45%。电英岩捕虏体分布于电气石结核中（样品XS-29-11，TT2；图4-18a），或者和电气石结核相邻（样品XS-29-15，TT3；图4-18b），或者孤立地存在于碎斑熔岩中（样品XS-29-11，TT1，图4-18a；样品XS-29-15，TT4，图4-18b；样品XS-60，TT，图

4-18c)。电气石和石英具有片状结构，呈定向排列，电气石呈充填状生长在石英颗粒之间（图4-18d、e）。电英岩捕虏体和碎斑熔岩的界线较为清晰，但是在接触部位也会生长有电气石（图4-18d），这种结构特征表明，电气石结核和电英岩捕虏体中的电气石是在同一岩浆-热液活动事件中形成的，岩浆中的含硼热液渗透到石英岩捕虏体中使石英岩发生电气石化，从而形成电英岩。

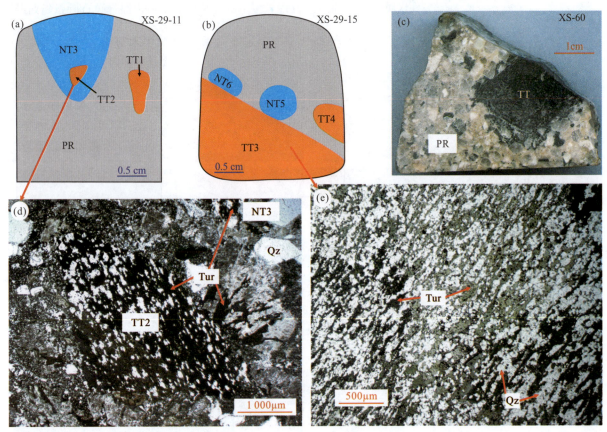

图4-18　(a)(b) 样品XS-29-11和XS-29-15的薄片示意简图，显示出了电英岩捕虏体、电气石结核以及碎斑熔岩的空间关系。电英岩捕虏体分布于电气石结核中（TT2），或者和电气石结核相邻（TT3），或者孤立地存在于碎斑熔岩中（TT1，TT4）。(c) 样品XS-60的手标本照片。这个样品中电英岩捕虏体没有和电气石结核共生，孤立地存在于碎斑熔岩中。(d) 碎斑熔岩中电英岩捕虏体的显微照片，电英岩捕虏体和碎斑熔岩的界线较为清晰（单偏光）。(e) 电英岩捕虏体的显微照片，电气石和石英具有片状结构，呈定向排列的结构特征（单偏光）。

Tur. 电气石；Qz. 石英；NT. 电气石结核；TT. 电英岩捕虏体；PR. 碎斑熔岩

在采自油坊村野外露头的样品XS-62中发现一含电气石黑云角岩捕虏体（BX），黑云角岩捕虏体在碎斑熔岩中呈现不规则角砾，在黑云角岩中有几个富含电气石的团块（BT）（图4-19a）。黑云角岩主要由黑云母和少量的斜长石组成，黑云母彼此紧密镶嵌，但不具有定向排列（图4-19b）。黑云角岩中的含电气石的团块主要由电气石、黑云母以及少量的斜长石组成（图4-19b）。电气石呈他形，含电气石团块和黑云角岩的界线很清晰（图4-19a、b）。在黑云角岩中，所有的电气石团块都与碎斑熔岩接触，表明这些电气石的形成与碎斑熔岩有关。在黑云角岩和碎斑熔岩的边界上常生长有梳状的石英和斜长石（图4-19c），黑云角岩中还生长有萤石，萤石充填在黑云母颗粒之间（图4-19d），指示了一含硼和氟的岩浆热液渗透到黑云角岩捕虏体中。一条黑云母-石英细脉穿过黑云角岩捕虏体（图4-19e~f），也指示了存在一晚期热液的渗透事件。

4.6.2　电气石的成因研究

3种类型电气石的电子探针分析的代表性结果见表4-13，按照Henry et al (2011) 提出的电气石分类命名方案，3种电气石都属于碱基电气石（图4-20）。3种电气石的 TiO_2（0~1.55%），Al_2O_3

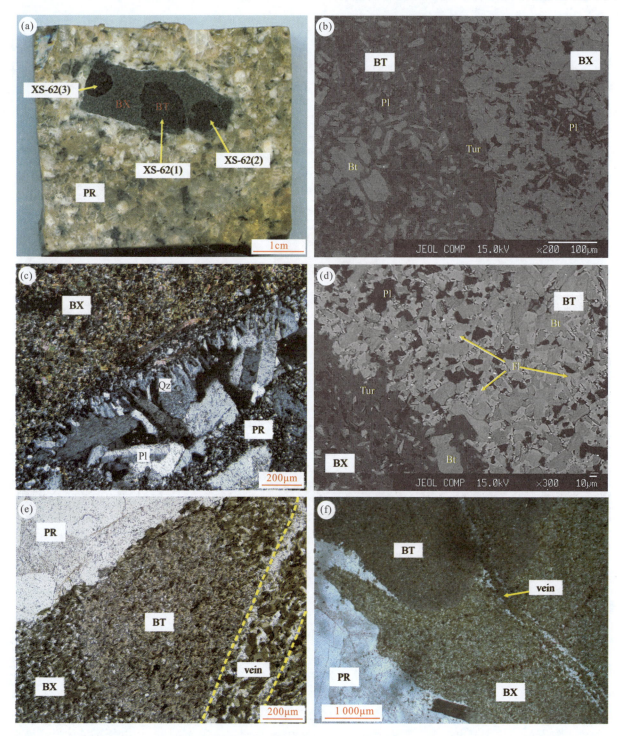

图 4-19 (a) 样品 XS-62 的手标本照片。电英岩捕房体没有和电气石结核共生,孤立地存在于碎斑熔岩之中。(b) 电英岩捕房体中含电气石团块和黑云角岩边界的背散射照片。(c) 黑云角岩捕房体和碎斑熔岩之间的边界上生长有梳状的石英和斜长石(正交偏光);(d) 黑云角岩捕房体中萤石呈充填状生长在黑云母颗粒之间(背散射照片);(e)(f) 黑云角岩捕房体中含电气石团块的显微照片,一条含石英和黑云母的细脉从碎斑熔岩穿插到黑云角岩捕房体中(单偏光)。Tur. 电气石;Qz. 石英;Pl. 斜长石;Bt. 黑云母;Fl. 萤石。BX. 黑云角岩捕房体;BT. 黑云角岩捕房体中的含电气石团块;PR. 碎斑熔岩

(26.12%～32.90%),FeO (15.01%～20.70%),MgO (0.19%～4.03%),以及 F (0.12%～0.92%) 含量变化比较大;SiO_2 (32.34%～34.84%),MnO (0.01%～0.29%),Na_2O (1.79%～2.72%),以及 CaO (0.05%～1.71%) 变化比较小,K_2O (0.03%～0.11%) 和 Cl (<0.02%) 含量极低。

表 4-13 相山碎斑熔岩中电气石化学成分分析的代表性结果

分析点	XS-29-09-2-1	XS-29-09-2-2	XS-29-09-2-3	XS-29-09-2-4	XS-29-09-2-5	XS-29-11-2-3	XS-29-11-2-4	XS-29-11-2-9	XS-29-11-2-10	XS-29-11-2-11	XS-62-2-1	XS-62-2-2	XS-62-2-3	XS-62-2-4	XS-62-2-5
类型	NT	NT	NT	NT	NT	TT	TT	TT	TT	TT	BT	BT	BT	BT	BT
SiO_2	33.43	33.61	33.41	32.96	34.06	33.80	33.61	33.19	34.06	34.30	34.79	34.05	34.75	34.12	34.09
TiO_2	0.58	0.97	0.71	1.14	0.61	0.64	1.07	1.44	0.48	0.83	1.06	1.55	1.09	1.32	1.19
Al_2O_3	30.68	28.67	29.97	28.23	30.04	30.64	28.87	27.40	31.05	29.38	27.77	26.12	27.23	28.37	26.53
FeO	16.17	17.82	15.68	17.31	15.91	15.99	17.59	17.23	15.60	16.72	15.78	16.71	16.16	15.97	17.23
MgO	1.99	1.97	2.35	2.30	2.28	1.84	1.68	2.70	1.79	1.92	3.67	4.03	3.76	3.47	3.49
MnO	0.19	0.07	0.15	0.17	0.13	0.17	0.13	0.16	0.08	0.12	0.11	0.08	0.08	0.09	0.14
CaO	0.78	1.08	0.88	1.25	0.87	0.68	1.01	0.67	0.60	0.90	0.82	1.48	1.29	0.75	1.33
Na_2O	2.45	2.21	2.23	2.20	2.41	2.23	2.18	2.38	2.32	2.29	2.49	2.05	2.12	2.39	2.11
K_2O	0.06	0.05	0.08	0.06	0.05	0.06	0.09	0.09	0.06	0.08	0.10	0.08	0.08	0.09	0.09
F	0.74	0.73	0.77	0.79	0.67	0.74	0.75	0.78	0.84	0.77	0.82	0.79	0.91	0.72	0.87
Cl	0.00	0.00	0.00	0.00	0.01	0.02	0.01	0.00	0.01	0.01	0.00	0.00	0.00	0.00	0.01
$B_2O_3^*$	10.04	9.97	9.97	9.86	10.05	10.04	9.94	9.86	10.06	10.02	10.09	9.97	10.06	10.10	9.96
H_2O^*	2.86	2.84	2.83	2.79	2.87	2.85	2.82	2.79	2.84	2.84	2.85	2.82	2.82	2.88	2.80
F=O	-0.31	-0.31	-0.32	-0.33	-0.28	-0.31	-0.32	-0.33	-0.35	-0.32	-0.34	-0.33	-0.38	-0.30	-0.37
Cl=O	0.00	0.00	0.00	0.00	0.00	0.00	0.00	0.00	0.00	0.00	0.00	0.00	0.00	0.00	0.00
total	99.66	99.67	98.70	98.73	99.68	99.39	99.42	98.35	99.42	99.86	99.99	99.41	99.98	99.97	99.48
T 位															
Si	5.79	5.86	5.83	5.81	5.89	5.85	5.88	5.85	5.89	5.95	5.99	5.93	6.00	5.87	5.95
Al	0.21	0.14	0.17	0.19	0.11	0.15	0.12	0.15	0.11	0.05	0.01	0.07	0.00	0.13	0.05
B	3.00	3.00	3.00	3.00	3.00	3.00	3.00	3.00	3.00	3.00	3.00	3.00	3.00	3.00	3.00
Z 位															
Al	6.00	5.75	5.99	5.67	6.00	6.00	5.83	5.54	6.00	5.95	5.63	5.30	5.54	5.63	5.40
Mg	0.00	0.25	0.01	0.33	0.00	0.00	0.17	0.46	0.00	0.05	0.37	0.70	0.46	0.37	0.60
Y 位															
Al	0.04	0.00	0.00	0.00	0.01	0.10	0.00	0.00	0.21	0.00	0.00	0.00	0.00	0.00	0.00
Ti	0.08	0.13	0.09	0.15	0.08	0.08	0.14	0.19	0.06	0.11	0.14	0.20	0.14	0.17	0.16
Fe^{2+}	2.15	2.33	2.10	2.29	2.19	2.15	2.41	2.11	2.22	2.38	2.05	2.06	2.12	1.93	2.15
Fe^{3+}	0.19	0.27	0.19	0.26	0.11	0.16	0.17	0.43	0.04	0.05	0.22	0.38	0.22	0.37	0.36
Mg	0.51	0.26	0.60	0.27	0.59	0.48	0.27	0.25	0.46	0.45	0.57	0.35	0.51	0.52	0.31
Mn	0.03	0.01	0.02	0.03	0.02	0.03	0.02	0.02	0.01	0.02	0.02	0.01	0.01	0.01	0.02
ΣY	3.00	3.00	3.00	3.00	3.00	3.00	3.00	3.00	3.00	3.00	3.00	3.00	3.00	3.00	3.00
X 位															
Ca	0.14	0.20	0.16	0.24	0.16	0.13	0.19	0.13	0.11	0.17	0.15	0.28	0.24	0.14	0.25
Na	0.82	0.75	0.75	0.75	0.81	0.75	0.74	0.81	0.78	0.77	0.83	0.69	0.71	0.80	0.72
K	0.01	0.01	0.02	0.01	0.01	0.01	0.02	0.02	0.01	0.02	0.02	0.02	0.02	0.02	0.02
Xvac	0.02	0.04	0.06	0.00	0.02	0.11	0.05	0.04	0.10	0.04	0.00	0.01	0.03	0.05	0.02
V+W 位															
F	0.40	0.40	0.42	0.44	0.37	0.41	0.42	0.43	0.46	0.42	0.45	0.43	0.50	0.39	0.48
Cl	0.00	0.00	0.00	0.00	0.00	0.01	0.00	0.00	0.00	0.00	0.00	0.00	0.00	0.00	0.00
OH	3.30	3.30	3.29	3.28	3.31	3.29	3.29	3.28	3.27	3.29	3.28	3.28	3.25	3.30	3.26

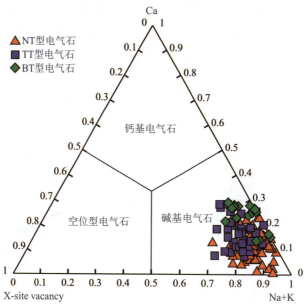

图 4-20 相山电气石依照 X 位置占位情况的分类图解
(据 Henry et al, 2011)

3 种电气石都具较高的 Fe/(Fe+Mg) 比值（0.70~0.98）以及 Na/(Na+Ca) 比值（0.66~0.99），在成分上都属于黑电气石（图 4-21）。其中 NT 型电气石的 Fe/(Fe+Mg) 平均值为 0.86，Na/(Na+Ca) 平均值为 0.87，这两个比值在 3 种电气石中是最高的。而 BT 型电气石的 Fe/(Fe+Mg) 平均值为 0.73，Na/(Na+Ca) 平均值为 0.75，这两个比值在 3 种电气石中是最低的，但是 3 种电气石的这两个比值相差不大。

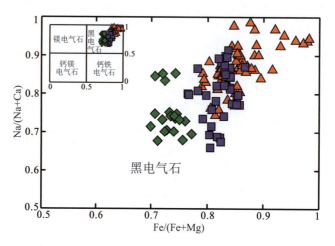

图 4-21 相山电气石的 Fe/(Fe+Mg) - Na/(Na+Ca) 分类命名图解
(图例同图 4-20)

在结构上，电英岩和碎斑熔岩之间的边界上也会生长有电气石。而在黑云角岩中，所有的电气石团块都和碎斑熔岩接触。这些结构表明这些电气石的形成与碎斑熔岩有关。在 Henry et al (1985) 提出的 Al-Fe-Mg 以及 Ca-Fe-Mg 图解中，3 种电气石都投在了 2 区和 3 区中（图 4-22），表明这些电气石都是在与花岗岩有关的环境中生长出来的。因此电英岩和含电气石黑云角岩捕虏体中的电气石是碎斑熔岩中的含硼岩浆热液渗透到这些捕虏体中，发生电气石化而形成的。

相山 NT 型电气石与加拿大 Yukon 地区 Seagull 岩基中的电气石结核（Samson et al, 1992; Sinclair et al, 1992）以及纳米比亚的白垩纪 Erongo 花岗岩中的电气石结核（Trumbull et al, 2008）在结

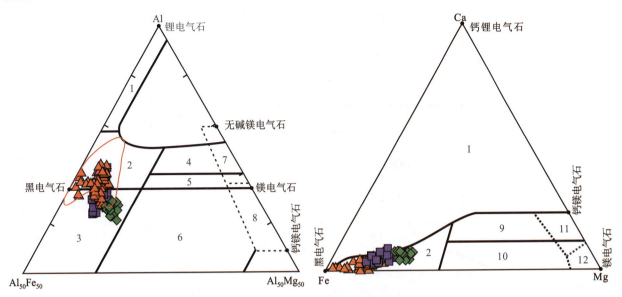

图 4-22 相山碎斑熔岩中电气石的 Al-Fe-Mg 和 Ca-Fe-Mg 三角图解。电气石化学成分与成岩环境判别图引自 Henry et al (1985)。图中 1、2 区分别代表富 Li 和贫 Li 的花岗岩和伟晶岩、细晶岩；3 区代表富 Fe^{3+} 的石英-电气石岩（热液蚀变花岗岩）；4、5 区分别代表含 Al 饱和矿物与不含 Al 饱和矿物的变质泥质岩；6 区代表富 Fe^{3+} 石英-电气石岩、钙硅酸盐和变质沉积岩；7 区代表贫 Ca 的变质超镁铁质岩和富 Cr、V 的变质沉积岩；8 区代表变质碳酸盐岩和变质辉石岩；9 区代表富 Ca 的变质泥岩、砂岩和钙硅酸盐；10 区代表贫 Ca 的变质泥岩、砂岩和石英-电气石岩；11 区代表变质碳酸盐岩；12 区代表变质镁铁质岩。图例同图 4-20。图中红色封闭曲线代表的是纳米比亚 Damara 带花岗岩中电气石结核的成分范围（Trumbull et al，2008）

构和化成成分上十分相似（图 4-22）。Samson et al (1992) 认为电气石结核形成于花岗岩演化过程中岩浆到热液的过渡阶段，是由岩浆中分异出来的含硼岩浆热液结晶出电气石和石英而形成的。Trumbull et al (2008) 认为电气石结核是由于花岗质岩浆在演化过程中产生流体不混溶而形成的。根据电气石结核的结构特征以及前人的研究成果，电气石结核的形成首先需要一个封闭的体系，这一封闭体系能确保岩浆演化过程中挥发分不丢失。而电气石结核是在岩浆演化晚期由于发生流体不混溶，在快要固结的岩浆中产生一个富含 B、Na、Fe、F 的含水熔体相。这一含水熔体相聚集了电气石形成所需要的大部分元素，而电气石形成所需要的 Al 则通过交代长石而得到。

TIMS 分析结果（表 4-14 和图 4-23）表明相山碎斑熔岩中 3 种类型的电气石的 $\delta^{11}B$ 值变化范围

表 4-14 相山电气石硼同位素组成的 TIMS 分析结果

样品编号	采样点	样品描述	分析号	电气石类型	$\delta^{11}B$ (‰)[a]
XS-29-09	居隆安	NT 型电气石	XS-29-09-2	NT	−12.77±1.66
XS-29-10	居隆安	NT 型电气石	XS-29-10	NT	−12.00±1.17
XS-29-11	居隆安	NT 和 TT 型电气石	XS-29-11	NT	−13.97±0.84
XS-29-12	居隆安	NT 型电气石	XS-29-12-2	NT	−11.18±0.68
XS-29-13	居隆安	NT 和 TT 型电气石	XS-29-13-2	NT	−13.71±0.39
XS-29-14	居隆安	NT 型电气石	XS-29-14	NT	−12.88±0.18
XS-29-15	居隆安	NT 和 TT 型电气石	XS-29-15-1	NT	−11.50±0.43
			XS-29-15-2	NT	−11.32±0.62
XS-60	油坊村	TT 型电气石	XS-60	TT	−13.76±1.94
XS-62	油坊村	BT 型电气石	XS-62-1	BT	−12.48±0.59
	油坊村	BT 型电气石	XS-62-2	BT	−12.72±0.87
	油坊村	BT 型电气石	XS-62-3	BT	−11.39±0.48

注：[a] 误差基于 2σ 计算得出。

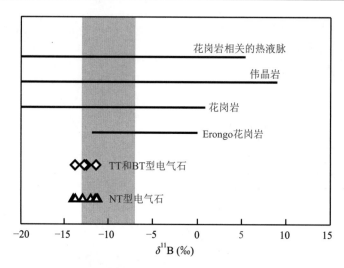

图4-23 相山碎斑熔岩中电气石硼同位素组成的 TIMS 分析结果，并与世界上花岗岩、伟晶岩、与花岗岩有关的热液脉的变化范围（数据引自 Jiang et al, 1998）相比

Erongo 花岗岩的 $\delta^{11}B$ 值变化范围（数据引自 Trumbull et al, 2008）也放在图中进行对比。图中的灰色区域代表的是平均大陆地壳的 $\delta^{11}B$ 值变化范围 [（-10±3）‰, Chaussidon et al, 1992; Kasemann et al, 2000; Marschall et al, 2006)]

很小（变化范围在 -14.0‰~-11.2‰ 之间，平均值为 -12.6‰）。电气石结核的 $\delta^{11}B$ 值变化范围在 -14.0‰~-11.2‰ 之间，平均值为 -12.4‰；一个电英岩捕房体的 $\delta^{11}B$ 值为 -13.8‰；3 个含电气石黑云角岩的 $\delta^{11}B$ 值变化范围在 -12.7‰~-11.4‰ 之间，平均值为 -12.2‰。这些分析结果表明这 3 种类型的电气石具有相似的硼同位素组成，并且与大陆地壳的平均 $\delta^{11}B$ 值一致，与前人报道的岩浆-热液过程中形成的电气石的硼同位素组成也相似（Chaussidon et al, 1992; Palmer et al, 1996; Jiang et al, 1998; Kasemann et al, 2000; Nakano et al, 2001; Bebout et al, 2003; Matthews et al, 2003; Marschall et al, 2006; Trumbull et al, 2008）。相山碎斑熔岩中电气石结核的硼同位素组成表明硼来自于地壳，进一步说明了相山碎斑熔岩的物质来源主要是壳源的，无明显地幔物质的加入。

对具有不同位置关系的电气石结核和电英岩中的电气石，开展了原位的 LA-MC-ICP-MS 硼同位素组成分析，分析结果见表 4-15 和图 4-24。86 个分析点的测试结果表明电气石的 $\delta^{11}B$ 值变化范围在 -15‰~-10‰ 之间，但大部分集中在 -14‰~-11‰ 之间，和 TIMS 的分析结果相似。LA-MC-ICP-MS 原位硼同位素组成测试方法的优点是可以测试单个样品内部或者单个电气石颗粒内部的硼同位素组成变化。分析结果表明，单个电气石结核内部或者单个电英岩捕房体内部的电气石硼同位素组成一般小于 2‰，表明这些电气石在生长过程中没有发生同位素的分馏，也表明了硼在迁移和渗透过程中是没有发生硼同位素分馏的。

表4-15 相山电气石硼同位素组成的 LA-MC-ICP-MS 分析结果

	分析点	类型	$\delta^{11}B$	2σ（‰）		分析点	类型	$\delta^{11}B$	2σ（‰）
XS-29-9，电气石结核不含电英岩捕房体	XS-29-9-1	NT	-12.47	1.22	XS-29-15，电英岩捕房体，TT3 和电气石结核相邻	XS-29-15-3-1	TT	-13.54	0.79
	XS-29-9-2	NT	-11.03	0.84		XS-29-15-3-2	TT	-13.80	0.68
	XS-29-9-3	NT	-12.17	1.02		XS-29-15-3-3	TT	-13.86	0.63
	XS-29-9-4	NT	-10.39	1.10		XS-29-15-3-4	TT	-12.90	1.62
	XS-29-9-5	NT	-11.62	1.20		XS-29-15-3-5	TT	-13.55	0.83
	XS-29-9-6	NT	-11.61	1.10		XS-29-15-3-6	TT	-13.42	0.63
	XS-29-9-7	NT	-11.72	1.10		XS-29-15-3-7	TT	-12.77	0.96
	XS-29-9-8	NT	-12.00	1.08		XS-29-15-3-8	TT	-12.61	0.70
	XS-29-9-9	NT	-11.90	1.08		XS-29-15-3-9	TT	-12.79	0.68
						XS-29-15-3-10	TT	-12.71	1.40

续表 4-15

分析点		类型	$\delta^{11}B$	2σ(‰)	分析点		类型	$\delta^{11}B$	2σ(‰)
XS-29-11，电英岩捕房体，TT1孤立存在于碎斑熔岩之中	XS-29-11-1-1	TT	-12.45	0.74	XS-29-15，电英岩捕房体，TT4孤立存在于碎斑熔岩之中	XS-29-15-4-1	TT	-12.67	1.36
	XS-29-11-1-2	TT	-12.14	0.77		XS-29-15-4-2	TT	-13.25	1.54
	XS-29-11-1-3	TT	-11.46	0.59		XS-29-15-4-3	TT	-13.59	1.12
	XS-29-11-1-4	TT	-12.23	0.48		XS-29-15-4-4	TT	-12.46	1.28
	XS-29-11-1-5	TT	-10.49	0.79	XS-29-15，电气石结核，NT5和电英岩捕房体相邻	XS-29-15-5-1	NT	-12.10	0.93
XS-29-11，电英岩捕房体，TT2被电气石结核包裹	XS-19-11-2-1	TT	-13.60	0.81		XS-29-15-5-2	NT	-11.99	0.92
	XS-19-11-2-2	TT	-13.84	0.70		XS-29-15-5-3	NT	-12.42	0.73
	XS-19-11-2-3	TT	-13.31	0.75		XS-29-15-5-4	NT	-12.68	1.26
	XS-19-11-2-4	TT	-13.11	0.64		XS-29-15-5-5	NT	-12.58	0.95
	XS-19-11-2-5	TT	-12.86	0.50		XS-29-15-5-6	NT	-12.27	1.21
	XS-19-11-2-6	TT	-13.37	0.70		XS-29-15-5-7	NT	-12.05	0.88
	XS-19-11-2-7	TT	-13.42	0.50		XS-29-15-5-8	NT	-12.87	0.99
	XS-19-11-2-8	TT	-13.62	0.59	XS-29-15，电气石结核，NT6和电英岩捕房体相邻	XS-29-15-6-1	NT	-12.70	0.76
	XS-19-11-2-9	TT	-13.42	0.70		XS-29-15-6-2	NT	-12.41	0.59
	XS-19-11-2-10	TT	-13.38	0.77		XS-29-15-6-3	NT	-11.91	0.76
	XS-19-11-2-11	TT	-13.42	0.70		XS-29-15-6-4	NT	-12.88	0.85
	XS-19-11-2-12	TT	-13.80	0.79		XS-29-15-6-5	NT	-12.60	0.70
	XS-19-11-2-13	TT	-13.24	0.72		XS-29-15-6-6	NT	-12.15	0.83
	XS-19-11-2-14	TT	-13.60	0.59		XS-29-15-6-7	NT	-10.41	0.55
	XS-19-11-2-15	TT	-13.66	0.66		XS-29-15-6-8	NT	-12.39	0.50
	XS-19-11-2-16	TT	-13.50	0.55		XS-29-15-6-9	NT	-11.90	0.48
	XS-19-11-2-17	TT	-13.28	0.75		XS-29-15-6-10	NT	-12.38	0.59
XS-29-11，电气石结核，NT3含有电英岩捕房体	XS-29-11-3-1	NT	-14.03	0.66	XS-60，电英岩捕房体孤立存在于碎斑熔岩之中	XS-60-1	TT	-12.84	0.90
	XS-29-11-3-2	NT	-13.94	0.81		XS-60-2	TT	-12.72	0.94
	XS-29-11-3-3	NT	-14.08	0.81		XS-60-3	TT	-12.64	0.70
	XS-29-11-3-4	NT	-14.17	0.85		XS-60-4	TT	-12.52	0.66
	XS-29-11-3-5	NT	-13.40	0.59		XS-60-5	TT	-11.75	1.29
	XS-29-11-3-6	NT	-12.73	0.88		XS-60-6	TT	-11.79	0.61
	XS-29-11-3-8	NT	-13.45	0.70		XS-60-7	TT	-12.16	0.96
	XS-29-11-3-9	NT	-13.60	0.83		XS-60-8	TT	-12.18	0.81
	XS-29-11-3-10	NT	-13.35	0.66		XS-60-9	TT	-12.42	0.66
	XS-29-11-3-16	NT	-13.89	0.70		XS-60-10	TT	-12.59	0.94
	XS-29-11-3-17	NT	-14.71	0.48					
	XS-29-11-3-18	NT	-14.65	0.46					
	XS-19-11-3-19	NT	-13.87	0.55					

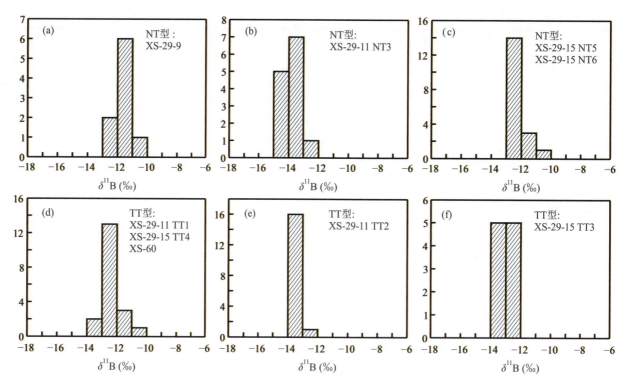

图 4-24 相山碎斑熔岩中电气石硼同位素组成的 LA-MC-ICP-MS 分析结果
表明 NT 型电气石和 TT 型电气石具有相似的 $\delta^{11}B$ 值。NT. 电气石结核；TT. 电英岩捕虏体

相山电气石结核是首次发现的产于火山岩中的电气石结核。相山碎斑熔岩找不到残留顶盖并且直接覆盖于变质岩或下伏火山杂岩的古风化剥蚀面之上，碎斑熔岩的底板见流纹英安岩、变质岩等砾石。相山及邻区火山盆地中的碎斑熔岩在地层剖面中均具有相同的层位。这些特征说明碎斑熔岩不是侵入岩。此外，相山碎斑熔岩呈中间巨厚、四周薄的蘑菇状，其产出形态不同于一般火山喷发岩常呈层状或者似层状，在较小范围内厚度变化不会太大。相山碎斑熔岩常见分散的电气石结核，这些含气的挥发分说明相山碎斑熔岩不会是喷发到空中再落下来形成现在的碎斑熔岩的。而电气石结核之所以产于相山碎斑熔岩这种火山岩之中，是因为相山碎斑熔岩是侵出相的岩石，具有与浅成侵入岩相同的形成环境。相山碎斑熔岩侵出到地表，没有喷到空中再落下来，在火山通道中堆积的岩浆也就形成了一个封闭体系，岩浆中的挥发分没有丢失，因此可以形成这种电气石结核。

4.7 小 结

相山火山杂岩在空间上构成一个火山塌陷盆地，前人的研究认为火山侵入活动开始于中侏罗世，并可分成两个亚旋回。第一亚旋回主要形成了流纹质晶屑凝灰岩、流纹质熔结凝灰岩（早阶段）和流纹岩（晚阶段，158Ma）。第二亚旋回形成了流纹质弱熔结凝灰岩、碎斑熔岩（早阶段，140Ma）和二长花岗斑岩、花岗斑岩等次火山岩（晚阶段，135Ma）。但是笔者的研究得出相山火山侵入杂岩的形成时代集中在 135Ma 左右（137～133Ma），是一次集中且短暂的火山侵入活动

火山侵入杂岩具有较高的 SiO_2 含量，并且具有较高的全碱、REE、HFSE 和 Ga 含量以及较高的 Ga/Al 比值，同时亏损 Ba、Sr、P、Ti 和过渡元素。这些特征表明其岩浆代表的是一种富碱、"干的"高温 A 型岩浆。微量元素地球化学和 Sr-Nd-Hf 同位素系统进一步表明相山火山侵入杂岩可能来自地壳深处已经脱水和麻粒岩化的中元古代变质岩的部分熔融（包括正变质岩和副变质岩），同时分离结晶作用控制了相山火山侵入杂岩的主量元素和微量元素的组成变化。

尽管存在争论，已有越来越多的学者认为华南燕山期（侏罗纪和白垩纪）的构造动力学环境通常是与由太平洋板块俯冲有关的活动大陆边缘（Jahn et al，1990；Zhou et al，2000；Zhou et al，2006；Li et al，2007；Jiang et al，2009；Meng et al，2012），白垩纪（晚燕山期）华南的岩浆活动可能是由于板块俯冲而产生的岩石圈拉张环境。前面的研究认为，相山火山侵入杂岩代表的是一种富碱的高温A型岩浆，镁铁质微粒包体是一种玻安质岩浆，A型岩浆和玻安质岩浆的特殊意义在于它们形成的构造环境。笔者研究认为相山火山侵入杂岩以及镁铁质微粒包体形成于与太平洋板块俯冲作用有关的弧后拉张环境。相山火山侵入杂岩的年龄为中国东南部晚中生代岩浆作用的地球动力学背景提供了新的限定条件，进一步证实了中国东南部晚中生代岩浆作用与古太平洋板块俯冲作用有关，晚中生代时期太平洋板块向亚洲大陆俯冲的动力学机制在相山火山侵入杂岩带进入弧后拉张阶段的时间应是早白垩世时期，而不是前人所认为的晚侏罗世。

将相山A型岩浆和玻安质岩浆提供的成因信息、Zhou et al（2000）以及Jiang et al（2005）的研究成果归纳在一起，本书提出一个综合的岩石成因模式，如图4-25所示。

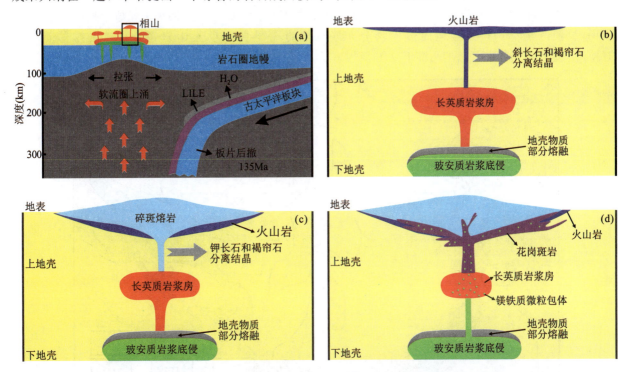

图4-25 相山火山侵入杂岩以及镁铁质微粒包体的形成模式图

（a）相山火山侵入杂岩形成于因俯冲的太平洋板块向后撤退而产生的大陆弧后拉张环境（据Jiang et al，2005修改）；（b）（c）相山火山侵入杂岩体在侵位过程中发生了广泛的分离结晶作用，如流纹英安岩主要发生了斜长石和褐帘石的分离结晶，而碎斑熔岩则主要发生了钾长石和褐帘石的分离结晶；（d）相山花岗斑岩中镁铁质微粒包体的形成可以用来自深部岩浆房和玄武质岩浆向浅部的酸性岩浆房的注入来解释

在137Ma之前，古太平洋板块沿台湾中央山脉东侧向中国大陆底下低角度俯冲，俯冲的板片在深处脱水，诱使地幔楔发生部分熔融，产生玄武质岩浆并底侵。底侵岩浆巨大的热源使一部分下地壳岩石发生脱水和麻粒岩化作用，此后该岩石就成为类似相山A型岩浆的源岩。在137～133Ma期间，俯冲板片的倾角增大，与此同时，板片的后退引起弧后拉张和软流圈上涌（图4-25a），促使早先萃取过玄武质岩浆的亏损地幔橄榄岩再次发生部分熔融，从而形成玻安质岩浆（Jiang et al，2005）。这种岩浆底侵至下地壳，造成上述脱水和麻粒岩化的源岩发生部分熔融，并喷出地表或上侵至近地表，从而形成相山A型火山杂岩（图4-25b～c）。

5 盛源火山盆地岩浆岩成因研究

5.1 地质背景

盛源火山盆地在地理位置上位于江西省境内,在大地构造位置上位于扬子板块与华南板块的接合部位,赣东北-信江裂陷伸展构造西部,是赣杭构造火山岩带中的一个重要产铀火山盆地(张万良,1997,1998;吴俊奇等,2011)。盆地周边广泛分布晚侏罗世—早白垩世火山岩系地层,出露总面积约416km^2,地貌上呈向北开口的马蹄形(图5-1)。

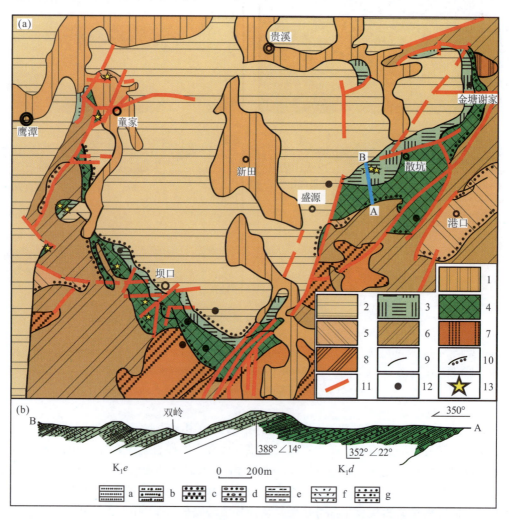

图5-1 盛源盆地地质简图(a)(据金和海等,2007修改)和盛源盆地地层代表性剖面图(b)
(据武珺等,2013修改)

1. 第四系;2. 白垩纪紫红色砂岩;3. 鹅湖岭组;4. 打鼓顶组;5. 林山组;6. 前寒武纪地层;7. 燕山期花岗岩;8. 加里东期花岗岩;9. 地质界线;10. 不整合接触界线;11. 断裂;12. 铀矿床及矿化点;13. 采样点。

a. 粉砂岩;b. 含钙质结核粉砂岩;c. 细砂岩;d. 含砾细砂岩;e. 长石石英砂岩;f. 晶屑玻屑凝灰岩;g. 流纹质熔结凝灰岩

5 盛源火山盆地岩浆岩成因研究

盛源盆地由盖层和基底组成。而基底又由岩体和岩层组成，其中基底地层出露在盆地东、南、西三面，主要由中新元古代变质结晶岩系组成，局部可见震旦纪及寒武纪地层。盖层主要由石炭系、下侏罗统、上侏罗统以及白垩系组成，分布于全区。

其中中新元古代变质结晶岩系包括周潭群、铁沙街群。其岩相学特征主要由角闪岩相组成，局部地区呈现绿片岩相。岩性主要由各类片麻岩、片岩、钾质混合岩及变粒岩组成，是一套演化程度较高的变质结晶基底，亦是华夏古陆块的组成部分（张万良，1997）。震旦纪地层为洪山群，岩性主要为板岩夹变粒岩及片岩。寒武纪地层为荷塘组，岩性主要是千枚岩和碳质板岩，出露于盆地的东南侧（张万良，1998）。

石炭系岩性主要由粉砂岩、砂岩和灰岩组成，石英砂砾岩在底部发育。厚度不一，一般在200m左右，其底部直接超覆在基底之上。下侏罗统为林山组，为陆相含煤碎屑岩建造，岩性主要由砂砾岩、长石石英砂岩、石英砾岩、页岩和不稳定煤层组成。与下伏地层呈不整合接触。上侏罗统由打鼓顶组和鹅湖岭组组成（表5-1），系湖泊相火山-沉积建造。火山岩主要以酸性火山碎屑岩为主，夹中性熔岩及中偏碱性火山岩，并与各类陆源碎屑岩-火山岩相间出现，韵律清晰，于盆地边缘出露，地层产状向盆地倾斜，与下伏地层呈不整合接触（张万良，1998）。

表 5-1 盛源盆地晚中生代火山岩系地层

组	段	代号	岩性
鹅湖岭组	第四段	K_1e^4	紫红色局部灰绿色晶屑凝灰岩、熔结或弱熔结凝灰岩，局部地区含集块
	第三段	K_1e^3	粗面岩（粗面质凝灰岩）、沉凝灰岩、凝灰质砂岩、粉砂质页岩，局部砂砾岩、灰岩，粗面岩仅分布在盆地中南部
	第二段	K_1e^2	层纹状、石泡状、黑曜状或黑色条带状熔结凝灰岩、熔结角砾岩、弱熔结凝灰岩、凝灰岩。盆地中南部厚度大，熔结强，中北部厚度减小，熔结程度降低，夹凝灰质砂岩、粉砂岩薄层
	第一段	K_1e^1	紫红色、灰绿色粉砂岩，含砾粉砂岩，凝灰质砂岩，安山质砂岩，砾岩，童家北东侧的安山质砂岩，砾岩厚度达80余米
打鼓顶组	第四段	K_1d^4	安山岩、斑状安山岩
	第三段	K_1d^3	紫红色粉砂岩、砂岩、含钙质结核粉砂岩夹砂砾岩，多层晶玻屑凝灰岩，底部有时见砾岩
	第二段	K_1d^{2-4}	晶玻屑凝灰岩、（弱）熔结凝灰岩，顶部常见硅质层
		K_1d^{2-3}	石泡状熔结凝灰岩、层纹状熔结凝灰岩，底部见0.5~1.5cm厚的薄层状晶屑或晶玻屑凝灰岩
		K_1d^{2-2}	紫红色、灰绿色粉砂质砂岩、凝灰质砂岩，底部常含砾石
		K_1d^{2-1}	晶屑凝灰岩、玻屑凝灰岩、岩玻屑凝灰岩、弱熔结凝灰岩，中间夹一层含砾砂岩、粉砂岩或凝灰质砂岩薄层，顶部有时见硅质层
	第一段	K_1d^1	紫红色（为主）、灰白色（为次）砂岩，粉砂岩与砂砾岩互层，夹凝灰质砂岩、凝灰岩透镜体，底部多具底砾岩

据张万良，2000修改，表格中地层代号已根据本书数据进行修改。

5.2 岩体概况

凝灰岩和安山质火山岩的岩性特征如下。

凝灰岩：手标本下呈现白色，紫红色（图5-2a）或绿色，属火山灰流凝灰岩，熔结程度中等，岩石具假流动构造，主要由斑晶、火山灰、玻屑和副矿物组成，岩石中晶屑含量为10%~20%，主要为石英，另有少量钾长石和黑云母（图5-2b）。石英斑晶由于经历了不同程度的挤压和腐蚀，具有不规则的形状或碎成小块。副矿物包括铁钛氧化物、锆石和磷灰石。熔结凝灰岩在盆地分布范围广泛，位于

图 5-2 盛源盆地的代表性样品和显微镜下照片（单偏光）
(a) (b) 凝灰岩；(c) (d) 安山质火山岩。Qz. 石英；Bt. 黑云母（绿泥石化）；Fs. 长石

盆地四周。是盛源盆地火山喷发活动的主要产物。

安山质火山岩：手标本下呈现暗褐色或深灰色（图 5-2c），具有块状构造，斑状结构，斑晶含量为 25%～35%；矿物斑晶以斜长石、低钠长石和碱性长石为主（图 5-2d），并具有少量黑云母、石英以及副矿物。副矿物主要包含铁钛氧化物、锆石和磷灰石。其中长石斑晶为自形或半自形，并具有聚片双晶。根据电子探针数据分析结果，基质主要由低钠长石和碱性长石组成。

5.3 盛源火山盆地的年代学格架

赣杭构造带西段的火山岩系，根据火山喷发旋回、地层层序与接触关系，可以划分为打鼓顶组和鹅湖岭组。打鼓顶组和鹅湖岭组在赣中地区和北武夷地区多个盆地均有分布，如相山盆地、盛源盆地和冷水坑盆地。

对于这两套火山岩地层的时代归属仍存在着较大争议，前人曾开展过较为详细的同位素地质年代学研究（表 5-2）。

对于相山盆地的研究较多，最新的研究结果表明，该盆地的两套火山岩地层定年结果主要集中在 141～132Ma 之间（何观生等，2009；陈正乐等，2013；郭福生等，2015；本书第 4 章），即相山火山盆地的两套火山地层在形成时代上属于早白垩世。

对于冷水坑盆地中打鼓顶组和鹅湖岭组火山岩地层的时代归属则存在比较大的争议。孟祥金等（2012）采用 SHRIMP 锆石 U-Pb 测年技术得出鹅湖岭组晶屑凝灰岩的年龄为 158.2～157.2Ma，并认为该火山岩地层的时代不能简单地划归为侏罗纪或白垩纪,应予以重新厘定。邱骏挺等(2013)开展了冷水坑盆地火山岩地层的 LA-ICP-MS 锆石 U-Pb 定年工作,得出打鼓顶组下段凝灰岩形成于 160.8±1.9Ma、鹅湖岭组下段凝灰岩形成于 146.6±2.2Ma。苏慧敏等(2013)采用 LA-ICP-MS 锆石 U-Pb 测年技术测年得出天华山火山盆地中打鼓顶组和鹅湖岭组火山岩的形成时代均为早白垩世早期,年龄为 144~137Ma。Yan et al(2016)的 LA-ICP-MS 锆石 U-Pb 测年结果表明,冷水坑盆地中打鼓顶组火山岩系形成于晚侏罗世(160~152Ma),而鹅湖岭组火山岩则形成于早白垩世(139~131Ma)。

表 5-2 打鼓顶组和鹅湖岭组的年代学统计

盆地	火成岩地层	方法	年龄(Ma)	来源
相山盆地	打鼓顶组 鹅湖岭组	LA-ICP-MS、SHRIMP	141~132	何观生等,2009 陈正乐等,2013 郭福生等,2015 本书
冷水坑盆地	打鼓顶组 鹅湖岭组	SHRIMP	158	孟祥金等,2012
	打鼓顶组 鹅湖岭组	LA-ICP-MS	160.8±1.9 146.6±2.2	邱骏挺等,2013
	打鼓顶组 鹅湖岭组	LA-ICP-MS	144±1、142±1 140±1、137±1	苏慧敏等,2013
	打鼓顶组 鹅湖岭组	LA-ICP-MS	160~152 139~131	Yan et al,2016
盛源盆地	打鼓顶组 鹅湖岭组	K-Ar、Rb-Sr、Ar-Ar、SHRIMP	141~120	张利民等,1996 余达淦等,1996 张万良,1997 刘茜,2013

对于盛源盆地地质年代学研究相对较少,最初大多采用 K-Ar 稀释法、^{40}Ar-^{39}Ar 法、全岩的 Rb-Sr 等时线法(张利民等,1996;余达淦等,1996;张万良,1997;吴俊奇等,2011),这些定年数据表明盛源火山活动发生于早白垩世,从 141Ma 到 120Ma 持续了 20Ma 左右,定年结果跨度较大,主要也是由于所采用的传统定年方法容易受到后期热液等地质作用的影响,所获得的年龄往往不能代表真实的形成年龄。而刘茜(2013)采用 SHRIMP 锆石 U-Pb 测年技术得出打鼓顶组安山质火山岩的年龄为 129.8±2.3Ma,属于早白垩世,进一步印证其地层时代归属。由此可见,打鼓顶组和鹅湖岭组的时代归属也存在差异。为此,本书运用激光剥蚀-电感耦合等离子质谱(LA-ICP-MS)对盛源盆地火山岩地层的各种岩性进行了系统的锆石 U-Pb 定年,以建立打鼓顶组和鹅湖岭组的年代学格架。

5.3.1 分析样品

盛源盆地内地层层序清晰,出露明显(图 5-1b)。自下而上划分为打鼓顶组和鹅湖岭组,而打鼓顶组是以沉积岩为主夹火山岩,盆地西部近顶部夹安山质火山岩,属于沉积喷发相特征,代表火山活动初始期的产物;鹅湖岭组以火山岩占绝大优势,与喷发相特征相对应,其代表火山活动喷发而形成的产物(巫建华,1996)。根据前人研究,对盆地四周的火山岩地层进行了系统的采样和定年,分别采集了打鼓顶组第二段(K_1d^2)凝灰岩,第四段(K_1d^4)安山质火山岩以及鹅湖岭组第二段(K_1e^2)凝灰岩、晶屑凝灰岩,第四段(K_1e^4)熔结凝灰岩样品。所有的定年样品及测试方法见表 5-3。

表 5-3 盛源盆地火山岩的定年样品资料汇总

样品编号	地层	样品名称	测试方法	测试单位
14SY-17	K_1e^4	熔结凝灰岩		
14SY-36	K_1e^2	凝灰岩	LA-ICP-MS	中国地质大学（武汉）
14SY-1	K_1d^4	安山质火山岩		
14SY-42	K_1d^2	凝灰岩		

5.3.2 锆石 U-Pb 年代学分析结果

盛源火山侵入杂岩体各种岩性中的锆石均为无色透明或浅黄色，从锆石的透射光和显微镜下鉴定分析，大部分锆石结晶较好，呈长柱状晶形，少数为等粒状，自形程度高。在阴极发光图像中，绝大多数锆石具有明显的内部结构和典型的岩浆振荡环带结构（图 5-3），显示为岩浆成因锆石。

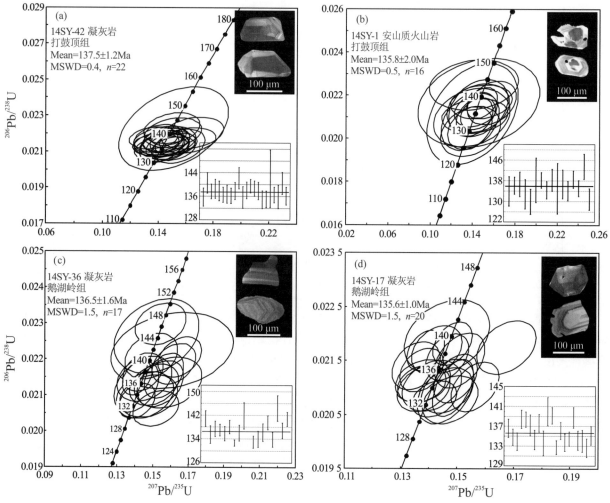

图 5-3 盛源盆地火山岩的锆石 CL 图像、$^{207}Pb/^{235}U$-$^{206}Pb/^{238}U$ 同位素年龄谐和图

盛源火山侵入杂岩锆石的 Th 和 U 含量的变化范围和平均值汇总于表 5-4，具体的分析结果见表 5-5。从测试结果可以看出，盛源火山侵入杂岩体锆石的 Th 和 U 的含量变化很大，但锆石 Th/U 值变化较小，大部分介于 0.2～1.0 之间，均大于 0.1。

从锆石的 CL 图像和定年结果可以发现，盛源火山侵入杂岩体中锆石的继承核很少。部分测试点在数据处理过程中信号不平稳，可能是由于在激光测试过程中轰击到了锆石中的细小矿物包裹体，使得测

5　盛源火山盆地岩浆岩成因研究

表 5-4　盛源火山侵入杂岩体的锆石 U-Pb 定年结果汇总表

样品编号	地层	样品名称	n	U（×10⁻⁶）	Th（×10⁻⁶）	Th/U	年龄（Ma）
14SY-17	K_1e^4	熔结凝灰岩	20	1 557～3 888	702～3 793	0.45～0.98	135.6±1.0
14SY-36	K_1e^2	凝灰岩	17	149～1 587	150～1 275	0.43～1.31	136.5±1.6
14SY-1	K_1d^4	安山质火山岩	16	44～750	35～606	0.67～1.32	135.8±2.0
14SY-42	K_1d^2	凝灰岩	22	122～681	84～606	0.45～1.40	137.5±1.2

表 5-5　盛源火山侵入杂岩体的 LA-ICP-MS 锆石 U-Pb 定年分析结果

分析点		元素含量（×10⁻⁶）			比值						年龄（Ma）			
		U	Th	Pb	Th/U	$^{207}Pb/^{206}Pb$	1σ	$^{207}Pb/^{235}U$	1σ	$^{206}Pb/^{238}U$	1σ	$^{207}Pb/^{235}U$	1σ	$^{206}Pb/^{238}U$	1σ
14SY-42 凝灰岩	1	303	325	9.70	1.07	0.050 7	0.003 7	0.146 5	0.010 2	0.021 3	0.000 5	139	9	136	3
	2	230	235	7.59	1.02	0.050 1	0.005 0	0.150 8	0.013 8	0.022 0	0.000 5	143	12	141	3
	3	681	568	21.86	0.83	0.049 5	0.003 0	0.145 6	0.007 7	0.021 6	0.000 4	138	7	138	3
	4	189	258	6.81	1.37	0.046 5	0.004 0	0.140 1	0.011 6	0.021 7	0.000 5	133	10	139	3
	5	211	188	7.10	0.89	0.049 4	0.005 7	0.144 8	0.014 9	0.021 6	0.000 5	137	13	138	3
	6	361	293	11.79	0.81	0.052 7	0.003 8	0.153 0	0.010 1	0.021 4	0.000 5	145	9	137	3
	7	186	84	5.68	0.45	0.048 5	0.005 2	0.145 0	0.014 8	0.021 4	0.000 5	137	13	137	3
	8	434	606	16.03	1.40	0.049 5	0.004 4	0.145 0	0.011 6	0.021 3	0.000 4	138	10	136	3
	9	229	222	7.91	0.97	0.050 2	0.004 6	0.145 9	0.011 3	0.021 6	0.000 5	138	10	138	3
	10	161	171	5.76	1.06	0.049 5	0.004 7	0.150 0	0.013 6	0.022 3	0.000 6	142	12	142	3
	11	185	205	6.24	1.11	0.049 8	0.004 6	0.142 3	0.010 3	0.021 3	0.000 6	135	9	136	4
	12	184	243	6.45	1.32	0.049 5	0.004 3	0.145 3	0.011 2	0.021 6	0.000 4	138	10	138	3
	13	349	418	11.78	1.20	0.049 5	0.003 2	0.147 2	0.008 7	0.021 9	0.000 4	139	8	139	2
	14	165	120	5.01	0.73	0.047 0	0.004 4	0.136 6	0.011 5	0.021 7	0.000 4	130	10	139	3
	15	240	279	7.99	1.16	0.053 8	0.004 3	0.161 3	0.013 7	0.021 6	0.000 5	152	12	138	3
	16	226	255	7.15	1.13	0.049 9	0.004 4	0.142 4	0.012 9	0.021 1	0.000 4	135	11	135	3
	17	271	257	7.99	0.95	0.051 9	0.004 1	0.150 9	0.010 6	0.021 2	0.000 4	143	9	135	3
	18	122	106	3.90	0.87	0.054 5	0.011 9	0.151 3	0.026 2	0.022 3	0.001 5	143	23	142	10
	19	292	306	8.80	1.05	0.046 4	0.004 9	0.138 4	0.011 0	0.021 6	0.000 5	132	10	137	3
	20	147	188	4.46	1.28	0.053 8	0.005 3	0.155 0	0.012 6	0.021 3	0.000 6	146	11	136	4
	21	145	133	4.41	0.92	0.053 0	0.005 2	0.164 0	0.014 7	0.022 0	0.000 5	155	13	140	4
	22	342	291	9.87	0.85	0.048 6	0.003 7	0.142 9	0.010 7	0.021 6	0.000 5	136	10	136	3
14SY-1 安山质火山岩	1	45	35	1.31	0.78	0.052 9	0.011 6	0.138 9	0.023 7	0.021 0	0.000 9	132	21	134	6
	2	120	116	3.56	0.97	0.051 3	0.005 6	0.142 7	0.013 2	0.021 3	0.000 5	135	12	136	3
	3	89	61	2.45	0.69	0.054 3	0.010 2	0.144 8	0.019 5	0.021 4	0.000 7	137	17	137	5
	4	44	38	1.23	0.85	0.050 9	0.009 1	0.137 5	0.018 0	0.020 8	0.000 9	131	16	133	6
	5	103	134	3.31	1.30	0.048 9	0.008 6	0.137 8	0.018 5	0.020 3	0.000 8	131	17	130	5
	6	80	80	2.46	1.00	0.055 5	0.018 0	0.145 6	0.037 6	0.021 7	0.001 4	138	34	138	9
	7	750	606	21.65	0.81	0.049 6	0.003 1	0.148 5	0.009 5	0.021 7	0.000 5	141	8	138	3
	8	107	74	2.87	0.69	0.049 2	0.007 5	0.141 8	0.020 5	0.021 1	0.000 5	135	18	134	3
	9	101	97	2.94	0.96	0.050 4	0.006 0	0.157 7	0.015 5	0.021 7	0.000 6	149	13	138	4
	10	69	72	2.14	1.04	0.056 7	0.017 0	0.139 7	0.028 8	0.021 2	0.001 6	133	25	135	10
	11					0.051 0	0.009 3	0.145 0	0.018 4	0.021 4	0.000 9	138	16	137	6
	12	106	92	2.94	0.87	0.051 5	0.005 2	0.141 6	0.011 3	0.021 7	0.000 5	134	10	134	3
	13	121	160	3.81	1.32	0.051 6	0.007 6	0.147 9	0.019 3	0.021 7	0.000 5	140	17	138	3
	14	110	101	3.15	0.91	0.051 1	0.004 6	0.144 9	0.010 9	0.021 5	0.000 5	137	10	135	3
	15	74	50	2.23	0.67	0.055 2	0.013 9	0.155 5	0.036 3	0.023 3	0.000 9	147	32	147	6
	16	85	60	2.22	0.71	0.052 0	0.006 8	0.137 1	0.013 7	0.020 5	0.000 7	130	12	131	4

续表 5-5

分析点		元素含量（×10⁻⁶）				比值						年龄（Ma）			
		U	Th	Pb	Th/U	$^{207}Pb/^{206}Pb$	1σ	$^{207}Pb/^{235}U$	1σ	$^{206}Pb/^{238}U$	1σ	$^{207}Pb/^{235}U$	1σ	$^{206}Pb/^{238}U$	1σ
14SY-36 凝灰岩	1	725	313	19.83	0.43	0.048 8	0.003 1	0.149 0	0.009 6	0.022 1	0.000 4	141	9	141	3
	2	277	322	8.82	1.16	0.048 4	0.003 1	0.140 8	0.008 2	0.021 2	0.000 5	134	7	135	3
	3	986	719	28.80	0.73	0.052 4	0.002 3	0.156 1	0.007 3	0.021 5	0.000 4	147	6	137	3
	4	1 587	1 275	46.44	0.80	0.047 7	0.001 9	0.141 2	0.005 4	0.021 5	0.000 3	134	5	137	2
	5	810	778	24.49	0.96	0.051 0	0.003 0	0.150 6	0.009 0	0.021 3	0.000 4	142	8	136	2
	6	468	365	13.32	0.78	0.048 6	0.002 6	0.144 3	0.007 4	0.021 6	0.000 4	137	7	138	2
	7	590	497	19.02	0.84	0.053 0	0.002 9	0.151 7	0.008 4	0.020 6	0.000 3	143	7	132	2
	8	866	699	24.89	0.81	0.052 7	0.003 0	0.154 1	0.008 5	0.021 3	0.000 4	146	8	136	2
	9	288	313	8.73	1.09	0.054 2	0.008 3	0.160 8	0.022 5	0.022 2	0.000 7	151	20	142	4
	10	1 202	745	31.91	0.62	0.048 9	0.002 3	0.141 2	0.006 6	0.020 8	0.000 3	134	6	133	2
	11	236	197	6.55	0.83	0.050 6	0.003 8	0.145 5	0.010 5	0.021 0	0.000 4	138	9	134	3
	12	196	258	6.33	1.31	0.053 9	0.004 8	0.158 8	0.012 6	0.021 3	0.000 5	150	11	136	3
	13	1 179	912	37.09	0.77	0.054 1	0.003 3	0.161 8	0.008 1	0.021 9	0.000 4	152	7	139	2
	14	379	394	11.26	1.04	0.051 0	0.003 7	0.147 7	0.010 6	0.021 0	0.000 4	140	9	134	2
	15	149	150	4.68	1.01	0.049 3	0.005 5	0.152 1	0.015 8	0.022 6	0.000 7	144	14	144	4
	16	200	170	5.60	0.85	0.049 4	0.003 7	0.145 2	0.010 1	0.021 4	0.000 4	138	9	137	3
	17	1 243	832	35.15	0.67	0.054 0	0.002 5	0.165 1	0.008 2	0.022 1	0.000 4	155	7	141	2
14SY-17 凝灰岩	1	2 944	1 924	80.30	0.65	0.045 5	0.001 8	0.135 4	0.005 6	0.021 4	0.000 3	129	5	137	2
	2	3 528	2 723	99.27	0.77	0.046 9	0.002 1	0.137 9	0.006 4	0.021 1	0.000 3	131	6	135	2
	3	3 809	2 580	103.35	0.68	0.047 4	0.002 1	0.138 1	0.006 2	0.021 0	0.000 3	131	6	134	2
	4	2 173	1 313	58.88	0.60	0.047 3	0.001 9	0.142 7	0.005 9	0.021 7	0.000 3	135	5	138	2
	5	3 175	1 768	84.88	0.56	0.046 0	0.001 6	0.138 8	0.004 4	0.021 7	0.000 2	132	4	138	2
	6	2 394	1 620	65.08	0.68	0.050 5	0.002 2	0.150 8	0.005 9	0.021 5	0.000 3	143	5	137	2
	7	1 852	843	47.07	0.46	0.048 0	0.002 3	0.141 1	0.006 9	0.021 0	0.000 3	134	6	134	2
	8	2 638	1 412	69.58	0.54	0.048 6	0.001 8	0.146 4	0.005 0	0.021 6	0.000 3	139	4	138	2
	9	3 362	2 114	90.14	0.63	0.050 4	0.002 6	0.146 0	0.006 6	0.020 9	0.000 4	138	6	134	2
	10	1 738	896	47.30	0.52	0.047 9	0.003 3	0.146 3	0.009 9	0.021 9	0.000 5	139	9	140	3
	11	2 426	1 414	66.01	0.58	0.048 7	0.001 5	0.148 3	0.004 6	0.021 8	0.000 3	140	4	139	2
	12	1 923	1 264	51.31	0.66	0.049 0	0.001 9	0.142 0	0.005 2	0.020 8	0.000 2	135	5	133	1
	13	2 051	1 266	55.76	0.62	0.046 2	0.001 7	0.137 4	0.005 1	0.021 3	0.000 3	131	5	136	2
	14	2 123	1 251	56.88	0.59	0.050 3	0.002 1	0.146 4	0.005 9	0.021 0	0.000 3	139	5	134	2
	15	3 131	1 757	83.16	0.56	0.046 8	0.001 8	0.137 5	0.005 7	0.021 1	0.000 3	131	5	134	1
	16	2 489	1 771	70.99	0.71	0.055 4	0.002 3	0.167 3	0.006 9	0.021 7	0.000 3	157	6	139	2
	17	3 888	3 793	112.12	0.98	0.053 5	0.001 8	0.156 3	0.005 6	0.021 0	0.000 3	147	5	134	2
	18	1 557	702	39.84	0.45	0.051 0	0.001 6	0.148 5	0.004 7	0.021 0	0.000 3	141	4	134	2
	19	1 637	865	42.76	0.53	0.051 6	0.002 4	0.147 6	0.006 4	0.020 8	0.000 3	140	6	133	2
	20	2 391	1 560	64.09	0.65	0.050 8	0.001 6	0.149 4	0.005 0	0.021 2	0.000 3	141	4	135	2

得的年龄不在谐和线上,或者与大部分岩浆锆石的年龄相差较远,这些测试点均未统计在内。各个样品测试数据的处理结果见图5-3。定年结果表明,各个样品所选取的测试点的分析结果在谐和图上组成密集的一簇。计算出来的加权平均年龄汇总见表5-4。

5.3.3 盛源盆地火山岩的年代学格架

对于盛源盆地中的打鼓顶组和鹅湖岭组火山岩地层的形成时期,最早由李耀松(1980)运用Rb-Sr等时线法测得酸性火山岩年龄为(140±14)~(132±9)Ma;随后张利民(1996)运用Ar-Ar法测得65号铀矿床附近鹅湖岭组第四段流纹质凝灰岩的形成年龄为122.6±1.0Ma;之后余达淦等(1996)运用Rb-Sr等时线法对童家地区打鼓顶组第四段安山质火山岩进行测年,得出测年结果为141.21±9.93Ma;吴俊奇等(2011)运用Rb-Sr等时线法再次对盛源盆地中的安山质火山岩进行测年研究,得出的结果为138±8.8Ma,与余达淦等的研究结果较为相似;最新刘茜(2013)针对盛源盆地安山质火山岩进行SHRIMP锆石U-Pb年龄分析测得形成年龄为129Ma,进一步更加准确地印证其早白垩世的时代归属。

本书测年结果显示盛源盆地中的打鼓顶组和鹅湖岭组火山岩地层中4个采自不同地方的岩石样品定年结果分别为137.5±1.2Ma、135.8±2.0Ma、136.5±1.6Ma、135.6±1.0Ma,这些实测数据显示出盛源盆地中的打鼓顶组和鹅湖岭组火山岩地层的形成时代属于早白垩世时期。

5.4 盛源盆地火山岩的岩石地球化学研究

5.4.1 凝灰岩的主量元素和微量元素组成

盛源盆地凝灰岩的主量元素组成见表5-6,微量元素组成见表5-7。盛源盆地凝灰岩具有高硅,富钾,低CaO、MgO和P_2O_5的特征,其中SiO_2含量变化在71.27%~78.92%之间,K_2O+Na_2O在5.99%~7.97%范围之间,根据国际地质科学联合会(以下简称国际地科联)推荐的火山岩岩石分类方案(TAS图),本区凝灰岩投影点主要落在流纹岩范围(图5-4)。此外,盛源盆地凝灰岩的Al_2O_3含量变化在10.86%~14.57%且均是强过铝质的,A/CNK [= molar Al_2O_3/($CaO+Na_2O+K_2O$)]均高于1.10(图5-5)。在莱特碱度率的判别图解中,大部分凝灰岩落在碱性区域(图5-6)。

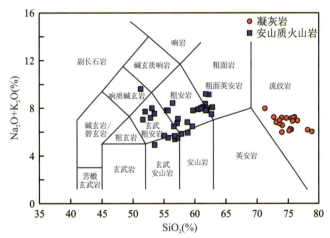

图5-4 盛源盆地火山岩的$Na_2O+K_2O-SiO_2$图解(据Le Maitre,2002)

(安山质火山岩数据来源于张万良,1999;吴俊奇等,2011;刘茜,2013;本书)

主量元素和部分微量元素比值相对于SiO_2成分Haker图解如图5-7所示。从这些图中可以看出,随着SiO_2的增加,TiO_2、Al_2O_3、Fe_2O_3*、MgO、CaO和P_2O_5都相应减少。

表 5-6 盛源盆地凝灰岩和安山质火山岩的主量元素组成（%）

样品编号	组	岩性	SiO_2	TiO_2	Al_2O_3	$Fe_2O_3{}^*$	MnO	MgO	CaO	Na_2O	K_2O	P_2O_5	LOI	Total	A/CNK	AR	K_2O+Na_2O	T_{Zr}(℃)
14SY-01-2			61.06	0.84	16.71	6.04	0.08	1.68	1.90	3.51	4.49	0.26	2.04	98.61	1.18		8.01	867
14SY-01-4			60.56	0.84	16.48	6.48	0.24	1.69	1.95	3.51	4.39	0.26	2.74	99.14	1.17		7.90	865
14SY-02			62.29	0.83	17.04	5.02	0.03	0.98	1.10	3.93	5.21	0.26	1.88	98.56	1.21		9.13	873
14SY-03-1			61.74	0.82	16.60	6.02	0.06	1.23	1.50	3.64	4.72	0.26	1.71	98.28	1.20		8.35	870
14SY-03-2			61.35	0.83	16.66	5.77	0.04	1.57	1.87	3.54	4.56	0.26	1.98	98.42	1.18		8.09	869
14SY-04			61.01	0.83	16.70	5.95	0.06	1.61	1.92	3.52	4.44	0.26	1.89	98.18	1.19		7.96	869
14SY-05			61.78	0.79	16.91	5.45	0.03	1.02	0.88	3.77	5.41	0.24	1.79	98.07	1.24		9.18	878
14SY-52			52.85	1.02	16.37	7.17	0.10	2.04	5.04	3.92	3.27	0.34	6.06	98.18	0.85		7.19	773
14SY-53			51.60	1.00	16.48	7.47	0.12	2.17	5.65	3.83	3.21	0.33	6.88	98.75	0.82		7.05	756
14SY-54			55.48	1.08	17.24	6.91	0.05	1.82	3.14	4.33	3.48	0.35	4.48	98.37	1.04		7.82	809
14SY-55			53.05	1.04	16.99	6.87	0.08	1.71	4.66	4.50	3.48	0.35	5.98	98.71	0.86		7.99	769
14SY-56			51.96	1.01	16.81	7.19	0.08	1.85	5.09	4.37	3.35	0.35	6.53	98.59	0.84		7.72	760
14SY-57			53.47	1.03	16.72	7.18	0.08	1.93	4.29	4.19	3.34	0.34	5.57	98.15	0.91		7.53	782
GX001[a]			56.80	0.98	18.06	8.21	0.15	2.19	5.94	2.34	3.08	0.35	2.25	99.79	1.00		5.42	
GX002[a]			57.23	1.02	17.20	8.31	0.17	2.23	5.86	2.37	3.17	0.38	2.34	99.71	0.96		5.54	
GX003[a]	打鼓顶组	安山质火山岩	56.74	1.11	17.20	8.27	0.17	2.44	5.93	2.49	3.19	0.36	2.26	99.72	0.94		5.68	
GX004[a]			55.68	0.94	19.21	8.79	0.15	2.16	5.46	2.47	3.07	0.33	2.55	100.19	1.11		5.54	
GX007[a]			57.85	1.00	17.14	7.54	0.16	2.22	5.49	2.50	3.36	0.34	2.57	99.77	0.97		5.86	
GX008[a]			57.16	1.14	16.51	8.11	0.16	1.81	5.25	3.26	3.48	0.36	2.95	99.84	0.88		6.74	
SY05[b]			56.44	1.13	18.30	6.62	0.08	2.03	2.78	5.12	3.30	0.33	3.89	99.64	1.07		8.42	
SY01[b]			57.27	1.09	17.54	5.91	0.07	1.34	2.64	3.72	3.39	0.33	6.63	99.71	1.20		7.11	
SY03[b]			61.98	0.94	17.12	6.69	0.04	1.19	1.47	3.65	4.33	0.23	2.40	99.84	1.28		7.98	
MQ09[b]			62.86	0.61	15.19	4.80	0.10	0.68	3.52	2.88	5.19	0.22	4.10	100.05	0.91		8.07	
MQ10[b]			58.77	1.04	17.65	6.69	0.15	0.93	5.32	2.94	3.89	0.31	2.25	99.69	0.94		6.83	
1[c]			59.60	0.90	17.84	8.34	0.09	0.61	3.50	2.88	3.60	0.31			1.19		6.48	
2[c]			61.81	0.70	16.22	8.01	0.08	1.22	1.52	2.88	4.93	0.25			1.26		7.81	
3[c]			58.87	0.75	16.19	9.33	0.10	1.24	3.14	2.75	3.20	0.40			1.18		5.95	
4[c]			51.24	0.90	15.80	7.77	0.00	3.00	4.96	6.00	3.60	0.64			0.69		9.60	
5[c]			55.68	0.97	16.40	6.52	0.14	1.26	4.76	4.30	3.50	0.39			0.84		7.80	
6[c]			62.72	0.70	16.17	6.75	0.03	1.02	2.25	3.00	4.50	0.30			1.16		7.50	
7[c]			59.70	0.70	18.80	7.38	0.03	0.43	0.82	3.81	4.00	0.35			1.56		7.81	
8[c]			55.08	1.07	16.19	7.77	0.11	3.84	5.63	2.95	2.76	0.31			0.90		5.71	
10[c]			56.62	1.05	16.36	6.90	0.08	2.61	5.09	3.18	3.30	0.37			0.91		6.48	
11[c]			53.53	1.09	16.01	8.69	0.13	5.06	6.16	2.72	2.22	0.24			0.89		4.94	
14SY-24			74.00	0.10	13.62	1.67	0.02	0.34	0.16	1.21	4.78	0.02	2.82	98.72	1.83	2.54	5.99	854
14SY-25			75.53	0.09	12.67	1.17	0.01	0.30	0.13	1.43	4.79	0.02	2.24	98.39	1.63	2.89	6.22	843
14SY-26			75.33	0.10	12.71	1.56	0.02	0.28	0.14	1.63	4.63	0.02	2.22	98.64	1.60	2.90	6.26	845
14SY-27			75.17	0.10	12.89	1.38	0.09	0.30	0.05	1.80	4.33	0.02	2.28	98.40	1.67	2.80	6.13	860
14SY-28			74.07	0.10	12.11	1.71	0.07	0.30	0.73	1.57	4.99	0.03	2.34	98.03	1.30	3.09	6.57	834
14SY-30			78.21	0.07	11.28	0.82	0.01	0.15	0.06	1.78	4.41	0.02	1.84	98.65	1.44	3.40	6.19	816
14SY-31			78.92	0.06	10.86	0.43	0.01	0.14	0.06	2.00	4.06	0.02	1.61	98.16	1.39	3.48	6.05	810
14SY-32	鹅湖岭组	凝灰岩	75.53	0.09	12.60	0.91	0.01	0.24	0.13	2.28	4.87	0.03	1.56	98.24	1.36	3.56	7.15	818
14SY-33			74.73	0.09	12.74	1.36	0.02	0.26	0.26	2.04	5.13	0.02	1.61	98.26	1.36	3.46	7.17	831
14SY-34			73.97	0.08	12.17	1.79	0.02	0.23	0.35	2.13	5.07	0.02	1.46	97.28	1.26	3.71	7.20	823
14SY-35			73.63	0.08	12.15	1.83	0.05	0.27	0.67	1.79	4.93	0.02	2.07	97.47	1.28	3.20	6.72	821
14SY-37			73.09	0.20	13.88	1.58	0.07	0.28	0.14	2.42	4.39	0.02	2.03	98.12	1.54	2.89	6.81	866
14SY-38			72.70	0.20	13.98	1.60	0.01	0.27	0.12	2.64	4.60	0.03	2.13	98.27	1.46	3.12	7.25	869
14SY-40			71.27	0.22	14.57	2.16	0.03	0.31	0.31	3.18	4.79	0.03	1.70	98.57	1.33	3.30	7.97	870
14SY-41			73.62	0.07	12.82	1.44	0.05	0.25	0.85	2.16	4.83	0.02	2.16	98.24	1.24	3.09	6.98	811
14SY-17-1			6.07	0.05	12.49	1.23	0.04	0.18	0.15	2.48	4.77	0.01	1.37	98.86	1.31	3.69	7.26	803
14SY-17-2			75.85	0.05	12.60	1.31	0.04	0.19	0.13	2.28	4.70	0.02	1.47	98.63	1.39	3.43	6.98	804
14SY-17-3			76.55	0.06	12.18	1.37	0.03	0.18	0.12	2.03	4.92	0.01	1.49	98.94	1.37	3.60	6.95	813
14SY-17-4			75.81	0.06	12.67	1.28	0.04	0.21	0.16	2.22	4.97	0.02	1.55	98.98	1.36	3.55	7.19	810
14SY-17-5			75.74	0.06	12.50	1.52	0.04	0.20	0.09	1.60	5.32	0.02	1.70	98.78	1.46	3.44	6.92	819
上地壳[d]			66.60	0.64	15.40	5.04	0.10	2.48	3.59	3.27	2.80	0.15		100.05				
中地壳[d]			63.50	0.69	15.00	6.02	0.10	3.59	5.25	3.39	2.30	0.15		100.00				
下地壳[d]			53.40	0.82	16.90	8.57	0.10	7.24	9.59	2.65	0.61	0.10		100.00				

注：[a] 数据引自刘茜, 2013；[b] 数据引自吴俊奇等, 2010；[c] 数据引自张万良, 1997；[d] 数据引自 Rudnick et al, 2013。

表5-7 盛源盆地凝灰岩和安山质火山岩的微量元素组成（×10⁻⁶）

样品编号	14SY-21-1	14SY-21-2	14SY-21-6	14SY-22-1	14SY-22-2	14SY-22-3	14SY-22-4	14SY-42	14SY-49	14SY-50	14SY-51	14SY-01-2	14SY-01-4	14SY-02	14SY-03-1
组	打鼓顶组														
岩性	凝灰岩											安山质火山岩			
V	4.21	4.31	4.19	8.8	9.56	8.92	8.87	1.61	2.54	1.84	3.23	115	119	117	118
Cr	0.89	1.05	10.9	1.32	10.5	0.4	0.21	0.30	1.90	1.71	1.85	95.5	12.8	9.93	8.53
Ni	1.38	1.41	6.16	0.76	5.18	0.23	0	0.16	0.79	0.63	0.6	46.9	5.17	3.91	3.95
Ga	13.5	12.4	13.6	18.5	18.2	18.9	18.9	23.5	17.9	16.3	19.1	21.5	21.4	21.3	21.7
Rb	93.9	91.0	96.4	106	100	106	106	272	182	149	227	126	125	143	133
Sr	51.5	21.5	47.0	27.4	26.3	25.4	18.2	37.1	39.6	33.1	40.0	352	357	299	339
Y	55.1	51.2	61.2	65.4	60.7	63.3	70.4	84.8	88	91.2	89.1	67.0	84.0	65.9	72.3
Zr	173	164	171	203	196	199	199	326	267	284	260	386	387	394	385
Nb	15.0	16.7	17.6	24.7	22.9	25.2	24.5	28.4	29.6	28.8	31.0	15.6	16.2	15.8	15.7
Ba	181	187	203	115	113	118	106	113	64.7	49.6	86.9	970	951	1115	979
La	48.8	48.5	49.0	45.0	42.6	44.9	51.8	64.4	110	122	113	54.4	57.0	54.8	55.1
Ce	96.7	94.7	102	60.2	65.2	58.6	91.7	144	183	173	173	105	110	105	107
Pr	8.65	8.53	8.43	7.35	7.30	7.40	9.38	10.5	16.9	17.7	16.9	9.49	9.80	9.27	9.39
Nd	36.2	35.3	34.8	27.2	28.5	27.2	39.9	40.7	68.6	71.4	68.5	42.5	45.5	41.9	42.8
Sm	6.23	5.97	6.03	3.34	3.94	3.43	6.95	6.16	10.6	10.6	10.6	7.52	8.11	7.25	7.46
Eu	0.23	0.22	0.25	0.15	0.16	0.16	0.25	0.20	0.22	0.22	0.23	2.98	3.07	3.03	2.99
Gd	6.06	5.58	6.09	4.38	4.40	4.58	6.76	7.00	11.2	11.3	11.2	6.66	7.65	6.63	6.77
Tb	0.81	0.75	0.86	0.77	0.72	0.77	0.97	0.99	1.39	1.41	1.40	0.94	1.07	0.92	0.94
Dy	3.51	3.34	3.92	4.11	3.77	3.98	4.43	4.74	5.44	5.48	5.50	5.08	5.75	4.86	5.05
Ho	0.72	0.69	0.81	0.88	0.82	0.85	0.91	1.02	1.06	1.09	1.07	1.02	1.17	0.99	1.03
Er	2.26	2.16	2.47	2.67	2.51	2.55	2.76	3.11	3.25	3.33	3.26	3.00	3.40	2.88	2.99
Tm	0.33	0.32	0.37	0.40	0.38	0.38	0.40	0.45	0.44	0.45	0.44	0.41	0.47	0.39	0.41
Yb	2.09	2.02	2.27	2.42	2.29	2.32	2.44	2.64	2.70	2.72	2.70	2.47	2.84	2.32	2.44
Lu	0.35	0.34	0.38	0.39	0.38	0.38	0.41	0.43	0.44	0.44	0.43	0.42	0.48	0.39	0.41
Hf	3.33	3.23	3.36	4.23	4.21	4.25	4.05	5.85	4.86	5.09	4.92	6.81	6.87	6.81	6.66
Ta	1.02	1.05	0.99	1.29	1.34	1.36	1.29	1.24	1.37	1.36	1.37	0.77	0.79	0.76	0.76
Pb	8.86	11.9	12.8	14.9	13.6	16.1	14.8	9.03	13.6	11.0	19.1	21.5	21.1	19.6	20.7
Th	16.4	16.4	16.5	21.7	18.5	22.6	19.4	20.3	21.6	21.9	22.4	9.49	9.40	9.35	9.33
U	4.30	4.28	4.50	2.07	2.12	2.09	2.41	1.30	2.22	2.08	2.47	1.94	1.94	2.09	2.09
Eu/Eu*	0.11	0.12	0.12	0.12	0.12	0.12	0.11	0.09	0.06	0.06	0.06	1.29	1.19	1.34	1.29
La/Sm												7.23	7.03	7.56	7.39
Ce/Yb												42.4	38.7	45.3	43.7
Ta/Yb												0.31	0.28	0.33	0.31
Th/Yb												3.84	3.31	4.03	3.83
$(La/Yb)_N$	15.7	16.2	14.5	12.6	12.5	13.1	14.3	16.4	27.4	30.2	28.2	14.8	13.5	15.9	15.2
10 000×Ga/Al	2.6	2.52	2.54	2.67	2.75	2.74	2.86	3.29	3.28	3.1	3.16				
3Ga	40.5	37.2	40.7	55.6	54.5	56.6	56.8	70.5	53.6	48.8	57.4				

续表 5-7

样品编号	14SY-03-2	14SY-04	14SY-05	14SY-52	14SY-53	14SY-54	14SY-55	14SY-56	14SY-57	GX001[a]	GX002[a]	GX003[a]	GX004[a]	GX007[a]	GX008[a]
组	打鼓顶组														
岩性	安山质火山岩														
V	121	122	111	78.7	80.2	87.3	80.4	81.7	84.3						
Cr	8.62	12.7	6.61	86.3	19.0	19.5	20.5	17.2	19.5	18.6	21.6	22.5	20.2	18.86	7.20
Ni	3.86	4.54	2.53	26.6	6.60	6.63	6.95	5.96	6.03	6.52	7.02	8.08	6.86	6.88	3.51
Ga	22.0	21.9	21.0	22.2	22.1	22.6	22.0	22.6	22.6						
Rb	132	128	149	109	101	114	129	123	110	86.6	86.6	79.7	65.2	100	89.1
Sr	360	364	254	491	513	395	402	436	470	481	570	567	550	568	492
Y	64.1	69.2	61.0	53.4	56.4	51.7	50.7	51.1	50.4	25.2	24.5	29.1	23.3	26.6	40.4
Zr	395	391	402	264	244	276	250	245	259	271	231	249	227	272	242
Nb	16.0	16.0	15.6	14.5	14.0	15.2	15.3	14.9	14.5	13.4	11.9	13.3	11.8	13.8	13.6
Ba	957	951	1083	607	564	625	694	653	620	1595	1814	1586	1361	1767	1205
La	55.6	56.0	52.0	44.3	43.8	46.0	45.7	44.6	43.8	52.2	42.8	48.1	41.1	52.7	59.6
Ce	107	106	102	84.3	85.3	89.5	88.8	86.5	84.1	95.2	80.3	93.9	79.7	100	85.7
Pr	9.43	9.39	8.88	7.48	7.62	8.09	7.86	7.77	7.50	11.0	9.20	10.7	9.21	11.1	12.7
Nd	42.6	42.6	40.1	34.2	35.0	36.6	35.8	35.3	34.2	40.1	35.2	39.9	34.3	42.4	49.8
Sm	7.37	7.40	6.96	6.01	6.10	6.35	6.20	6.12	5.84	7.51	6.42	7.26	6.20	7.62	8.96
Eu	2.93	2.95	2.94	2.23	2.22	2.38	2.35	2.29	2.20	2.32	2.23	2.40	2.16	2.58	2.66
Gd	6.65	6.94	6.36	5.52	5.62	5.86	5.73	5.69	5.56	6.16	5.83	6.55	5.72	6.43	8.90
Tb	0.91	0.96	0.88	0.77	0.77	0.80	0.77	0.77	0.74	0.78	0.73	0.83	0.71	0.84	1.07
Dy	4.76	4.94	4.44	3.81	3.98	3.87	3.68	3.68	3.56	4.91	4.68	5.22	4.51	5.16	6.80
Ho	0.96	1.00	0.9	0.77	0.80	0.76	0.73	0.72	0.71	1.08	1.01	1.16	0.96	1.12	1.48
Er	2.82	2.92	2.61	2.20	2.28	2.20	2.07	2.04	2.02	2.88	2.86	3.26	2.69	3.14	4.32
Tm	0.39	0.40	0.36	0.29	0.30	0.29	0.27	0.26	0.26	0.41	0.40	0.46	0.38	0.42	0.57
Yb	2.33	2.43	2.08	1.72	1.76	1.71	1.53	1.53	1.49	2.4	2.35	2.59	2.20	2.59	3.28
Lu	0.39	0.41	0.34	0.28	0.28	0.28	0.25	0.24	0.24	0.36	0.36	0.39	0.32	0.40	0.50
Hf	6.75	6.64	6.72	4.56	4.23	4.69	4.32	4.20	4.35	6.33	5.17	5.53	4.77	6.75	5.60
Ta	0.76	0.76	0.73	0.69	0.65	0.70	0.71	0.69	0.66	0.78	0.71	0.78	0.72	0.79	0.82
Pb	21.2	20.8	18.1	14.1	13.5	13.5	13.4	12.9	13.7						
Th	9.32	9.14	8.98	7.28	7.17	7.44	7.33	7.09	7.01	9.13	7.59	8.41	7.79	9.95	8.44
U	1.93	1.90	1.99	2.05	1.93	2.21	1.38	1.38	2.09	1.99	1.68	1.98	1.51	2.36	1.94
Eu/Eu*	1.28	1.26	1.35	1.18	1.16	1.19	1.21	1.19	1.18	1.01	1.09	1.04	1.09	1.10	0.90
La/Sm	7.55	7.56	7.48	7.36	7.17	7.24	7.36	7.28	7.50	6.95	6.66	6.62	6.64	6.92	6.66
Ce/Yb	46.0	43.7	49.1	49.1	48.5	52.3	57.9	56.7	56.4	39.68	34.15	36.3	36.2	38.63	26.12
Ta/Yb	0.33	0.31	0.35	0.40	0.37	0.41	0.46	0.45	0.44	0.33	0.30	0.30	0.33	0.31	0.25
Th/Yb	4.00	3.76	4.31	4.24	4.08	4.35	4.78	4.64	4.70	3.80	3.23	3.25	3.54	3.84	2.57
$(La/Yb)_N$	16.1	15.5	16.8	17.4	16.8	18.1	20.1	19.7	19.8	14.7	12.3	12.5	12.6	13.7	12.3
$10000 \times Ga/Al$															
3Ga															

续表 5-7

样品编号	SY05[b]	SY01[b]	SY03[b]	MQ09[b]	MQ10[b]	12[c]	14SY-24	14SY-25	14SY-26	14SY-27	14SY-28	14SY-30	14SY-31	14SY32	14SY-33
组	打鼓顶组						鹅湖岭组								
岩性	安山质火山岩						凝灰岩								
V							6.84	6.79	7.58	8.79	3.00	2.83	1.45	4.00	5.24
Cr							8.14	15.7	2.61	1.79	0.86	4.33	1.36	1.32	12.3
Ni							3.81	7.74	1.19	1.85	1.22	1.72	1.38	0.62	4.93
Ga							20.8	17.4	18.4	17.9	17.4	13.6	12.2	18.7	20.6
Rb	78.0	104	117	166	116		218	212	198	186	212	223	223	273	279
Sr	348	226	231	222	568		52.4	56.4	63.5	46.1	64.1	83.9	37.8	79.7	94.6
Y	22.6	22.7	30.8	23.6	26.7		81.7	91.0	91.3	83.4	87.7	101	52.6	61.3	93.8
Zr	217	189	236	209	181		191	182	188	213	201	146	140	162	187
Nb	15.2	14.1	13.5	11.7	12.0		31.0	24.5	30.1	31.0	23.0	41.9	37.2	36.5	29.5
Ba	2478	987	2252	893	930		222	237	182	176	186	260	254	241	187
La	50.9	46.1	52.9	44.9	43.8	35.4	45.3	52.2	53.9	57.5	71.5	75.4	56.0	62.2	44.0
Ce	93.4	85.1	93.3	83.8	83.0	91.8	82.7	92.6	95.5	106	137	82.6	51.5	80.9	90.6
Pr	11.3	10.1	11.9	9.54	10.0	7.00	7.88	9.28	9.09	9.86	11.6	6.42	5.18	8.01	8.29
Nd	48.4	41.9	49.8	36.5	39.3	28.4	32.4	39.4	37.2	40.2	48.3	28.1	23.5	35.8	36.0
Sm	8.08	7.35	8.48	6.57	7.06	5.99	6.04	7.63	6.8	7.42	8.34	6.42	5.94	8.16	7.31
Eu	2.98	2.31	2.86	1.60	1.89	2.04	0.34	0.42	0.32	0.33	0.42	0.27	0.19	0.25	0.26
Gd	7.25	6.58	7.69	5.96	7.07	2.84	6.39	7.84	7.4	7.78	9.34	6.92	6.65	8.92	7.65
Tb	0.95	0.90	1.09	0.80	0.97	0.45	1.00	1.20	1.18	1.18	1.24	1.18	1.28	1.52	1.19
Dy	4.96	4.98	5.79	4.60	5.29	2.31	4.88	5.54	5.85	5.34	5.16	5.94	7.06	7.37	5.55
Ho	0.96	0.94	1.18	0.86	1.01	0.51	1.03	1.14	1.22	1.10	1.02	1.23	1.50	1.52	1.13
Er	2.66	2.66	3.45	2.64	3.06	1.67	3.14	3.40	3.60	3.30	2.99	3.66	4.38	4.43	3.32
Tm	0.37	0.37	0.45	0.37	0.43	0.22	0.48	0.50	0.52	0.49	0.42	0.55	0.65	0.65	0.48
Yb	2.37	2.30	2.65	2.32	2.68	1.57	2.92	3.03	3.15	2.99	2.55	3.32	3.77	3.93	2.92
Lu	0.35	0.33	0.42	0.40	0.40	0.18	0.49	0.50	0.51	0.49	0.42	0.54	0.59	0.63	0.48
Hf	6.06	5.45	6.64	5.99	4.95		4.20	3.94	4.05	4.27	3.87	3.57	3.45	3.91	4.16
Ta	0.90	0.85	0.78	0.80	0.68		1.52	1.34	1.40	1.41	1.25	2.17	1.72	1.89	1.38
Pb	13.9	10.9	19.0	20.1	17.8		18.1	17	16.6	20.0	11.2	14.5	20.4	18.1	21.3
Th	10.8	10.4	11.3	13.7	10.5		20.5	19.4	19.4	19.6	20.3	24.3	20.2	22.8	20.2
U	1.83	2.09	1.74	2.86	2.12		2.30	2.17	2.34	2.54	2.12	2.60	2.19	2.33	2.12
Eu/Eu*	1.17	1.00	1.06	0.77	0.81	1.33	0.17	0.16	0.14	0.13	0.14	0.12	0.09	0.09	0.10
La/Sm	6.30	6.27	6.24	6.83	6.20	5.90									
Ce/Yb	39.4	37.0	35.2	36.1	31.0										
Ta/Yb	0.38	0.37	0.29	0.34	0.25										
Th/Yb	4.54	4.52	4.25	5.89	3.90										
$(La/Yb)_N$	14.5	13.5	13.5	13.0	11.0	15.2	10.5	11.6	11.5	13.0	18.9	15.3	10.0	10.7	10.2
10 000×Ga/Al							2.88	2.60	2.74	2.63	2.72	2.28	2.13	2.80	3.06
3Ga							62.4	52.2	55.3	53.8	52.3	40.9	36.7	56.0	61.8

续表 5-7

样品编号	14SY-34	14SY-35	14SY-37	14SY-38	14SY-40	14SY-41	14SY-17-1	14SY-17-2	14SY-17-3	14SY-17-4	14SY-17-5	上地壳[d]	中地壳[d]	下地壳[d]
组	鹅湖岭组													
岩性	凝灰岩													
V	6.54	5.94	9.21	9.37	15.2	4.07	2.27	1.86	1.80	2.33	2.58	97	107	196
Cr	1.22	0.97	2.04	2.54	1.18	2.46	0.92	2.66	16.4	19.4	3.18	92	76	215
Ni	0.54	0.54	1.22	0.84	0.66	0.92	0.44	1.09	7.26	10.7	0.89	47	33.5	88
Ga	19.1	19.8	20.2	20.0	26.6	22.8	21.2	20.8	20.9	21.8	22.8	17.5	17.5	13
Rb	268	283	192	185	206	269	258	241	274	271	292	84	65	11
Sr	88.8	84.9	111	102	131	45.4	69.4	68.6	99.2	102	115	320	282	348
Y	99.5	99.1	84	89.7	105	58.4	45.0	78.2	98.7	76.7	96.1	21	20	16
Zr	183	178	246	266	300	166	142	136	152	150	154	193	149	68
Nb	30.0	37.2	23.7	22.0	22.8	38.4	30.2	29.7	31.1	31.4	32.1	12	10	5
Ba	178	174	171	170	166	77.6	153	173	171	150	174	628	532	259
La	54.8	58.8	85.1	87.6	104	78.4	55.9	51.9	57.2	55.1	55.3	31	24	8
Ce	89.7	85.5	160	159	192	62.2	45.0	38.8	44.7	60.7	55.5	63	53	20
Pr	8.25	7.9	13.2	13.7	15.5	7.44	6.54	5.98	6.36	6.35	5.91	7.1	5.8	2.4
Nd	36.3	34.8	52.0	54.3	61.9	35.7	32.4	29.4	30.8	31.3	28.5	27	25	11
Sm	7.58	7.68	8.06	8.52	9.64	9.39	9.00	8.05	8.23	8.73	7.28	4.7	4.6	2.8
Eu	0.26	0.22	0.65	0.70	0.86	0.16	0.31	0.28	0.28	0.29	0.29	1	1.4	1.1
Gd	8.00	7.95	8.69	9.27	11.1	10.0	8.42	7.45	7.47	8.37	6.96	4	4	3.1
Tb	1.27	1.27	1.16	1.24	1.51	1.76	1.47	1.28	1.30	1.50	1.21	0.7	0.7	0.48
Dy	5.89	5.98	4.95	5.26	6.57	8.71	7.45	6.38	6.62	7.41	6.08	3.9	3.8	3.1
Ho	1.19	1.22	0.99	1.06	1.37	1.80	1.46	1.27	1.31	1.47	1.24	0.83	0.82	0.68
Er	3.51	3.56	3.03	3.23	4.17	5.13	4.07	3.59	3.68	4.07	3.55	2.3	2.3	1.9
Tm	0.51	0.53	0.44	0.46	0.60	0.74	0.58	0.51	0.53	0.58	0.51	0.3	0.32	0.24
Yb	3.05	3.21	2.69	2.84	3.59	4.38	3.35	2.99	3.11	3.38	2.97	2	2.2	1.5
Lu	0.49	0.52	0.44	0.46	0.58	0.69	0.52	0.47	0.49	0.52	0.47	0.31	0.4	0.25
Hf	4.05	4.15	4.46	4.79	5.41	4.31	4.19	4.05	4.33	4.27	4.36	5.3	4.4	1.9
Ta	1.39	1.67	1.39	1.38	1.34	1.84	1.76	1.70	1.77	1.80	1.79	0.9	0.6	0.6
Pb	30.4	22.7	29.7	15.5	22.2	26.2	36.0	33.9	35.3	35.3	34.9	17	15.2	4
Th	23.0	21.7	25.7	26.0	25.9	21.0	20.4	20.7	20.7	20.5	21.0	10.5	6.5	1.2
U	2.24	2.04	3.24	3.33	3.71	1.74	3.77	3.48	3.64	3.76	3.46	2.7	1.3	0.2
Eu/Eu*	0.10	0.09	0.24	0.24	0.26	0.05	0.11	0.11	0.11	0.10	0.12	0.72	0.96	1.14
La/Sm														
Ce/Yb														
Ta/Yb														
Th/Yb														
$(La/Yb)_N$	12.1	12.3	21.3	20.8	19.6	12.1	11.2	11.7	12.4	11.0	12.5			
10 000×Ga/Al	2.97	3.08	2.74	2.71	3.44	3.36	3.21	3.12	3.25	3.25	3.44			
3Ga	57.4	59.3	60.5	60.1	79.7	68.5	63.7	62.4	62.8	65.3	68.4			

注：$Eu/Eu^* = Eu_N/(Sm_N \times Nd_N)^{1/2}$；[a] 数据引自刘茜，2013；[b] 数据引自吴俊奇等，2010；[c] 数据引自张万良，1997；[d] 数据引自 Rudnick et al，2013。

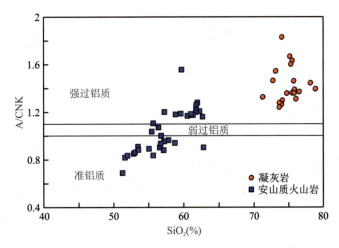

图 5-5 盛源盆地火山岩的 A/CNK-SiO$_2$ 图解
(安山质火山岩数据来源于张万良，1999；吴俊奇等，2011；刘茜，2013；本书)

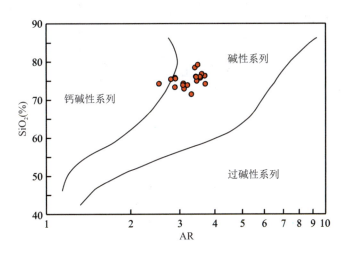

图 5-6 盛源盆地火山岩的 AR-SiO$_2$ 图解（据 Wright，1969）

盛源盆地凝灰岩的稀土元素分析结果显示，相较于重稀土元素，盛源盆地凝灰岩明显富集轻稀土元素，其中样品的 (La/Yb)$_N$ 为 10.0～30.2，Eu 负异常明显变化范围在 0.05～0.26 之间（表 5-7，图 5-8a）。

在球粒陨石标准化（球粒陨石值采用 Boynton，1984 数据）图解（图 5-8a）上可以看出，盛源盆地凝灰岩均为富 LREE 型，稀土元素配分曲线向右倾，而重稀土元素配分曲线相对平坦，反映凝灰岩在岩石成岩过程中 LREE 发生了较强烈的分馏，而 HREE 分馏微弱。

以原始地幔成分（原始地幔值采用 McDonough et al，1995 数据）为标准。从微量元素蛛网图（图 5-8b）上可以看出，Ba、Nb、Sr、P、Ti 都表现出明显的负异常，Rb、Th、U 则呈现出正异常。此外，其锆饱和温度也较高，在 803～870℃之间（Watson et al，1983，表 5-6）。

5.4.2 安山质火山岩的主量元素和微量元素组成

盛源盆地安山质火山岩的主量元素组成见表 5-6，微量元素组成见表 5-7。盛源盆地安山质火山岩的主量元素含量变化较大，例如 SiO$_2$ 为 51.24%～62.86%，Al$_2$O$_3$ 为 15.19%～19.21%，MgO 为 0.43%～5.06%，Fe$_2$O$_3$* 为 4.80%～9.33%，CaO 为 0.82%～6.16%，TiO$_2$ 为 0.61%～1.14%。根据国际地科联推荐的火山岩岩石分类方案（TAS 图），本区安山质火山岩投影点主要落在玄武粗安岩-粗安岩-粗面岩范围（图 5-4）。此外，盛源盆地安山质火山岩投影点分布于准铝质、弱过铝质和强过

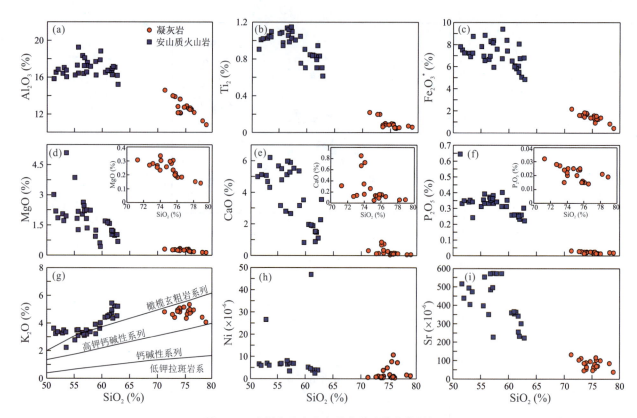

图 5-7 盛源盆地火山岩的化学成分变化图解
（安山质火山岩数据来源于张万良，1999；吴俊奇等，2011；刘茜，2013；本书）

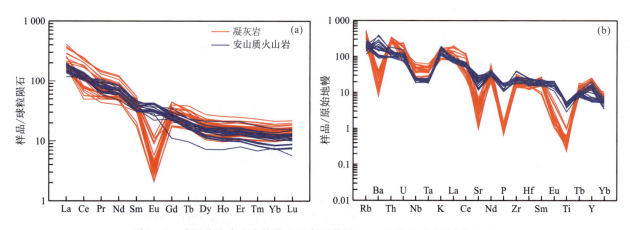

图 5-8 盛源盆地火山岩的稀土元素配分图（a）和微量元素蛛网图（b）
（球粒陨石数据引自 Boynton，1984；原始地幔数据引自 McDonough et al，1995）

铝质范围（图 5-5）。在 K_2O-SiO_2 岩系划分图上，盛源盆地安山质火山岩投影点均落在橄榄玄粗岩内（图 5-7g），并且在 Ta/Yb-Ce/Yb 和 Ta/Yb-Th/Yb 图解（图 5-9；Adams et al，2005）中也是相同的结果。

主量元素和部分微量元素比值相对于 SiO_2 成分变异图解如图 5-7 所示。从这些图中可以看出，随着 SiO_2 的增加，TiO_2、$Fe_2O_3^*$、MgO 和 CaO 都相应减少。

盛源盆地安山质火山岩的稀土元素分析结果显示，相较于重稀土元素，盛源盆地安山质火山岩明显富集轻稀土元素，其中样品的 $(La/Yb)_N$ 为 11.0~20.1，Eu 负异常明显，变化范围在 0.77~1.35 之间（表 5-7，图 5-8a）。

在球粒陨石标准化（球粒陨石值采用 Boynton，1984 数据）图解（图 5-8a）上可以看出，盛源盆

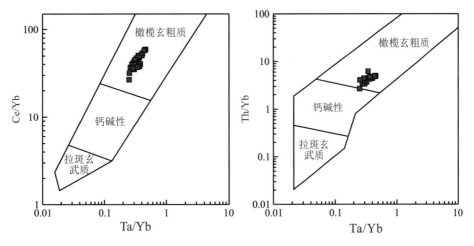

图 5-9 盛源盆地安山质火山岩的 Ta/Yb-Ce/Yb 和 Ta/Yb-Th/Yb 图解

(据 Adams et al，2005)

(安山质火山岩数据来源于张万良，1999；吴俊奇等，2011；刘茜，2013；本书)

地安山质火山岩为富 LREE 型，稀土元素配分曲线向右陡倾，而重稀土元素配分曲线相对平坦，反映岩石成岩过程中 LREE 发生了较强烈的分馏，而 HREE 分馏微弱。

以原始地幔成分（原始地幔值采用 McDonough et al，1995 数据）为标准。从微量元素蛛网图（图 5-8b）上可以看出，盛源盆地安山质火山岩明显富集大离子亲石元素（Ba 和 Rb）和轻稀土元素，但是明显亏损高场强元素（Nb 和 Ta），与弧状火成岩的微量元素分布特征类似（Rudnick，1995；Taylor et al，1995）。大部分样品具有较低的相容元素含量（$Cr<30\times10^{-6}$，$Ni<10\times10^{-6}$）。此外，其锆饱和温度在 756~878℃ 之间（Watson et al，1983；表 5-6）。

5.4.3 凝灰岩的 Sr-Nd-Hf 同位素组成

盛源盆地凝灰岩的全岩 Sr-Nd 同位素组成见表 5-8，锆石原位 Hf 同位素组成见表 5-9。Sr-Nd 同位素测试结果显示，所有来自打鼓顶组和鹅湖岭组的凝灰岩均具有较高的 Rb 含量和较低的 Sr 含量，导致结果具有较高的 Rb/Sr 比值，因此，本书将不讨论凝灰岩的 Sr 同位素组成。

盛源盆地中不同组的凝灰岩之间的 Nd 同位素组成较为相似，$\varepsilon_{Nd}(t)$ 展现出变化范围小且较低的值，主要变化范围在 −10.4~−7.51 之间，T_{DM2} 值为 1.81~1.57Ga（表 5-8）。锆石原位 Hf 同位素测试在以前进行的锆石 U-Pb 定年的邻近部位上进行。从测试结果可以看出，$^{176}Hf/^{177}Hf$ 的误差值（2σ）绝大部分在 0.000 030 以内，大部分锆石的 $^{176}Lu/^{177}Hf$ 比值均小于 0.003，表明锆石形成后放射性成因 Hf 积累很少，可以很好地反映锆石形成时岩浆的 Hf 同位素组成特征。此外，不同组之间的 Hf 同位素组成也很相似，从表 5-9 和图 5-10a、b、e、f、g、h 可以看出，这些岩石的 $\varepsilon_{Hf}(t)$ 值都集中在 −12.1~−8.6 之间，两阶段 Hf 模式年龄值 T_{DM2} 集中在 1.92~1.70Ga 之间。

5.4.4 安山质火山岩的 Sr-Nd-Pb-Hf 同位素组成

盛源盆地安山质火山岩的全岩 Sr-Nd 同位素组成见表 5-8，锆石原位 Hf 同位素组成见表 5-9，全岩 Pb 同位素组成见表 5-10。

盛源盆地安山质火山岩具有较高的初始 $^{87}Sr/^{86}Sr$ 比值，范围在 0.710 572~0.710 684 之间，$\varepsilon_{Nd}(t)$ 展现出变化范围小且较低的值，主要变化范围在 −9.95~−8.56 之间，$T_{DM2}{}^c$ 值为 1.77~1.66Ga（表 5-8）。初始 $^{206}Pb/^{204}Pb$，$^{207}Pb/^{204}Pb$ 和 $^{208}Pb/^{204}Pb$ 的比值变化范围分别在 17.981 5~18.105 0，15.589 9~15.601 7 和 38.505 5~38.828 7 之间（表 5-10）。锆石原位 Hf 同位素测试结果显示，这些岩石的 $\varepsilon_{Hf}(t)$ 值都集中在 −14.1~−10.1 之间，两阶段 Hf 模式年龄值 $T_{DM2}{}^c$ 集中在 2.05~1.80Ga 之间（表 5-9，图 5-10c、d）。

表 5-8 盛源盆地凝灰岩和安山质火山岩的全岩 Nd 同位素和 Sr 同位素组成

	样品编号	Sm ($\times 10^{-6}$)	Nd ($\times 10^{-6}$)	$^{147}Sm/^{144}Nd$	$^{143}Nd/^{144}Nd$	$\varepsilon_{Nd}(t)$	T_{DM2} (Ga)	Rb ($\times 10^{-6}$)	Sr ($\times 10^{-6}$)	$^{87}Rb/^{86}Sr$	$^{87}Sr/^{86}Sr$	$I_{Sr}(t)$
凝灰岩	14SY-24	6.04	32.4	0.1125	0.512151	-8.04	1.61					
	14SY-25	7.63	39.4	0.1170	0.512127	-8.60	1.66					
	14SY-26	6.80	37.2	0.1105	0.512123	-8.56	1.66					
	14SY-27	7.42	40.2	0.1116	0.512132	-8.40	1.64					
	14SY-28	8.34	48.3	0.1042	0.512171	-7.51	1.57					
	14SY-30	6.42	28.1	0.1382	0.512151	-8.49	1.65					
	14SY-31	5.94	23.5	0.1530	0.512181	-8.17	1.62					
	14SY-32	8.16	35.8	0.1379	0.512138	-8.75	1.67					
	14SY-33	7.31	36.0	0.1229	0.512175	-7.76	1.59					
	14SY-34	7.58	36.2	0.1263	0.512167	-7.97	1.61					
	14SY-35	7.68	34.8	0.1333	0.512061	-10.2	1.79					
	14SY-37	8.06	52.0	0.0936	0.512016	-10.4	1.81					
	14SY-38	8.52	54.3	0.0947	0.512142	-7.91	1.60					
	14SY-40	9.64	61.9	0.0941	0.512107	-8.58	1.66					
	14SY-41	9.39	35.7	0.1590	0.512071	-10.4	1.81					
	14SY-17-1	9.00	32.4	0.1680	0.512170	-8.62	1.66					
	14SY-17-2	8.05	29.4	0.1652	0.512172	-8.53	1.66					
	14SY-17-3	8.23	30.8	0.1616	0.512166	-8.58	1.66					
	14SY-17-4	8.73	31.3	0.1684	0.512160	-8.82	1.68					
	14SY-17-5	7.28	28.5	0.1543	0.512450	-10.1	1.79					
	14SY-21-1	6.23	36.2	0.1041	0.512141	-8.11	1.62					
	14SY-21-2	5.97	35.3	0.1023	0.512129	-8.32	1.64					
	14SY-21-6	6.03	34.8	0.1046	0.512128	-8.37	1.64					
	14SY-22-1	3.34	27.2	0.0743	0.512130	-7.80	1.59					
	14SY-22-2	3.94	28.5	0.0837	0.512117	-8.21	1.63					
	14SY-22-3	3.43	27.2	0.0763	0.512058	-9.23	1.71					
	14SY-22-4	6.95	39.9	0.1054	0.512135	-8.26	1.63					
	14SY-42	6.16	40.7	0.0914	0.512057	-9.53	1.74					
	14SY-49	10.6	68.6	0.0935	0.512068	-9.35	1.72					
	14SY-50	10.6	71.4	0.0896	0.512065	-9.33	1.72					
	14SY-51	10.6	68.5	0.0932	0.512080	-9.10	1.70					
安山质火山岩	14SY-01-2	7.52	42.5	0.1069	0.512087	-9.18	1.71	125.95	352.19	1.035	0.712861	0.710864
	14SY-01-4	8.11	45.5	0.1076	0.512095	-9.04	1.70	125.33	357.25	1.015	0.712705	0.710745
	14SY-02	7.25	41.9	0.1046	0.512087	-9.14	1.71	142.60	298.70	1.381	0.713430	0.710764
	14SY-03-1	7.46	42.8	0.1053	0.512114	-8.64	1.66	132.90	339.28	1.134	0.713040	0.710852
	14SY-03-2	7.37	42.6	0.1044	0.512094	-9.02	1.70	131.65	360.26	1.057	0.712828	0.710787
	14SY-04	7.40	42.6	0.1050	0.512105	-8.81	1.68	128.31	363.77	1.021	0.712680	0.710710
	14SY-05	6.96	40.1	0.1050	0.512046	-9.95	1.77	149.02	254.07	1.697	0.713848	0.710572
	14SY-52	6.01	34.2	0.1069	0.512097	-8.99	1.69	109.05	490.71	0.643	0.711941	0.710700
	14SY-53	6.10	35.0	0.1054	0.512102	-8.87	1.68	101.38	512.60	0.572	0.711821	0.710716
	14SY-54	6.35	36.6	0.1048	0.512093	-9.04	1.70	113.79	394.52	0.835	0.712406	0.710795
	14SY-55	6.20	35.8	0.1048	0.512053	-9.82	1.76	128.63	401.92	0.926	0.712513	0.710725
	14SY-56	6.12	35.3	0.1047	0.512091	-9.08	1.70	122.88	435.64	0.816	0.712184	0.710608
	14SY-57	5.84	34.2	0.1032	0.512116	-8.56	1.66	110.43	470.24	0.680	0.712016	0.710704

注：用于计算打鼓顶组第二段凝灰岩初始同位素的年龄为 137.5Ma；用于计算打鼓顶组第四段安山质火山岩初始同位素的年龄为 135.8Ma；用于计算鹅湖岭组第二段凝灰岩初始同位素的年龄为 136.5Ma；用于计算打鼓顶组第四段凝灰岩初始同位素的年龄为 135.6Ma。

表 5-9 盛源盆地凝灰岩和安山质火山岩的锆石 Lu-Hf 同位素组成

分析点		$^{176}Yb/^{177}Hf$	$^{176}Lu/^{177}Hf$	$^{176}Hf/^{177}Hf$	$\pm(2\sigma)$	$\varepsilon_{Hf}(0)$	$\varepsilon_{Hf}(t)$	$\pm(2\sigma)$	T_{DM1} (Ma)	T_{DM2} (Ma)	$f_{Lu/Hf}$
14SY-42 凝灰岩	1	0.029 084	0.001 125	0.282 419	0.000 012	−12.9	−10.0	0.4	1 181	1 790	−0.97
	2	0.029 691	0.001 108	0.282 420	0.000 013	−12.9	−10.0	0.5	1 179	1 788	−0.97
	3	0.033 071	0.001 265	0.282 426	0.000 013	−12.7	−9.8	0.5	1 176	1 776	−0.96
	4	0.027 159	0.001 051	0.282 443	0.000 015	−12.1	−9.1	0.5	1 145	1 737	−0.97
	5	0.017 294	0.000 686	0.282 427	0.000 012	−12.7	−9.7	0.4	1 156	1 770	−0.98
	6	0.014 769	0.000 583	0.282 427	0.000 014	−12.7	−9.7	0.5	1 153	1 769	−0.98
	7	0.016 436	0.000 638	0.282 359	0.000 015	−15.1	−12.1	0.5	1 249	1 920	−0.98
	8	0.033 632	0.001 286	0.282 410	0.000 012	−13.3	−10.3	0.4	1 199	1 811	−0.96
	9	0.041 719	0.001 579	0.282 447	0.000 012	−12.0	−9.0	0.4	1 156	1 731	−0.95
	10	0.037 866	0.001 419	0.282 433	0.000 012	−12.4	−9.5	0.4	1 170	1 761	−0.96
	11	0.021 476	0.000 841	0.282 448	0.000 014	−11.9	−8.9	0.5	1 132	1 724	−0.97
	12	0.025 047	0.000 979	0.282 414	0.000 014	−13.1	−10.2	0.5	1 183	1 800	−0.97
	13	0.019 234	0.000 742	0.282 419	0.000 015	−12.9	−10.0	0.5	1 169	1 788	−0.98
	14	0.030 551	0.001 133	0.282 428	0.000 019	−12.6	−9.7	0.7	1 169	1 770	−0.97
	15	0.034 434	0.001 310	0.282 449	0.000 013	−11.9	−8.9	0.5	1 144	1 725	−0.96
	16	0.020 102	0.000 767	0.282 415	0.000 011	−13.1	−10.1	0.4	1 175	1 797	−0.98
	17	0.019 875	0.000 781	0.282 439	0.000 015	−12.2	−9.3	0.5	1 142	1 744	−0.98
	18	0.032 935	0.001 256	0.282 443	0.000 013	−12.1	−9.2	0.5	1 151	1 738	−0.96
	19	0.019 741	0.000 759	0.282 408	0.000 011	−13.3	−10.3	0.4	1 185	1 813	−0.98
	20	0.031 120	0.001 178	0.282 414	0.000 012	−13.1	−10.2	0.4	1 190	1 802	−0.96
	21	0.030 490	0.001 178	0.282 440	0.000 014	−12.2	−9.3	0.5	1 153	1 744	−0.96
	22	0.024 363	0.000 938	0.282 431	0.000 014	−12.5	−9.6	0.5	1 158	1 763	−0.97
	23	0.023 693	0.000 905	0.282 406	0.000 013	−13.4	−10.4	0.5	1 192	1 818	−0.97
	24	0.021 013	0.000 813	0.282 412	0.000 012	−13.2	−10.2	0.4	1 181	1 804	−0.98
	25	0.013 968	0.000 552	0.282 405	0.000 015	−13.4	−10.4	0.5	1 183	1 818	−0.98
	26	0.016 178	0.000 643	0.282 415	0.000 013	−13.1	−10.1	0.5	1 172	1 796	−0.98
	27	0.015 619	0.000 617	0.282 409	0.000 014	−13.3	−10.3	0.5	1 179	1 809	−0.98
	28	0.040 226	0.001 507	0.282 435	0.000 013	−12.4	−9.5	0.5	1 170	1 757	−0.96
	29	0.010 748	0.000 440	0.282 405	0.000 014	−13.4	−10.4	0.5	1 179	1 817	−0.99
	30	0.028 039	0.001 086	0.282 436	0.000 014	−12.3	−9.4	0.5	1 156	1 752	−0.97
14SY-1 安山质 火山岩	1	0.027 447	0.001 090	0.282 416	0.000 017	−13.0	−10.1	0.6	1 184	1 798	−0.97
	2	0.024 579	0.000 949	0.282 406	0.000 014	−13.4	−10.5	0.5	1 194	1 819	−0.97
	3	0.021 626	0.000 829	0.282 302	0.000 012	−17.1	−14.1	0.4	1 335	2 048	−0.98
	4	0.016 549	0.000 646	0.282 416	0.000 013	−13.0	−10.1	0.5	1 170	1 795	−0.98
	5	0.041 380	0.001 539	0.282 370	0.000 014	−14.7	−11.8	0.5	1 264	1 902	−0.95
	6	0.021 087	0.000 863	0.282 356	0.000 016	−15.2	−12.2	0.6	1 261	1 929	−0.97
	7	0.017 922	0.000 727	0.282 403	0.000 016	−13.5	−10.6	0.6	1 191	1 824	−0.98
	8	0.014 756	0.000 587	0.282 348	0.000 013	−15.5	−12.5	0.5	1 263	1 945	−0.98
	9	0.026 256	0.001 015	0.282 393	0.000 018	−13.9	−10.9	0.6	1 214	1 848	−0.97
	10	0.032 650	0.001 250	0.282 359	0.000 016	−15.1	−12.2	0.6	1 269	1 925	−0.96
	11	0.024 182	0.000 928	0.282 389	0.000 014	−14.0	−11.1	0.5	1 217	1 856	−0.97
	12	0.027 543	0.001 059	0.282 379	0.000 012	−14.4	−11.4	0.4	1 235	1 879	−0.97
	13	0.011 195	0.000 461	0.282 314	0.000 013	−16.7	−13.7	0.5	1 305	2 019	−0.99
	14	0.020 166	0.000 802	0.282 399	0.000 013	−13.6	−10.7	0.5	1 199	1 834	−0.98
	15	0.021 381	0.000 851	0.282 382	0.000 014	−14.3	−11.3	0.5	1 224	1 872	−0.97
	16	0.028 405	0.001 100	0.282 403	0.000 015	−13.5	−10.6	0.5	1 203	1 826	−0.97

续表 5-9

分析点		$^{176}Yb/^{177}Hf$	$^{176}Lu/^{177}Hf$	$^{176}Hf/^{177}Hf$	$\pm(2\sigma)$	$\varepsilon_{Hf}(0)$	$\varepsilon_{Hf}(t)$	$\pm(2\sigma)$	T_{DM1} (Ma)	T_{DM2} (Ma)	$f_{Lu/Hf}$
14SY-36 凝灰岩	1	0.088 047	0.003 193	0.282 449	0.000 015	−11.9	−9.1	0.5	1 205	1 736	−0.90
	2	0.058 006	0.002 111	0.282 438	0.000 013	−12.3	−9.4	0.5	1 185	1 754	−0.94
	3	0.044 878	0.001 689	0.282 426	0.000 011	−12.7	−9.8	0.4	1 189	1 779	−0.95
	4	0.100 290	0.003 383	0.282 414	0.000 014	−13.1	−10.4	0.5	1 264	1 815	−0.90
	5	0.034 439	0.001 250	0.282 433	0.000 016	−12.4	−9.5	0.6	1 165	1 761	−0.96
	6	0.055 834	0.002 010	0.282 397	0.000 012	−13.7	−10.9	0.4	1 241	1 844	−0.94
	7	0.047 007	0.001 696	0.282 391	0.000 011	−13.9	−11.1	0.4	1 239	1 856	−0.95
	8	0.053 237	0.001 895	0.282 434	0.000 013	−12.4	−9.6	0.5	1 184	1 762	−0.94
	9	0.042 324	0.001 555	0.282 428	0.000 013	−12.6	−9.7	0.5	1 182	1 773	−0.95
	10	0.039 829	0.001 479	0.282 409	0.000 012	−13.3	−10.4	0.4	1 206	1 815	−0.96
	11	0.037 610	0.001 342	0.282 440	0.000 013	−12.2	−9.3	0.5	1 158	1 746	−0.96
	12	0.069 624	0.002 476	0.282 394	0.000 013	−13.8	−11.0	0.5	1 261	1 854	−0.93
	13	0.047 934	0.001 778	0.282 425	0.000 012	−12.7	−9.9	0.4	1 193	1 781	−0.95
	14	0.049 978	0.001 840	0.282 408	0.000 013	−13.3	−10.5	0.5	1 220	1 819	−0.95
	15	0.046 398	0.001 631	0.282 443	0.000 013	−12.1	−9.2	0.5	1 163	1 741	−0.95
	16	0.046 356	0.001 712	0.282 415	0.000 014	−13.1	−10.2	0.5	1 205	1 803	−0.95
	17	0.062 316	0.002 274	0.282 406	0.000 011	−13.4	−10.6	0.4	1 237	1 826	−0.93
	18	0.034 048	0.001 296	0.282 449	0.000 014	−11.9	−9.0	0.5	1 144	1 725	−0.96
	19	0.024 124	0.000 868	0.282 434	0.000 014	−12.4	−9.5	0.5	1 152	1 756	−0.97
	20	0.052 344	0.001 946	0.282 410	0.000 013	−13.3	−10.4	0.5	1 220	1 815	−0.94
	21	0.033 254	0.001 241	0.282 431	0.000 013	−12.5	−9.6	0.5	1 168	1 765	−0.96
	22	0.022 684	0.000 867	0.282 426	0.000 018	−12.7	−9.7	0.6	1 163	1 774	−0.97
	23	0.032 304	0.001 223	0.282 454	0.000 012	−11.7	−8.8	0.4	1 135	1 714	−0.96
	24	0.074 779	0.002 588	0.282 449	0.000 014	−11.9	−9.1	0.5	1 185	1 733	−0.92
14SY-17 凝灰岩	1	0.058 685	0.002 192	0.282 459	0.000 012	−11.5	−8.7	0.4	1 158	1 709	−0.93
	2	0.081 674	0.002 998	0.282 446	0.000 012	−12.0	−9.2	0.4	1 203	1 742	−0.91
	3	0.065 726	0.002 436	0.282 429	0.000 014	−12.6	−9.8	0.5	1 209	1 777	−0.93
	4	0.061 001	0.002 278	0.282 446	0.000 012	−12.0	−9.2	0.4	1 179	1 738	−0.93
	5	0.073 014	0.002 682	0.282 435	0.000 012	−12.4	−9.6	0.4	1 208	1 765	−0.92
	6	0.073 415	0.002 696	0.282 441	0.000 013	−12.2	−9.4	0.5	1 200	1 751	−0.92
	7	0.079 902	0.002 937	0.282 440	0.000 013	−12.2	−9.5	0.5	1 210	1 755	−0.91
	8	0.069 470	0.002 605	0.282 443	0.000 011	−12.1	−9.3	0.4	1 194	1 746	−0.92
	9	0.083 194	0.003 100	0.282 450	0.000 011	−11.8	−9.1	0.4	1 200	1 734	−0.91
	10	0.092 030	0.003 293	0.282 433	0.000 015	−12.4	−9.7	0.5	1 232	1 773	−0.90
	11	0.021 256	0.000 850	0.282 378	0.000 013	−14.4	−11.5	0.5	1 230	1 880	−0.97
	12	0.061 130	0.002 296	0.282 429	0.000 012	−12.6	−9.8	0.4	1 204	1 776	−0.93
	13	0.067 788	0.002 518	0.282 434	0.000 012	−12.4	−9.6	0.4	1 204	1 766	−0.93
	14	0.065 902	0.001 441	0.282 431	0.000 013	−12.5	−9.6	0.5	1 174	1 767	−0.96
	15	0.050 165	0.001 873	0.282 448	0.000 013	−11.9	−9.1	0.5	1 163	1 731	−0.94
	16	0.057 601	0.002 145	0.282 418	0.000 010	−13.0	−10.2	0.4	1 215	1 799	−0.94
	17	0.066 403	0.002 464	0.282 432	0.000 012	−12.5	−9.7	0.5	1 206	1 770	−0.93
	18	0.095 217	0.003 493	0.282 425	0.000 012	−12.7	−10.0	0.4	1 251	1 791	−0.90
	19	0.051 195	0.001 909	0.282 450	0.000 011	−11.8	−9.0	0.4	1 162	1 727	−0.94
	20	0.066 371	0.002 483	0.282 451	0.000 011	−11.8	−9.0	0.4	1 178	1 728	−0.93
	21	0.073 314	0.002 723	0.282 465	0.000 012	−11.3	−8.6	0.4	1 166	1 698	−0.92
	22	0.062 454	0.002 327	0.282 435	0.000 017	−12.4	−9.6	0.6	1 197	1 763	−0.93
	23	0.058 260	0.002 178	0.282 433	0.000 011	−12.4	−9.6	0.4	1 195	1 766	−0.94
	24	0.083 895	0.003 114	0.282 441	0.000 014	−12.2	−9.4	0.5	1 214	1 754	−0.91
	25	0.086 420	0.002 871	0.282 438	0.000 014	−12.3	−9.5	0.5	1 210	1 759	−0.91
	26	0.072 229	0.002 671	0.282 440	0.000 013	−12.2	−9.4	0.5	1 201	1 754	−0.92
	27	0.063 484	0.002 341	0.282 441	0.000 011	−12.2	−9.4	0.4	1 188	1 749	−0.93
	28	0.075 252	0.002 728	0.282 396	0.000 016	−13.8	−11.0	0.6	1 267	1 851	−0.92
	29	0.056 880	0.002 128	0.282 446	0.000 011	−12.0	−9.2	0.4	1 174	1 737	−0.94
	30	0.073 687	0.002 755	0.282 403	0.000 013	−13.5	−10.7	0.5	1 258	1 836	−0.92

注：用于计算打鼓顶组第二段凝灰岩初始同位素的年龄为137.5Ma；用于计算打鼓顶组第四段安山质火山岩初始同位素的年龄为135.8Ma；用于计算鹅湖岭组第二段凝灰岩初始同位素的年龄为136.5Ma；用于计算打鼓顶组第四段凝灰岩初始同位素的年龄为135.6Ma。

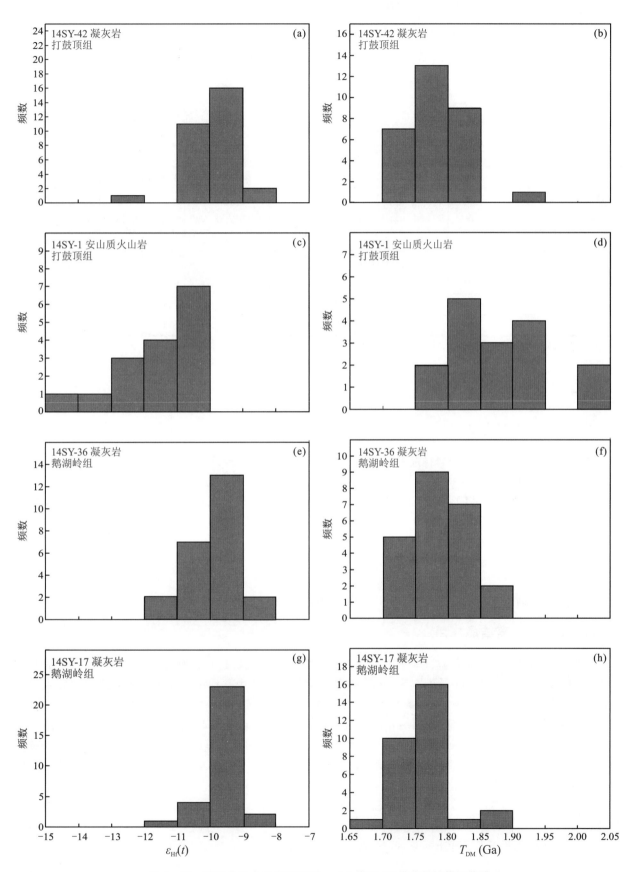

图 5-10 盛源盆地火山岩的锆石 $\varepsilon_{Hf}(t)$ 值和 Hf 模式年龄值柱状图

表 5-10 盛源盆地安山质火山岩的全岩 Pb 同位素组成

样品编号	Th ($\times 10^{-6}$)	U ($\times 10^{-6}$)	Pb ($\times 10^{-6}$)	$^{206}Pb/^{204}Pb$	2σ (a)	$^{207}Pb/^{204}Pb$	2σ (a)	$^{208}Pb/^{204}Pb$	2σ (a)	$(^{206}Pb/^{204}Pb)_i$	$(^{207}Pb/^{204}Pb)_i$	$(^{208}Pb/^{204}Pb)_i$
14SY-01-2	9.49	1.94	21.5	18.130 2	0.000 7	15.597 4	0.000 7	38.712 0	0.001 7	18.011 6	15.590 6	38.522 4
14SY-01-4	9.40	1.94	21.1	18.133 3	0.000 5	15.598 1	0.000 4	38.717 3	0.001 2	18.012 4	15.591 2	38.525 9
14SY-02	9.35	2.09	19.6	18.138 4	0.000 6	15.600 4	0.000 5	38.718 3	0.001 5	17.998 3	15.593 1	38.513 6
14SY-03-1	9.33	2.09	20.8	18.133 3	0.000 7	15.597 3	0.000 6	38.705 0	0.001 6	18.001 0	15.589 9	38.512 0
14SY-03-2	9.32	1.93	21.2	18.128 9	0.000 4	15.598 1	0.000 4	38.709 8	0.001 1	18.009 6	15.591 3	38.520 8
14SY-04	9.14	1.90	18.131 0	0.000 6	15.598 2	0.000 5	38.713 5	0.001 3	18.011 2	15.591 4	38.524 7
14SY-05	8.98	1.99	18.1	18.138 7	0.000 9	15.597 2	0.000 7	38.718 5	0.001 9	17.994 7	15.590 2	38.505 5
14SY-52	7.28	2.05	14.1	18.238 5	0.000 6	15.603 8	0.000 5	38.779 5	0.001 5	18.047 5	15.596 6	38.557 9
14SY-53	7.17	1.93	13.5	18.255 8	0.000 7	15.605 9	0.000 6	38.793 6	0.001 6	18.068 1	15.599 1	38.565 8
14SY-54	7.44	2.21	13.5	18.196 3	0.000 8	15.602 8	0.000 6	38.792 5	0.001 7	17.981 5	15.595 1	38.556 1
14SY-55	7.33	1.38	13.4	18.202 4	0.000 6	15.604 0	0.000 5	38.793 3	0.001 4	18.067 8	15.599 2	38.559 1
14SY-56	7.09	1.38	12.9	18.245 9	0.000 6	15.603 4	0.000 5	38.772 5	0.001 5	18.105 0	15.598 6	38.536 0
14SY-57	7.01	2.09	13.7	18.235 0	0.000 7	15.609 0	0.000 7	39.048 2	0.001 6	18.035 5	15.601 7	38.828 7

注：用于计算打鼓顶组第四段安山质火山岩初始同位素的年龄为 135.8Ma。

5.4.5 凝灰岩的岩石成因

5.4.5.1 成因类型

总的来说，盛源盆地凝灰岩样品都显示出 A 型岩浆所特有的地球化学特征，例如：富碱，具有较高的 K_2O+Na_2O 含量；富集 REE、HFSE 和 Ga，亏损 Ba、Sr 和过渡元素；具有高的 Ga/Al 比值（Whalen et al，1987，1996）。此外，盛源盆地凝灰岩具有较高的形成温度（803～870℃）。在 A 型花岗岩的判别图解上，如 10 000×Ga/Al-Nb，Zr 图解（图 5-11a、b）中，盛源盆地凝灰岩显示出高的 Ga/Al 比值，大部分数据点都落入了 A 型花岗岩的范围里面。

此外，在 Nb-Y-3Ga 三角图和 Y/Nb-Rb/Nb 图解中（图 5-11c、d），盛源盆地凝灰岩样品落在 A_2 型造山后花岗岩范围内，表明盛源盆地凝灰岩具有 A_2 型花岗岩的地球化学特征，暗示出这些凝灰岩或许形成于碰撞造山后的地壳拉伸环境（Eby，1992）。

5.4.5.2 分离结晶作用

根据本书研究成果，盛源盆地中的打鼓顶组和鹅湖岭组凝灰岩具有相似的全岩 Nd 同位素组成和锆石 Hf 同位素组成，表明这些凝灰岩具有相似的物质来源，但盛源盆地中不同组凝灰岩之间的轻重稀土比值（LREE/HREE=15.07～5.45）以及 Eu 的负异常程度（$Eu/Eu^*=0.05～0.26$）并不相同。从微量元素蛛网图（图 5-8b）上可以看出，不同组凝灰岩的 Ba、Sr、P、Ti 的负异常程度也并不相同。

Rb、Sr 和 Ba 能对岩浆演化过程中造岩矿物（如长石、角闪石、辉石、黑云母等）的行为提供重要制约，而 Zr、Hf、Th 及 REE 则受控于副矿物相（如锆石、榍石、磷灰石、褐帘石、独居石等）的行为。因此，我们利用上述微量元素来示踪岩浆的演化特征。

在 Sr-Ba、Sr-Ba/Sr 以及 Sr-Rb/Sr 图解（图 5-12a～c）上，可以看到凝灰岩主要发生斜长石和钾长石的分离结晶作用。在 La-(La/Yb)$_N$ 图解上（图 5-12d），可以看到褐帘石和独居石的分离结晶控制了盛源盆地凝灰岩轻稀土元素（LREE）的含量变化。

5.4.5.3 物质来源

关于 A 型花岗岩的来源已经研究了很长时间，目前已知的 A 型花岗岩成因模型至少有 5 种：①残

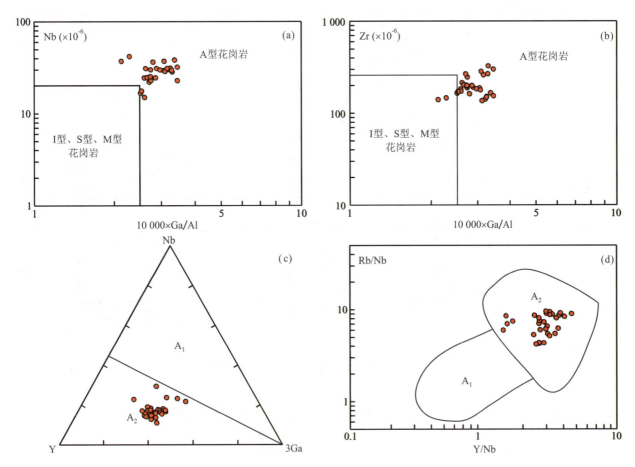

图 5-11 盛源盆地凝灰岩的 (a) Nb,(b) Zr-10 000×Ga/Al (Whalen et al,1987),以及 (c) Nb-Y-3Ga 和 Y/Nb-Rb/Nb 分类判别图解 (Eby,1992),显示出盛源盆地凝灰岩具有 A_2 型花岗岩的地球化学特征。I 型、S 型以及 M 型花岗岩

余相源区模型,A 型花岗岩是由事先生成 I 型花岗岩或者 S 型花岗岩 (Collins et al,1982;Huang et al,2011;Jiang et al,2011;Xia et al,2016) 而残余的长英质麻粒岩的部分熔融;②结晶分异模型,幔源玄武质岩浆的分离结晶作用 (Turner et al,1992;Wong et al,2009);③英云闪长质 (Creaser et al,1991;Anderson et al,2005) 或拉斑玄武质 (Frost et al,1997) 的地壳火成岩的深熔作用;④幔源岩浆与壳源岩浆的混合作用 (Kerr et al,1993);⑤花岗质岩石的浅层脱水熔融作用 (Li et al,2003;Jiang et al,2017)。

首先,盛源盆地凝灰岩的 $\varepsilon_{Nd}(t)$ 值的变化范围为 -10.4~-7.51,不同于同期幔源玄武质岩浆的 $\varepsilon_{Nd}(t)$ 值 [赣南玄武岩的 $\varepsilon_{Nd}(t)$ 为 -0.4~1.1,章邦桐等,2004;黄埠正长岩的 $\varepsilon_{Nd}(t)$ 为 3.61~1.20,车步辉长岩的 $\varepsilon_{Nd}(t)$ 为 -0.76~1.04,贺振宇等,2007;罗容杂岩体和马山基性岩的 $\varepsilon_{Nd}(t)$ 为 1.5~3.3,郭新生等,2001],并且在盛源盆地中,相较于长英质岩体,同期的镁铁质和/或中性火成岩体积明显较小。因此,盛源盆地凝灰岩不可能由同期镁铁质岩浆的分离结晶作用而形成;其次,幔源岩浆与壳源岩浆的混合作用形成的 A 型花岗岩通常具有镁铁质微粒包体和分散的同位素值等特征,然而盛源盆地凝灰岩具有较为集中的 $\varepsilon_{Hf}(t)$ 值(-12.1~-8.6)并缺乏镁铁质包体;再次,地壳岩石的深熔作用一般需要较高的温度(约 1 000℃;Creaser et al,1991),而盛源盆地凝灰岩具有较低的锆饱和温度(约 831℃);最后,花岗质岩石的浅层脱水熔融作用所形成的 A 型花岗岩一般都为弱过铝质 (Jiang et al,2017),与盛源盆地凝灰岩的强过铝质不相符。另一方面,虽然盛源盆地中的凝灰岩具有与安山质火山岩相似的 Nd-Hf 同位素组成和 Nb/Ta 比值,并且部分主量元素具有相似的变化范围 (图 5-7a~d),根据上述特征分析凝灰岩有可能是安山质岩浆分离结晶的产物,然而盛源盆地凝灰岩(-12.1~

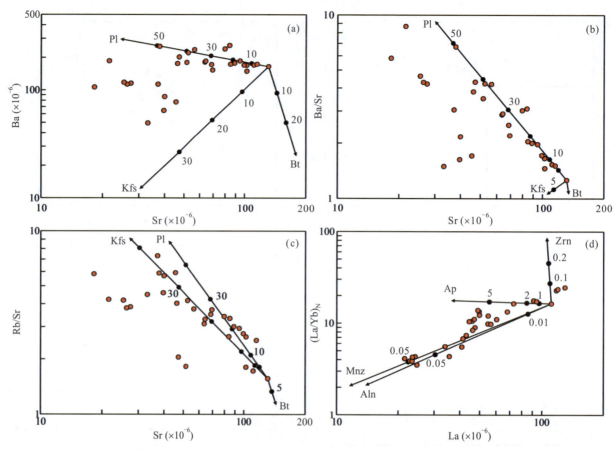

图 5-12　盛源盆地凝灰岩的 (a) Sr-Ba, (b) Sr-Ba/Sr, 以及 (c) Sr-Rb/Sr 图解, 显示出凝灰岩主要发生了斜长石和钾长石的分离结晶作用。(d) La-$(La/Yb)_N$ 图解表明褐帘石和独居石的分离结晶控制了盛源盆地凝灰岩稀土元素的含量变化。Rb、Sr 和 Ba 的分配系数引自 Philpotts et al (1970); 磷灰石的分配系数引自 Fujimaki (1986), 锆石和褐帘石的分配系数引自 Mahood et al (1983), 独居石的分配系数引自 Yurimoto et al (1990)。

Pl. 斜长石; Kfs. 钾长石; Bt. 黑云母; Aln. 褐帘石; Mnz. 独居石; Ap. 磷灰石; Zrn. 锆石

—8.6, 平均值为 —9.8) 相较于安山质火山岩 (—14.1~ —10.1, 平均值为 —11.5) 具有较高的 $\varepsilon_{Hf}(t)$ 值, 并且凝灰岩的 Nb/Ta 比值主要集中在 15.99~19.30 之间, 明显低于安山质火山岩的 Nb/Ta 比值 (20.22~22.18), 此外, 在 CaO (图 5-7e)、Na_2O、Ba、Rb-SiO_2 图解中, 凝灰岩与安山质火山岩展现出不同的主量元素变化特征并且相较于安山质火山岩的体积, 凝灰岩分布更为广泛, 上述特征说明凝灰岩并不是安山质岩浆分离结晶的产物。

因此, 盛源盆地凝灰岩应该属于残余相源区模型。在 $\varepsilon_{Nd}(t)$-锆石年龄图解中 (图 5-13a; 沈渭洲

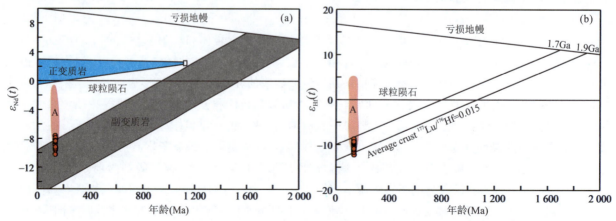

图 5-13　盛源盆地凝灰岩的 (a) $\varepsilon_{Nd}(t)$, (b) 锆石 $\varepsilon_{Hf}(t)$-锆石 $^{206}Pb/^{238}U$ 年龄值图解

等，1993；胡恭任等，1999），凝灰岩的数据点位于正变质岩和副变质岩的演化区域之间。此外，在 $\varepsilon_{Hf}(t)$-锆石年龄图解中（图 5-13b）具有相似的结果。以上特征表明，盛源盆地凝灰岩可能起源于地壳深处中元古代变质岩（包括正变质岩和副变质岩）的部分熔融。此外，值得注意的是，盛源盆地的凝灰岩与赣杭构造带上其他 A 型花岗质岩石拥有相似的地球化学特征。因此，盛源盆地凝灰岩，包括赣杭构造带上的其他 A 型花岗质岩体，应该是由事先发生脱水作用的花岗质熔体的中元古代变质沉积岩和变质火成岩的部分熔融并伴随着结晶分异作用而形成的（Jiang et al，2011；Xia et al，2016）。

5.4.6 安山质火山岩的岩石成因

5.4.6.1 地壳混染和分离结晶

盛源盆地安山质火山岩具有较低的 MgO 含量并富集大离子亲石元素（Ba，Rb）、轻稀土元素和 Pb，亏损高场强元素（Nb，Ta）（图 5-8），同时，这些安山质火山岩同时富集 Sr、Nd、Hf 和 Pb 同位素。以上特征表明，这些安山质岩浆在上升的过程中有可能受到了地壳混染作用，然而，盛源盆地安山质火山岩的地壳混染作用并不显著，主要证据如下：①这些安山质火山岩的不相容元素含量明显高于上地壳（表 5-7）；②地壳物质的混染将会导致 $^{87}Sr/^{86}Sr$ 与 $1/Sr$ 以及 $\varepsilon_{Nd}(t)$ 与 $1/Nd$ 产生线性关系（Hawkesworth et al，1979），然而，在初始 $^{87}Sr/^{86}Sr$-10 000×（1/Sr）和 $\varepsilon_{Nd}(t)$-100×（1/Nd）判别图解中并未显示出线性特征（图 5-14）；③Nb/U、Ta/U 和 Ce/Pb 比值是判断混染和岩浆构造环境的灵敏指标（Hofmann et al，1986；Hofmann，1997；Jahn et al，1999），然而盛源盆地安山质火山岩的 Nb/U、Ta/U 和 Ce/Pb 比值相对较低，不仅远远低于全球 MORB 和 OIB 的相对均一的值（Nb/U≈47、Ta/U≈2.7 和 Ce/Pb≈25），甚至低于平均地壳的相应值，这种特征很难用单纯的地壳混染解释，因此，形成盛源盆地安山质火山岩的岩浆在上升过程中没有明显受到地壳物质的混染，其地球化学特征反映了源区地幔的特征。

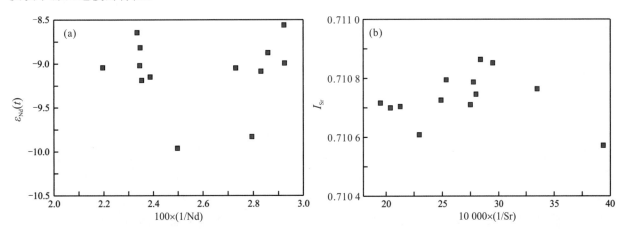

图 5-14 盛源盆地安山质火山岩(a)$\varepsilon_{Nd}(t)$-100×(1/Nd)和(b)初始 I_{Sr}-10 000×(1/Sr)图解
（安山质火山岩数据来源于张万良，1999；吴俊奇等，2011；刘茜，2013；本书）

此外，盛源盆地安山质火山岩的 La/Sm 比值变化较小（6.5~7.5）而 La 的含量变化范围较大 [（40~60）×10^{-6}]，因此，在 La-La/Sm 判别图解中（图 5-15；Treuil et al，1973），盛源盆地安山质火山岩更倾向于结晶分异。在盛源盆地火山岩的化学成分变化图解（图 5-7）中，K_2O、TiO_2、MgO、$Fe_2O_3^*$ 和 CaO 均与 SiO_2 有明显的线性关系，上述地球化学特征暗示出在岩浆演化过程中可能存在铁钛氧化物、斜长石、钛铁矿以及磁铁矿的结晶分异作用。并且，在微量元素分布图上（图 5-8b）我们可以看出，安山质火山岩展现出 Ba、Nb、Ta、Sr、P 和 Ti 的负异常，暗示出在岩浆演化过程中可能存在长石、磷灰石以及磁铁矿的结晶分异作用，然而安山质火山岩还展现出轻微的正 Eu 异常（图 5-8a），排除了长石及斜长石的分离结晶作用。

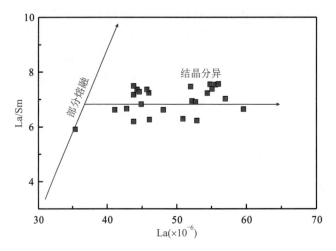

图 5-15 盛源盆地安山质火山岩 La-La/Sm 判别图解
(安山质火山岩数据来源于张万良,1999;吴俊奇等,2011;刘茜,2013;本书)

5.4.6.2 物质来源

对于中性火山岩,目前已知的成因模型有以下几种:①结晶分异模型,幔源玄武质岩浆的分离结晶作用(侯增谦等,1992);②部分熔融模型,上地幔或俯冲洋壳的部分熔融作用(即均一岩浆;吴华英等,2008;徐通等,2016);③混合模型,玄武质岩浆与酸性岩浆的岩浆混合作用(Grove et al,1983,1984);④地壳岩石的部分熔融作用(庞崇进,2015)。

首先,基于野外地质考察和实验数据分析,在盛源盆地并未发现大规模的玄武岩,并且盛源盆地安山质火山岩 [$\varepsilon_{Nd}(t)$ 为 $-10.4\sim-7.51$] 具有与同期幔源玄武质岩浆不同的 $\varepsilon_{Nd}(t)$ 值 [赣南玄武岩的 $\varepsilon_{Nd}(t)$ 为 $-0.4\sim1.1$,章邦桐等,2004;黄埠正长岩的 $\varepsilon_{Nd}(t)$ 为 $3.61\sim1.20$,车步辉长岩的 $\varepsilon_{Nd}(t)$ 为 $-0.76\sim1.04$,贺振宇等,2007;罗容杂岩体和马山基性岩的 $\varepsilon_{Nd}(t)$ 为 $1.5\sim3.3$,郭新生等,2001],因此安山质火山岩不可能来源于玄武质岩浆的分离结晶作用;其次,盛源盆地的安山质火山岩不仅具有弧状微量元素分布特征,也具有大陆地壳特征,这些特征难以用均一岩浆的方式形成;再次,一般来自于地壳岩石部分熔融形成的安山质火山岩都具有埃达克质岩的特征,而盛源盆地安山质火山岩具有较高的 Y 含量和较低的 Sr/Y 比值,明显不同于埃达克岩。

此外,安山质火山岩具有形成于超俯冲带环境的岩浆弧的岩石学特征(Arculus,1994;Castro et al,2013;Defant et al,1990)。弧岩浆作用是俯冲板块与地幔楔之间相互作用的产物,因此安山质火山岩代表着洋壳俯冲作用下的产物(Yao et al,2015)。此外,弧岩浆作用中的地壳物质能够被弧火成岩的主微量及放射性同位素组成所追踪(Allègre et al,1980;Allègre et al,1984;De Paolo,1981;Hawkesworth et al,2006;McCulloch et al,1978)。

在微量元素组成方面,盛源盆地安山质火山岩样品展现出弧状微量元素分布特征,例如富集大离子亲石元素、轻稀土元素和 Pb,同时亏损高场强元素,为典型的火山弧环境(图 5-8b;Hollings et al,1999;Wyman,1999)。此外,盛源盆地安山质火山岩具有相对较高的 La/Nb 和 Ba/Nb 比值,在 La/Nb-Ba/Nb 判别图解中(图 5-16a),盛源盆地安山质火山岩的数据点均投影在弧火成岩范围内,暗示出盛源盆地安山质火山岩可能来自于受到俯冲派生流体所交代变质的地幔楔成分(Xia et al,2016)。另外,在 Hf-Th-Ta 判别图解(图 5-16b;Wood,1980)中也有相似的结果,所有数据点均投影在弧火成岩区域。总之,盛源盆地安山质火山岩相较于洋中脊玄武岩具有相对较低的相容元素 [Ni = (2.53~46.9)×10^{-6},Co = (9.99~17.7)×10^{-6}] 和 MgO 含量,以及相对较高的 K_2O/Na_2O 比值 (0.77~1.44)。上述特征被认为是来源于正常软流圈地幔的部分熔融(Hofmann,1988;Sun et al,1989)。

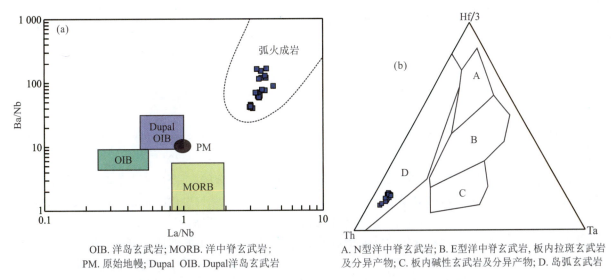

OIB. 洋岛玄武岩; MORB. 洋中脊玄武岩;
PM. 原始地幔; Dupal OIB. Dupal 洋岛玄武岩

A. N 型洋中脊玄武岩; B. E 型洋中脊玄武岩, 板内拉斑玄武岩及分异产物; C. 板内碱性玄武岩及分异产物; D. 岛弧玄武岩

图 5-16 盛源盆地安山质火山岩 Ba/Nb-La/Nb (Wilson, 2001) 判别图解 (a) 和 Th-Hf/3-Ta (Wood, 1980) 判别图解 (b)

(安山质火山岩数据来源于吴俊奇等, 2011; 刘茜, 2013; 本书)

在 Sr-Nd-Hf-Pb 同位素组成方面, 盛源盆地安山质火山岩具有以下特征: ①较高的初始 $^{87}Sr/^{86}Sr$ 比值, 变化范围在 0.710 572～0.710 864 之间, $\varepsilon_{Nd}(t)$ 较低且变化范围较小, 主要在 -9.95～-8.56 之间 (表 5-8); ②较低的锆石 $\varepsilon_{Hf}(t)$ 值, 变化范围在 -14.1～-10.1 之间 (表 5-9); ③在固定的 $^{206}Pb/^{204}Pb$ 比值下, 具有较高的 $^{207}Pb/^{204}Pb$ 和 $^{208}Pb/^{204}Pb$ 比值 (表 5-10)。通常来说, 上述特征被认为是具有大陆地壳型特征 (Rudnick, 1995; Taylor et al, 1995)。

一般而言, 地壳物质注入地幔的方式主要包括地壳混染、下地壳拆沉作用或者板块俯冲。盛源盆地安山质火山岩的地壳混染作用前面已经排除。盛源盆地安山质火山岩相较于大陆下地壳 (K_2O = 0.61%, Th = 1.2×10^{-6}, U = 0.2×10^{-6}) 展现出较高的 K_2O (2.22%～5.41%), Th [(7.01～13.7)$\times10^{-6}$] 和 U [(1.38～2.86)$\times10^{-6}$] 含量 (Rudnick et al, 2003)。此外, 在 Pb 构造模型中, 盛源盆地安山质火山岩的 Pb 同位素数据点投影在上地壳和地幔之间 (图 5-17)。因此, 大陆下地壳不可作为地壳物质端元进入地幔源区。另一方面, 板块俯冲作用能够有效地将地壳物质带入地幔源区, 是大洋和大陆弧岩浆源区混合的主要机制 (Elliott, 2003; Tatsumi, 2006)。综合上述地球化学特征可以得出, 盛源盆地安山质火山岩的大陆地壳型特征是因为幔源岩浆在地幔深度与板块俯冲作用带来的洋壳物质混合产生安山质岩浆 (Chen et al, 2014, 2016)。

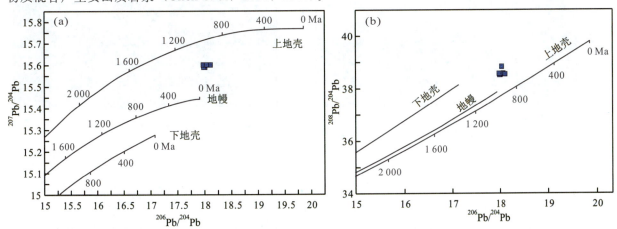

图 5-17 盛源盆地安山质火山岩 (a) $^{207}Pb/^{204}Pb$-$^{206}Pb/^{204}Pb$ 和 (b) $^{208}Pb/^{204}Pb$-$^{206}Pb/^{204}Pb$ 比值和铅构造演化曲线

(据 Zartman et al, 1988 修改)

5.4.7 盛源盆地火山岩的岩浆构造演化

A型岩浆通常被认为发生在拉张构造环境，包括大陆弧、弧后拉张、碰撞后拉张和陆内环境（Eby，1992；Förster et al，1997；Jiang et al，2009，2011；Smith et al，1999；Whalen et al，1996）。Eby（1992）研究分析得出A_1亚类与热点、地幔柱或非造山环境中的裂谷环境有关，而A_2亚类形成于弧岩浆作用的晚期阶段。

基于前人针对赣杭构造带A型花岗质岩石的研究（He et al，2012；Zhou et al，2013；Sun et al，2015；Jiang et al，2011；Zhu et al，2014；Xia et al，2016；Li et al，2013；Wang et al，2015；本书），由于太平洋板块俯冲之后的板片后撤所引起的拉张环境，持续的拉张作用导致地壳和岩石圈地幔逐渐减薄，上涌并底侵的软流圈地幔引发了事先经过脱水作用发生麻粒岩化的中元古代变质岩（包括正变质岩和副变质岩）的部分熔融，形成这些A型花岗质岩石的初始岩浆。

此外，玄武质岩石的弧状地球化学特征指示了来自俯冲板块派生出的熔体（包括其他流体）直接或间接的影响（Hawkesworth et al，1995；Ivanov et al，2013；Ivanov et al，2008；Jourdan et al，2007；Merle et al，2014；Murphy et al，2007；Puffer，2001；Sprung et al，2007；Ulmer，2001；Wang et al，2008，2009，2014；Wilson et al，1995）。而盛源盆地安山质火山岩展现出弧状微量元素分布特征，例如富集大离子亲石元素、Pb和轻稀土元素，亏损高场强元素（图5-8b）。通过研究笔者认为盛源盆地安山质火山岩与洋壳俯冲作用有关，是俯冲洋壳派生的熔体和/或含水流体带着大量的大离子亲石元素上升到上覆地幔并与地幔物质相互作用而形成安山质岩浆，这个认识佐证了前人认为的赣杭构造带A型花岗岩的形成与古太平洋板块俯冲作用有关这一观点。因此，笔者对盛源盆地安山质火山岩和A型凝灰岩的研究不仅证明了赣杭构造带岩石圈的拉张环境，而且从岩石学角度直接证实了这种拉张环境是由太平洋板块俯冲之后的板片后撤所形成的弧后拉张环境。

根据上面的讨论，本书建立了一个盛源盆地火山岩形成的岩浆-构造模型（图5-18）。在早白垩世时期，西北向的古太平洋板块俯冲角度逐渐增大（Zhou et al，2006；Xia et al，2016），随后洋壳派生的熔体和/或含水流体与地幔物质相互作用并产生具有弧状岩石特征的安山质岩浆（图5-18a）。随着俯冲角度的不断加大，板块开始产生后撤作用并发生软流圈的上升，导致事前经过脱水化和麻粒岩化的下地壳的部分熔融（Jiang et al，2005）并形成长英质的A型岩浆。这些安山质岩浆和长英质的A型岩浆上升至地表，并形成了盛源盆地凝灰岩和安山质火山岩（图5-18b）。

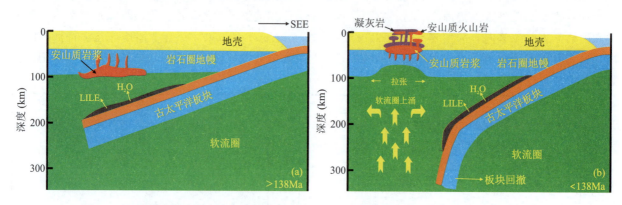

图5-18　盛源盆地中凝灰岩和安山质火山岩的岩石成因模型及赣杭构造带的构造演化模式

5.5　小　结

本章通过对赣杭构造带盛源盆地中的火山岩开展锆石U-Pb年代学、元素地球化学、Sr-Nd-Pb-Hf同位素组等方面的研究，得出了以下几点结论：

(1) 锆石 U-Pb 年代学研究表明，盛源盆地火山岩的形成时代在 137~135Ma 之间，是早白垩世岩浆活动的产物。

(2) 盛源盆地凝灰岩都显示出 A 型岩浆岩所特有的地球化学特征，如富碱，富集 REE、HFSE 和 Ga，具有高的 Ga/Al 比值，并具有较高的形成温度。盛源盆地不同组的凝灰岩都具有相同的物质来源，起源于中元古代变质岩（包括正变质岩和副变质岩），无明显地幔组分的加入。

(3) 盛源盆地安山质火山岩都显示出弧状微量元素地球化学特征，如富集 LILE、Pb 和 LREE，亏损 HFSE。盛源盆地安山质岩浆起源于含有上地壳组分的地幔来源，该来源主要是俯冲洋壳派生含有大量 LILE 的熔体和/或含水流体及上覆地幔物质。

(4) 综合研究得出盛源盆地的火山岩形成于由于太平洋板块俯冲之后的板片后撤所引起的拉张环境。持续的拉张作用导致地壳和岩石圈地幔逐渐减薄，上涌并底侵的软流圈地幔引发了事先经过脱水作用和麻粒岩化的中元古代变质岩（包括正变质岩和副变质岩）的部分熔融形成这些 A 型花岗岩的初始岩浆，这些初始岩浆遭受到不同程度的地幔组分的加入，并发生了广泛的不同程度的分离结晶作用，从而形成盛源盆地的凝灰岩。盛源盆地安山质火山岩和 A 型凝灰岩的研究不仅证明了赣杭构造带岩石圈的拉张环境，而且从岩石学角度直接证实了这种拉张环境是由太平洋板块俯冲之后的板片后撤所形成的弧后拉张环境。

6 新路火山盆地岩浆岩成因研究

6.1 地质背景

新路火山岩盆地位于浙江省西部,在大地构造位置上位于赣杭构造带(Gilder et al,1996)上,接近于扬子板块和华夏板块的构造缝合带上。新路火山盆地西段目前已发现大桥坞矿床(671)、白鹤岩矿床(670)、杨梅湾矿床(621)和一系列铀矿(化)点(图6-1),这些矿床位于赣杭构造带火山岩铀成矿带江山-绍兴段北侧。上述3个已知矿床近地表矿体或已被开采殆尽(白鹤岩矿床),或已基本探明储量(大桥坞矿床和杨梅湾矿床)。大桥坞矿床和杨梅湾矿床是本书研究的主要对象。研究区位于浙江省衢州市北部,主体为浙江西部的中生代火山断陷喷发带,地质上称之为新路火山岩盆地西段。该区北接前古生代褶皱带,南临白垩纪红盆(金衢盆地)。

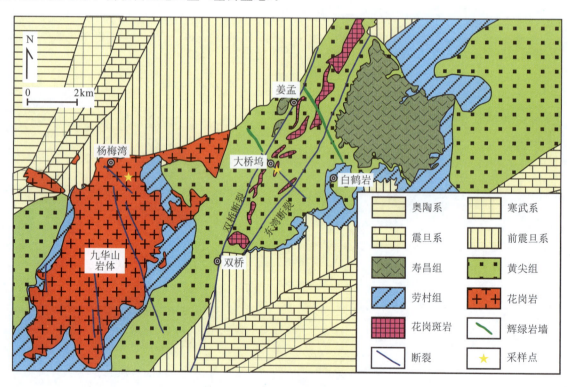

图6-1 新路火山盆地地质简图
(据汤江伟,2009;韩效忠等,2010修改)

火山盆地基底为元古宙变质岩,盆内发育一套火山侵入杂岩,火山地层为下白垩统劳村组(K_1l)、黄尖组(K_1h)、寿昌组(K_1s),产铀地层主要为黄尖组(韩效忠等,2010)。劳村组:岩性为紫红色凝灰质砂岩、砂砾岩、浅灰色硅质细砂岩。黄尖组:根据火山喷发旋回,分为两段。下段主要岩性为巨厚层状流纹质含砾岩屑凝灰岩、流纹质晶屑熔结凝灰岩、流纹质含砾熔结凝灰岩,是区内重要的含矿层位;上段岩性主要为灰绿色沉凝灰岩、凝灰质砂岩、砂砾岩等。寿昌组:下部为杂色粉砂岩、页岩,上部为灰紫色厚层状流纹质凝灰岩、流纹斑岩。

区内断裂构造发育，矿集区夹持于北东向的球川-萧山（F_1）和常山-漓渚（F_2）区域性深大断裂之间。矿区北北东向切层断裂发育，主要有双桥断裂（F_3）及东湾断裂（F_4），是该区切穿火山岩盖层的控岩、控矿断裂构造，控制了该区火山喷发、沉积及次火山岩的侵入活动，对区内地层展布及铀矿化的形成均有一定的控制作用，是区内主要导矿构造。北西向断裂构造极为发育，一般规模较小，成带产出，多受北东、北北东向大断裂限制，矿体主要位于这些北西向断裂中，是区内主要的储矿构造。

本区岩浆活动较为强烈，以大规模火山喷发和火山期后岩浆侵入活动为主（周肖华等，2004；韩效忠等，2010）。区内岩浆期后残余岩浆的浅成侵入活动强烈，产出众多的次火山岩体（脉），岩性主要为花岗斑岩及石英斑岩（陈爱群，1997；汤江伟，2009）。研究表明，大桥坞Ⅰ号带地段为一复合型火山通道，该地段岩浆活动呈现较鲜明的喷发、侵入和隐爆等多阶段活动特点，是矿床岩浆-火山活动及成矿活动的中心。

一系列的岩浆活动致使区内火山构造发育，各类小型火山机构和次火山岩体（脉）广布，形成了该区巨厚的火山碎屑岩和广泛发育的次火山岩（脉）体，为火山岩型铀矿床的发育创造了条件。研究区的火山喷发及岩浆侵位活动以及其外围盆地内分布有多组基性脉岩，都表明该区与深部地幔有着良好的连通性，地幔流体作用长时间存在于该地区。

大桥坞铀矿床两期成矿年龄分别为 118~106Ma 和 75Ma 左右（林祥铿，1990；周家志，1992），其铀矿化在空间和时间上与燕山期主要构造运动及基性脉岩侵入有着密切的联系，表明该矿床铀成矿作用与区域性深大断裂及基性脉岩侵入密切相关，暗示深部流体参与了大桥坞铀矿床的成矿作用。

铀矿化主要受断裂、蚀变、花岗斑岩和花岗岩内外接触带联合控制。北东向断裂贯穿全区，规模大，活动历史长，属切层深断裂，构成了成矿热液向上运移的通道，主要铀矿体一般距这些断层较近。已有的研究（邱林飞等，2009；汤江伟，2009；韩效忠等，2010）表明，与成矿有关的蚀变主要为水云母化、赤铁矿化、萤石化、金属硫化物化和钠交代蚀变。其中水云母化为远矿围岩蚀变，其他蚀变则为近矿围岩蚀变。成矿早期为钠长石化、赤铁矿化（红化）、水云母化、绿泥石化；主成矿期为水云母化、萤石化、黄铁矿化；成矿期后为碳酸盐化、绿泥石化及黄铁矿化等。矿石矿物有沥青铀矿、赤铁矿、黄铁矿、闪锌矿等；脉石矿物有萤石、方解石、绿泥石和水云母等。矿石为胶状结构，浸染状构造。铀矿类型以沥青铀矿物为主，见少量的钛铀矿。

6.2 岩体概况

杨梅湾矿床位于九华山岩体北部边缘，含矿段位于劳村组下部。九华山岩体北端与元古宇双桥山群呈侵入接触，东、西、南三面为火山地层，与劳村组、黄尖组为侵入接触。岩体主体岩性为中细粒斑状黑云母花岗岩，岩体北段杨梅湾矿床中见有中粒花岗岩以及细粒黑云母花岗岩等。中粒花岗岩手标本上呈浅红色，似斑状结构，块状构造，斑晶主要为正长石、微斜长石、石英以及少量的黑云母，副矿物有锆石、磷灰石、磁铁矿和褐帘石等。细粒花岗岩的矿物成分以及结构特征与中粒花岗岩相似（图 6-2a、b），岩性之间为过渡关系，结合下面讨论的年代学和岩石地球化学研究，两种不同结构的花岗岩是同期同源岩浆侵入过程中由于结晶分异作用所造成的。

大桥坞矿床内部出露的地层比较简单，主要为黄尖组的凝灰岩（图 6-2c）。矿床内次火山岩分布较广，形态复杂，多以小岩体、岩株、岩枝、岩脉状产出，岩性主要为花岗斑岩（图 6-2d）。

陈爱群（1997）根据斑岩体的产出深浅及其与成矿的关系，认为该斑岩体具明显的"双层结构"。浅部（地表）为花岗斑岩体，岩体比较小，蚀变范围较广。矿化与凝灰岩和花岗斑岩的接触界面关系较为密切，主要赋存在该岩体的隐爆角砾岩内及其与围岩的接触带，被称为"浅部含矿石英斑岩体"。深部为比较大的花岗斑岩体，无矿化，弱蚀变，仅有个别钾长石斑晶水云母化，既是成矿期的矿质、热液的主要来源，又是持续的古热场，被称为"深部矿源花岗斑岩体"。从钻孔资料可以看出深浅两套花岗

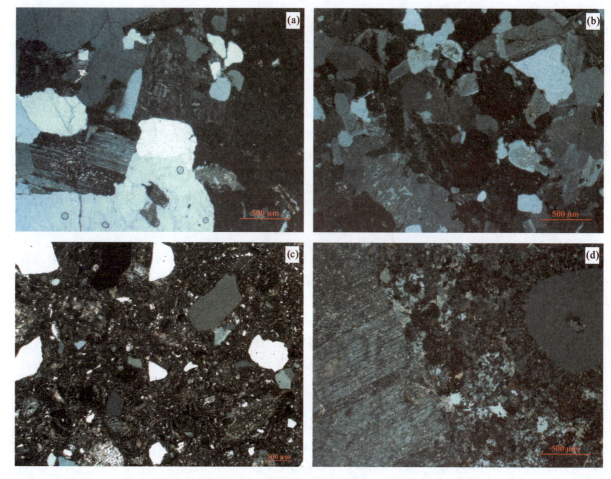

图 6-2 新路火山侵入杂岩的镜下照片
(a) 杨梅湾中粒花岗岩（正交偏光）；(b) 杨梅湾细粒花岗岩（正交偏光）；(c) 黄尖组凝灰岩（正交偏光）；
(d) 大桥坞花岗斑岩（正交偏光）

斑岩中间被黄尖组的凝灰岩隔开，而最浅部也是黄尖组的凝灰岩，即从浅到深依次分布有以下岩性：浅部黄尖组凝灰岩、浅部花岗斑岩、深部黄尖组凝灰岩、深部花岗斑岩。关于深浅两套花岗斑岩是否属于同期同源岩浆也一直存在争议。从手标本上来看，浅部花岗斑岩主要呈浅白色，而深部花岗斑岩主要呈肉红色，但是深、浅两套花岗斑岩的矿物组成和结构特征很相似，主要由钾长石、斜长石、石英以及少量的黑云母组成，长石斑晶通常为半自形，而石英则呈他形（图 6-2d）。

6.3 新路火山盆地的年代学格架

6.3.1 分析样品

黄尖组是矿区内重要的含矿层位。为了确定黄尖组的时代归属，我们对大桥坞矿床的钻孔（ZK08-17)浅部和深部的两个凝灰岩样品（样品 DQW-07 和样品 DQW-11），开展了 LA-ICP-MS 锆石 U-Pb 定年工作。对于九华山北部杨梅湾矿床中的中粒花岗岩和细粒花岗岩，也分别采了样品 XL-11 和样品 XL-14，进行 LA-ICP-MS 锆石 U-Pb 定年。此外，对于是否属于同一期岩浆活动存在争议的大桥坞深、浅两套花岗斑岩，我们从钻孔 ZK12-31 的浅部和深部分别采了一个花岗斑岩样品（样品 XL-16-5 和样品 XL-16-19），进行了 SHRIMP 锆石 U-Pb 定年分析，从钻孔 ZK08-17 的浅部和深部分别采了一个花岗斑岩样品（样品 DQW-1 和样品 DQW-4）进行 LA-ICP-MS 锆石 U-Pb 定年分析。所有的定年样品及测试方法见表 6-1。

表 6-1 新路火山侵入杂岩的定年样品资料汇总

样品编号	采样点	岩性	描述	测试方法	测试单位
DQW-07	大桥坞	黄尖组凝灰岩	ZK08-17 浅部	LA-ICP-MS	南京大学
DQW-11	大桥坞	黄尖组凝灰岩	ZK08-17 深部	LA-ICP-MS	南京大学
XL-11	杨梅湾	花岗岩	中粒	LA-ICP-MS	南京大学
XL-14	杨梅湾	花岗岩	细粒	LA-ICP-MS	南京大学
XL-16-5	大桥坞	花岗斑岩	ZK12-31 浅部	SHRIMP	北京离子探针中心
XL-16-19	大桥坞	花岗斑岩	ZK12-31 深部	SHRIMP	北京离子探针中心
DQW-1	大桥坞	花岗斑岩	ZK08-17 浅部	LA-ICP-MS	南京大学
DQW-4	大桥坞	花岗斑岩	ZK08-17 深部	LA-ICP-MS	南京大学

6.3.2 锆石 U-Pb 年代学分析结果

新路火山侵入杂岩体各种岩性中的锆石均为无色透明或浅黄色，从锆石的透射光和显微镜下鉴定分析，大部分锆石结晶较好，呈长柱状晶形，少数为等粒状，自形程度高。黄尖组凝灰岩中锆石的阴极发光照片可以分成两组：一组是具有明显的内部结构和典型的岩浆振荡环带结构（图 6-3）；另一组锆石可能是受到后期热液活动的改造，其阴极发光图像显示为黑色（图 6-3）。而杨梅湾花岗岩和大桥坞花岗斑岩中锆石的阴极发光图像中，绝大多数锆石具有明显的内部结构和典型的岩浆振荡环带结构（图 6-4），显示为岩浆成因锆石。

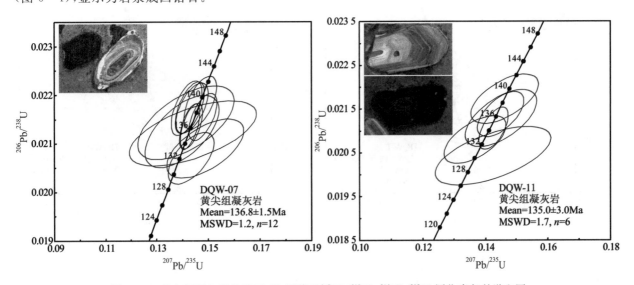

图 6-3 黄尖组凝灰岩的锆石 CL 图像及 $^{207}Pb/^{235}U$-$^{206}Pb/^{238}U$ 同位素年龄谐和图

黄尖组凝灰岩、杨梅湾花岗岩、大桥坞花岗斑岩中锆石的 Th 和 U 含量的变化范围和平均值汇总在表 6-2 中，具体的分析结果见表 6-3 和表 6-4。从测试结果可以看出，新路火山侵入杂岩体锆石的 Th 和 U 含量变化很大，但锆石 Th/U 值变化较小，大部分位于 0.4～1.0 之间，均大于 0.1。

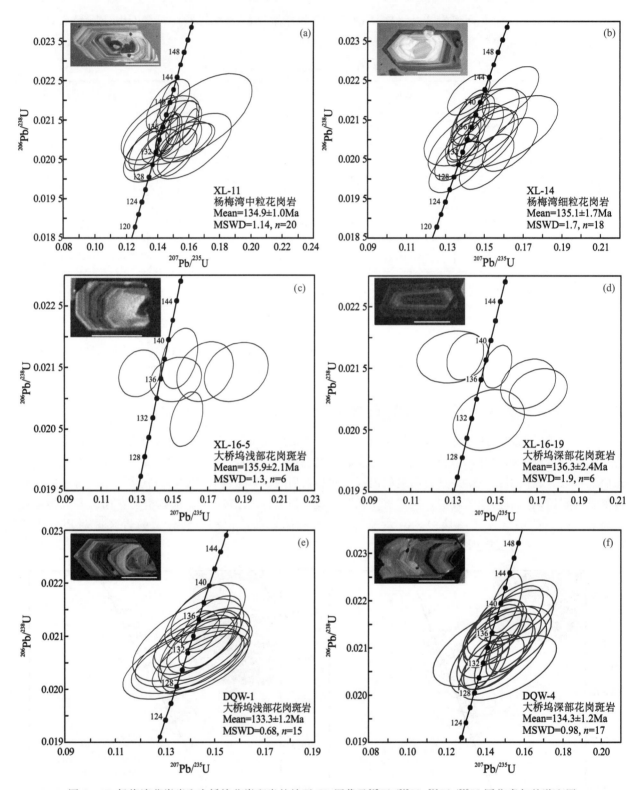

图 6-4 杨梅湾花岗岩和大桥坞花岗斑岩的锆石 CL 图像及 $^{207}Pb/^{235}U-^{206}Pb/^{238}U$ 同位素年龄谐和图

锆石 U-Pb 定年的具体分析结果见表 6-3 和表 6-4。从锆石的 CL 图像和定年结果可以发现，除了黄尖组凝灰岩之外，杨梅湾花岗岩和大桥坞花岗斑岩中锆石的继承核很少。部分测试点因为测得的年龄不在谐和线上，或者与大部分岩浆锆石的年龄相差较远，这些测试点均未统计在内，黄尖组凝灰岩中锆石继承核的年龄也未统计在内。各个样品测试数据的处理结果见图 6-3 和图 6-4，定年结果表明，各个样品所选取的测试点的分析结果在谐和图上组成密集的一簇（图 6-3 和图 6-4），所统计的测试点计算出来的年龄能很好地代表岩浆岩的结晶年龄。计算出来的 $^{206}Pb/^{238}U$ 加权平均年龄汇总在表 6-3 中。

表 6-2 新路火山侵入杂岩体的锆石 U-Pb 定年结果汇总表

样品编号	样品名称	测试方法	n	U (×10⁻⁶)	Th (×10⁻⁶)	Th/U	年龄 (Ma)
DQW-07	凝灰岩	LA-ICP-MS	12	98~3 370 平均 1 373	85~5 111 平均 1 200	0.51~1.65 平均 0.89	136.8±1.5
DQW-11	凝灰岩	LA-ICP-MS	6	213~1 250 平均 514	120~925 平均 476	0.52~1.99 平均 1.06	135.0±1.3
XL-11	花岗岩	LA-ICP-MS	20	79~2 504 平均 677	65~1 159 平均 399	0.43~1.11 平均 0.68	134.9±1.0
XL-14	花岗岩	LA-ICP-MS	18	76~772 平均 329	58~885 平均 266	0.53~1.47 平均 0.78	135.1±1.7
XL-16-5	花岗斑岩	SHRIMP	6	126~520 平均 270	84~467 平均 192	0.54~1.03 平均 0.76	135.9±2.1
XL-16-19	花岗斑岩	SHRIMP	6	124~559 平均 356	75~482 平均 238	0.51~0.93 平均 0.68	136.3±2.4
DQW-1	花岗斑岩	LA-ICP-MS	15	71~179 平均 125	57~253 平均 125	0.79~1.41 平均 0.97	133.3±1.2
DQW-4	花岗斑岩	LA-ICP-MS	17	85~1 054 平均 265	68~1 171 平均 229	0.42~1.14 平均 0.89	134.3±1.2

表 6-3 新路火山侵入杂岩体的 LA-ICP-MS 锆石 U-Pb 定年分析结果

分析点		U (×10⁻⁶)	Th (×10⁻⁶)	Th/U	$^{207}Pb/^{206}Pb$ 比值	1σ	$^{207}Pb/^{235}U$ 比值	1σ	$^{206}Pb/^{238}U$ 比值	1σ	$^{208}Pb/^{232}Th$ 比值	1σ	$^{207}Pb/^{235}U$ 年龄 (Ma)	1σ	$^{206}Pb/^{238}U$ 年龄 (Ma)	1σ
DQW-07 黄尖组凝灰岩	DQW-7-02	607	676	1.11	0.050 25	0.002 08	0.143 39	0.005 90	0.020 70	0.000 35	0.006 31	0.001 07	136	5	132	2
	DQW-7-03	3 370	1 927	0.57	0.048 55	0.000 79	0.142 89	0.002 63	0.021 35	0.000 31	0.003 24	0.000 24	136	2	136	2
	DQW-7-05	1 962	1 662	0.85	0.048 76	0.000 88	0.143 56	0.002 87	0.021 35	0.000 31	0.003 42	0.000 29	136	3	136	2
	DQW-7-07	780	451	0.58	0.047 99	0.001 35	0.143 78	0.004 17	0.021 73	0.000 34	0.004 32	0.000 40	136	4	139	2
	DQW-7-09	98	85	0.86	0.049 23	0.005 62	0.143 97	0.016 34	0.021 21	0.000 44	0.004 83	0.000 66	137	15	135	3
	DQW-7-10	2 120	1 091	0.51	0.049 82	0.001 14	0.148 01	0.003 59	0.021 55	0.000 32	0.005 35	0.000 99	140	3	137	2
	DQW-7-11	204	184	0.90	0.051 65	0.003 45	0.148 82	0.009 86	0.020 90	0.000 40	0.004 15	0.000 45	141	9	133	3
	DQW-7-14	271	413	1.52	0.047 85	0.004 26	0.141 37	0.012 39	0.021 43	0.000 50	0.008 14	0.001 88	134	11	137	3
	DQW-7-18	1 703	930	0.55	0.048 82	0.001 35	0.147 03	0.004 04	0.021 84	0.000 36	0.003 26	0.000 27	139	4	139	2
	DQW-7-19	1 637	1 387	0.85	0.047 68	0.001 19	0.142 96	0.003 75	0.021 74	0.000 35	0.004 39	0.000 40	136	2	139	2
	DQW-7-27	3 095	5 111	1.65	0.047 30	0.001 18	0.141 71	0.003 97	0.021 73	0.000 37	0.002 47	0.000 25	135	4	139	2
	DQW-7-28	642	487	0.76	0.047 78	0.003 36	0.139 90	0.009 51	0.021 25	0.000 49	0.010 01	0.005 74	133	8	136	3
DQW-11 黄尖组凝灰岩	DQW-11-03	270	476	1.76	0.048 81	0.002 39	0.146 25	0.007 21	0.021 73	0.000 37	0.003 87	0.000 20	139	6	139	2
	DQW-11-04	466	925	1.99	0.049 19	0.001 65	0.144 98	0.004 98	0.021 38	0.000 34	0.005 03	0.000 28	137	4	136	2
	DQW-11-05	1 250	651	0.52	0.049 14	0.001 00	0.142 70	0.003 16	0.021 06	0.000 32	0.004 41	0.000 25	135	3	134	2
	DQW-11-13	450	385	0.85	0.049 45	0.002 62	0.145 10	0.007 60	0.021 29	0.000 43	0.001 97	0.000 11	138	7	136	3
	DQW-11-14	435	297	0.68	0.047 71	0.002 29	0.136 83	0.006 57	0.020 80	0.000 36	0.004 39	0.000 38	130	6	133	2
	DQW-11-21	213	120	0.56	0.050 59	0.004 40	0.142 51	0.012 27	0.020 43	0.000 44	0.006 78	0.001 24	135	11	130	3

续表 6-3

分析点		U Th (×10⁻⁶)		Th/U	$^{207}Pb/^{206}Pb$		$^{207}Pb/^{235}U$		$^{206}Pb/^{238}U$		$^{208}Pb/^{232}Th$		$^{207}Pb/^{235}U$		$^{206}Pb/^{238}U$	
		U	Th		比值	1σ	比值	1σ	比值	1σ	比值	1σ	年龄(Ma)	1σ	年龄(Ma)	1σ
XL-11 杨梅湾中粒花岗岩	XL-11-1	99	110	1.11	0.048 26	0.005 71	0.141 66	0.016 54	0.021 30	0.000 54	0.007 57	0.000 70	135	15	136	3
	XL-11-2	79	65	0.83	0.056 18	0.007 59	0.167 28	0.022 12	0.021 60	0.000 71	0.008 14	0.000 87	157	19	138	4
	XL-11-3	617	650	1.05	0.050 54	0.001 97	0.147 07	0.005 66	0.021 12	0.000 36	0.007 75	0.000 66	139	5	135	2
	XL-11-4	805	481	0.60	0.048 66	0.001 26	0.147 41	0.003 91	0.021 98	0.000 33	0.007 16	0.000 45	140	3	140	2
	XL-11-5	2 504	1 159	0.46	0.054 86	0.001 13	0.161 25	0.003 46	0.021 33	0.000 30	0.010 10	0.000 97	152	3	136	2
	XL-11-6	263	147	0.56	0.048 65	0.003 11	0.146 62	0.009 21	0.021 87	0.000 44	0.007 63	0.000 69	139	8	139	3
	XL-11-7	289	247	0.85	0.053 53	0.002 99	0.152 57	0.008 35	0.020 68	0.000 40	0.007 44	0.000 68	144	7	132	3
	XL-11-8	839	530	0.63	0.048 72	0.001 39	0.145 19	0.004 19	0.021 63	0.000 33	0.005 62	0.000 42	138	4	138	2
	XL-11-9	222	170	0.77	0.049 20	0.003 50	0.139 72	0.009 76	0.020 61	0.000 43	0.008 33	0.000 87	133	9	132	3
	XL-11-10	709	306	0.43	0.055 30	0.004 13	0.159 61	0.011 64	0.020 93	0.000 33	0.006 53	0.000 11	150	10	134	2
	XL-11-11	137	82	0.60	0.049 06	0.005 81	0.143 25	0.016 58	0.021 18	0.000 54	0.006 70	0.000 48	136	15	135	3
	XL-11-12	385	235	0.61	0.052 59	0.002 26	0.155 36	0.00 661	0.021 43	0.000 37	0.007 61	0.000 59	147	6	137	2
	XL-11-13	125	84	0.67	0.056 40	0.005 98	0.162 05	0.016 87	0.020 84	0.000 55	0.007 82	0.000 90	152	15	133	3
	XL-11-14	1 280	601	0.47	0.052 95	0.005 27	0.152 73	0.014 97	0.020 92	0.000 36	0.006 56	0.000 19	144	13	133	2
	XL-11-15	937	549	0.59	0.050 57	0.001 49	0.147 38	0.004 39	0.021 14	0.000 33	0.007 87	0.000 62	140	4	135	2
	XL-11-16	730	570	0.78	0.046 64	0.003 34	0.133 27	0.009 29	0.020 72	0.000 34	0.006 60	0.000 33	127	8	132	2
	XL-11-17	804	422	0.53	0.049 97	0.001 51	0.146 10	0.004 46	0.021 21	0.000 33	0.007 34	0.000 58	138	4	135	2
	XL-11-18	110	107	0.97	0.050 07	0.005 90	0.143 28	0.016 63	0.020 76	0.000 55	0.008 61	0.000 84	136	15	132	3
	XL-11-19	676	376	0.56	0.046 05	0.002 48	0.131 80	0.006 73	0.020 76	0.000 35	0.007 05	0.000 62	126	6	132	2
	XL-11-20	1 928	1 086	0.56	0.049 45	0.001 01	0.143 57	0.003 10	0.021 06	0.000 30	0.007 53	0.000 53	136	3	134	2
XL-14 杨梅湾细粒花岗岩	XL-14-1	159	91	0.57	0.053 46	0.003 19	0.163 49	0.009 60	0.022 19	0.000 44	0.008 00	0.000 87	154	8	141	3
	XL-14-2	314	199	0.63	0.050 15	0.003 01	0.146 82	0.008 59	0.021 24	0.000 45	0.007 60	0.001 23	139	8	135	3
	XL-14-3	772	469	0.61	0.048 02	0.001 77	0.143 47	0.005 27	0.021 68	0.000 38	0.007 15	0.000 80	136	5	138	2
	XL-14-4	102	61	0.59	0.049 57	0.006 09	0.145 64	0.017 50	0.021 32	0.000 65	0.007 88	0.001 44	138	16	136	4
	XL-14-5	451	548	1.22	0.048 21	0.002 24	0.142 64	0.006 52	0.021 47	0.000 41	0.007 31	0.001 01	135	6	137	3
	XL-14-6	368	204	0.55	0.053 66	0.003 38	0.151 22	0.009 24	0.020 44	0.000 46	0.006 99	0.001 37	143	9	130	3
	XL-14-7	404	305	0.75	0.048 69	0.002 46	0.144 39	0.007 16	0.021 52	0.000 42	0.007 82	0.001 32	137	6	137	3
	XL-14-8	602	885	1.47	0.048 33	0.001 94	0.139 14	0.005 52	0.020 89	0.000 37	0.007 17	0.001 23	132	5	133	2
	XL-14-9	161	86	0.53	0.048 69	0.003 52	0.136 33	0.009 68	0.020 31	0.000 43	0.006 84	0.001 06	130	9	130	3
	XL-14-10	127	123	0.97	0.049 62	0.005 16	0.143 32	0.014 57	0.020 95	0.000 59	0.007 26	0.001 59	136	13	134	4
	XL-14-11	203	229	1.13	0.047 93	0.002 68	0.135 77	0.007 48	0.020 55	0.000 39	0.006 74	0.000 48	129	7	131	2
	XL-14-12	76	58	0.76	0.055 31	0.006 04	0.161 74	0.017 28	0.021 21	0.000 60	0.007 80	0.000 81	152	15	135	4
	XL-14-14	734	428	0.58	0.046 50	0.002 46	0.141 94	0.007 18	0.022 14	0.000 34	0.007 05	0.000 32	135	6	141	2
	XL-14-15	227	161	0.71	0.048 39	0.002 35	0.140 17	0.006 72	0.021 01	0.000 38	0.006 49	0.000 46	133	6	134	2
	XL-14-17	417	376	0.90	0.048 23	0.001 92	0.139 86	0.005 53	0.021 04	0.000 37	0.006 97	0.000 47	133	5	134	2
	XL-14-18	289	236	0.82	0.052 44	0.003 70	0.151 72	0.010 39	0.020 99	0.000 51	0.007 80	0.000 78	143	9	134	2
	XL-14-19	296	159	0.54	0.051 92	0.003 00	0.154 72	0.008 71	0.021 62	0.000 46	0.007 53	0.000 75	146	8	138	3
	XL-14-20	212	161	0.76	0.056 72	0.003 38	0.163 22	0.009 46	0.020 88	0.000 45	0.007 26	0.000 64	154	8	133	3

续表 6-3

分析点		U (×10⁻⁶)	Th (×10⁻⁶)	Th/U	$^{207}Pb/^{206}Pb$ 比值	1σ	$^{207}Pb/^{235}U$ 比值	1σ	$^{206}Pb/^{238}U$ 比值	1σ	$^{208}Pb/^{232}Th$ 比值	1σ	$^{207}Pb/^{235}U$ 年龄(Ma)	1σ	$^{206}Pb/^{238}U$ 年龄(Ma)	1σ
DQW-1 大桥坞花岗斑岩	DQW-1-01	133	104	0.79	0.048 03	0.003 03	0.138 69	0.008 73	0.020 95	0.000 35	0.006 39	0.000 58	132	8	134	2
	DQW-1-02	150	158	1.05	0.050 70	0.002 73	0.148 41	0.008 00	0.021 23	0.000 35	0.006 27	0.000 54	141	7	135	2
	DQW-1-03	130	135	1.03	0.048 25	0.005 15	0.139 21	0.014 69	0.020 93	0.000 51	0.004 97	0.000 46	132	13	134	3
	DQW-1-04	152	170	1.12	0.050 77	0.004 19	0.145 87	0.011 89	0.020 85	0.000 45	0.005 34	0.000 51	138	11	133	3
	DQW-1-05	102	88	0.87	0.051 59	0.004 12	0.145 75	0.011 57	0.020 49	0.000 37	0.006 52	0.000 86	138	10	131	2
	DQW-1-07	131	111	0.85	0.050 96	0.004 31	0.145 44	0.012 11	0.020 69	0.000 44	0.008 61	0.001 60	138	11	132	2
	DQW-1-10	71	66	0.93	0.049 51	0.005 47	0.141 32	0.015 52	0.020 70	0.000 43	0.005 52	0.000 63	134	14	132	2
	DQW-1-11	71	57	0.81	0.048 96	0.006 02	0.138 46	0.016 90	0.020 51	0.000 46	0.004 92	0.000 57	132	15	131	3
	DQW-1-12	167	155	0.93	0.050 98	0.002 72	0.147 05	0.007 82	0.020 93	0.000 35	0.005 64	0.000 39	139	7	134	2
	DQW-1-13	105	114	1.08	0.049 56	0.004 24	0.142 70	0.011 78	0.020 89	0.000 40	0.005 35	0.000 42	135	10	133	2
	DQW-1-14	179	253	1.41	0.048 79	0.002 69	0.144 12	0.007 90	0.021 43	0.000 36	0.006 99	0.000 65	137	7	137	2
	DQW-1-15	80	72	0.91	0.048 91	0.005 22	0.138 49	0.014 69	0.020 54	0.000 41	0.004 83	0.000 39	132	13	131	3
	DQW-1-17	97	82	0.84	0.050 64	0.004 35	0.143 57	0.012 21	0.020 51	0.000 39	0.006 42	0.000 62	136	11	131	2
	DQW-1-19	150	135	0.90	0.050 15	0.003 13	0.144 12	0.008 97	0.020 85	0.000 36	0.005 70	0.000 55	137	8	133	2
	DQW-1-20	153	167	1.09	0.049 55	0.003 65	0.145 96	0.010 68	0.021 37	0.000 42	0.004 78	0.000 39	138	9	136	2
DQW-4 大桥坞花岗斑岩	DQW-4-01	304	287	0.94	0.050 15	0.004 57	0.144 93	0.012 93	0.020 96	0.000 55	0.004 47	0.000 46	137	11	134	3
	DQW-4-04	245	202	0.82	0.049 06	0.003 41	0.143 79	0.009 90	0.021 26	0.000 44	0.004 41	0.00 036	136	9	136	3
	DQW-4-05	180	130	0.72	0.053 00	0.002 72	0.153 68	0.007 88	0.021 03	0.000 35	0.004 37	0.000 29	145	7	134	2
	DQW-4-06	88	68	0.77	0.053 39	0.005 92	0.151 47	0.016 64	0.020 58	0.000 45	0.005 63	0.000 66	143	15	131	3
	DQW-4-07	149	155	1.04	0.050 98	0.005 79	0.146 69	0.016 41	0.020 87	0.000 57	0.004 69	0.000 48	139	15	133	4
	DQW-4-08	569	238	0.42	0.050 89	0.001 35	0.146 42	0.004 02	0.020 87	0.000 31	0.005 35	0.000 40	139	4	133	2
	DQW-4-10	133	128	0.96	0.051 32	0.005 28	0.151 72	0.015 43	0.021 44	0.000 52	0.005 05	0.000 56	143	14	137	3
	DQW-4-11	173	169	0.98	0.049 33	0.003 62	0.145 23	0.010 54	0.021 35	0.000 44	0.005 49	0.000 38	138	9	136	3
	DQW-4-12	171	164	0.96	0.049 09	0.003 23	0.145 07	0.009 48	0.021 43	0.000 40	0.005 03	0.000 34	138	8	137	2
	DQW-4-13	375	292	0.78	0.048 63	0.002 31	0.138 81	0.006 67	0.020 70	0.000 38	0.004 78	0.000 34	132	6	132	2
	DQW-4-15	123	111	0.90	0.050 38	0.003 75	0.143 77	0.010 65	0.020 70	0.000 38	0.005 35	0.000 39	136	9	132	2
	DQW-4-16	459	294	0.64	0.049 30	0.001 33	0.140 42	0.003 93	0.020 66	0.000 31	0.004 54	0.000 30	133	3	132	2
	DQW-4-17	131	138	1.05	0.050 62	0.004 12	0.147 47	0.014 12	0.021 13	0.000 50	0.002 80	0.000 20	140	12	135	3
	DQW-4-18	94	107	1.14	0.051 66	0.004 66	0.156 08	0.013 86	0.02179	0.00043	0.006 48	0.000 72	147	12	139	3
	DQW-4-19	173	165	0.95	0.051 70	0.003 35	0.154 66	0.009 94	0.021 70	0.000 41	0.006 05	0.000 55	146	9	138	3
	DQW-4-20	1 054	1 171	1.11	0.049 72	0.001 82	0.150 46	0.005 54	0.021 95	0.000 41	0.002 61	0.000 18	142	5	140	2
	DQW-4-22	85	74	0.88	0.049 51	0.006 98	0.143 65	0.020 06	0.021 04	0.000 56	0.005 33	0.000 69	136	18	134	4

表 6-4 大桥坞花岗斑岩的 SHRIMP 锆石 U-Pb 定年分析结果

分析点		$^{206}Pb_c$ (%)	U (×10⁻⁶)	Th (×10⁻⁶)	Th/U	$^{206}Pb^*$ (×10⁻⁶)	$^{207}Pb^*/^{206}Pb^*$ 比值	1σ	$^{207}Pb^*/^{235}U$ 比值	1σ	$^{206}Pb^*/^{238}U$ 比值	1σ	$^{206}Pb/^{238}U$ 年龄(Ma)	1σ
XL-16-5 大桥坞花岗斑岩	XL-16-5-1	0.85	511	270	0.54	9.48	0.044 59	0.002 56	0.131 62	0.007 72	0.021 41	0.000 25	136.5	1.6
	XL-16-5-2	—	126	125	1.03	2.34	0.051 60	0.002 14	0.154 04	0.006 79	0.021 65	0.000 32	138.1	2.0
	XL-16-5-3	—	146	84	0.59	2.59	0.055 44	0.002 02	0.157 95	0.006 19	0.020 66	0.000 29	131.8	1.9
	XL-16-5-4	—	145	90	0.64	2.66	0.063 02	0.003 90	0.186 18	0.011 83	0.021 43	0.000 32	136.7	2.0
	XL-16-5-5	0.62	560	467	0.86	10.30	0.051 75	0.003 21	0.152 03	0.009 57	0.021 31	0.000 24	135.9	1.5
	XL-16-5-6	0.14	131	115	0.91	2.42	0.057 03	0.003 49	0.168 55	0.010 63	0.021 43	0.000 32	136.7	2.0
XL-16-19 大桥坞花岗斑岩	XL-16-19-1	—	385	203	0.54	6.91	0.058 56	0.003 06	0.170 47	0.009 13	0.021 11	0.000 25	134.7	1.6
	XL-16-19-2	0.91	124	75	0.62	2.23	0.051 57	0.003 83	0.146 94	0.011 15	0.020 66	0.000 32	131.9	2.0
	XL-16-19-3	—	559	482	0.89	10.30	0.050 92	0.001 41	0.151 13	0.004 48	0.021 53	0.000 23	137.3	1.4
	XL-16-19-4	—	286	162	0.59	5.18	0.056 54	0.002 88	0.165 65	0.008 67	0.021 25	0.000 26	135.5	1.7
	XL-16-19-5.1	0.45	495	246	0.51	9.26	0.045 43	0.001 84	0.135 88	0.005 72	0.021 69	0.000 25	138.3	1.6
	XL-16-19-5.2	0.86	290	261	0.93	5.44	0.043 48	0.003 72	0.130 01	0.011 24	0.021 69	0.000 28	138.3	1.8

注：Pb_c 和 Pb^* 分别代表普通铅和放射成因铅。

6.3.3 新路火山侵入杂岩的年代学格架

对于新路火山侵入杂岩体的形成时代，前人的研究极少。陈爱群（1997）提到大桥坞花岗斑岩体全岩 Rb-Sr 等时线年龄为 132±9Ma，邻区九华山次火山岩体全岩 K-Ar 等时线年龄为 138Ma，但只提到"上述年龄均由北京三所所测"，未对测试方法以及具体分析数据进行阐述。因此，关于新路火山侵入杂岩时代归属问题的探讨一直以来就没有较为完整且可靠的年代学数据。

新路火山盆地出露面积最广的是黄尖组的凝灰岩（图6-1）。本书对两个黄尖组凝灰岩的锆石 U-Pb 定年结果分别为 136.8±1.5Ma 和 135.0±3.0Ma，表明新路大规模火山侵入活动开始于早白垩世。

对杨梅湾矿床中的中粒花岗岩以及细粒花岗岩的锆石 U-Pb 定年结果分别为 134.9±1.0Ma 和 135.1±1.7Ma，表明这两种花岗岩是同一期岩浆活动在侵位过程中由于结晶分异作用而产生的两种不同结构的花岗岩。

对大桥坞深、浅两套花岗斑岩体，两个浅部花岗斑岩的锆石 U-Pb 定年结果分别为 135.9±2.1Ma 和 133.3±1.2Ma，两个深部花岗斑岩的锆石 U-Pb 定年结果分别为 136.3±2.4Ma 和 134.3±1.2Ma，这些锆石 U-Pb 定年数据很好地证明了深、浅两套花岗斑岩体是同一期岩浆活动的产物。

值得注意的是，新路火山侵入杂岩的锆石 U-Pb 定年结果变化范围在 137~133Ma 之间，火山岩和次火山岩的定年结果在误差范围内是基本一致的，表明它们应为近似同时期形成。此外，新路火山侵入杂岩的定年结果变化范围和相山火山侵入杂岩的定年结果是十分一致的，表明了新路火山侵入活动和相山火山侵入活动一样，形成于早白垩世，并且是一次集中且短暂的火山侵入活动。

6.4 新路火山侵入杂岩的岩石地球化学研究

6.4.1 主量元素和微量元素组成

对采自杨梅湾矿床的8个花岗岩样品以及大桥坞矿床的18个花岗斑岩样品进行了主量元素和微量元素的分析，分析结果见表6-5。将除了烧失量之外的其他主量元素含量归一化到100%，然后投点到 Streckeisen et al（1979）的 Q'-ANOR 分类图解中（图6-5），得出杨梅湾花岗岩主要属于正长花岗岩或者碱长花岗岩，大桥坞花岗斑岩主要属于正长花岗岩或者二长花岗岩。

表6-5 杨梅湾花岗岩以及大桥坞花岗斑岩的主量元素（%）和微量元素组成（$\times 10^{-6}$）

样品编号	XL-5	XL-6	XL-7	XL-8	XL-11	XL-12	XL-13	XL-15	XL-16-16	XL-16-17	XL-16-18	XL-16-19	XL-16-20
岩性	Y-G	Y-G	Y-G	Y-G	Y-G	Y-G	Y-G	Y-G	D-GP	D-GP	D-GP	D-GP	D-GP
SiO_2	75.89	76.66	77.21	76.50	75.24	74.93	76.23	75.43	70.14	72.79	70.83	70.81	70.24
TiO_2	0.09	0.07	0.08	0.07	0.11	0.09	0.07	0.10	0.27	0.25	0.29	0.25	0.27
Al_2O_3	12.57	12.34	12.94	12.08	13.23	12.84	12.58	12.84	12.66	12.91	12.75	13.45	13.18
Fe_2O_3	0.42	0.48	0.30	0.56	0.29	0.33	0.29	0.36	1.00	0.84	1.41	0.88	1.14
FeO	0.79	0.59	0.49	0.72	1.03	1.00	0.88	0.91	2.96	1.71	1.41	1.67	1.56
MnO	0.04	0.03	0.02	0.05	0.05	0.06	0.04	0.04	0.22	0.09	0.09	0.07	0.08
MgO	0.07	0.09	0.13	0.11	0.12	0.07	0.06	0.09	0.31	0.23	0.24	0.26	0.20
CaO	0.89	0.69	0.16	0.86	0.47	0.81	0.73	0.83	1.69	1.49	1.88	1.48	2.15
Na_2O	3.44	3.69	3.51	3.57	3.42	3.48	3.46	3.31	0.23	0.95	2.57	2.62	2.71
K_2O	5.02	4.40	4.42	4.33	5.61	5.11	4.91	5.31	7.68	6.64	5.94	6.26	5.45
P_2O_5	0.05	0.04	0.05	0.05	0.07	0.06	0.06	0.07	0.09	0.09	0.10	0.09	0.10

续表 6-5

样品编号	XL-5	XL-6	XL-7	XL-8	XL-11	XL-12	XL-13	XL-15	XL-16-16	XL-16-17	XL-16-18	XL-16-19	XL-16-20
LOI	0.64	0.79	0.69	0.94	0.55	0.91	0.47	0.62	2.66	2.26	2.61	2.40	3.01
Total	99.91	99.87	100.00	99.84	100.19	99.69	99.78	99.88	99.91	100.25	100.12	100.24	100.09
AR	4.38	4.28	4.07	4.13	4.87	4.40	4.39	4.41	3.46	3.23	3.78	3.94	3.28
A/CNK	0.99	1.02	1.19	1.00	1.05	1.01	1.02	1.01	1.08	1.13	0.91	0.98	0.92
V	4.59	4.83	4.22	5.79	12.1	4.00	3.50	3.23	16.0	12.5	23.2	20.8	12.9
Cr	4.95	3.93	3.09	4.72	3.46	4.00	6.29	4.95	4.02	4.70	7.22	3.60	3.65
Ni	3.05	3.73	1.59	2.04	1.45	3.14	4.09	4.74	2.50	3.53	2.78	2.05	2.49
Ga	23.6	22.6	24.0	23.1	22.1	23.4	21.2	23.2	22.8	20.3	21.9	21.7	20.9
Rb	317	263	262	253	296	279	273	263	269	205	161	167	133
Sr	19.5	14.9	14.2	14.7	36.1	16.2	17.0	18.9	35.9	41.6	65.5	74.0	70.9
Y	88.4	84.2	81.1	78.5	49.3	68.6	60.9	66.8	36.1	31.3	37.0	32.1	32.0
Zr	260	175	191	174	220	224	175	196	378	362	423	413	441
Nb	40.1	41.0	40.2	36.3	27.6	27.9	23.3	28.2	18.2	16.9	18.6	16.0	17.5
Ba	63.2	46.0	100	46.8	197	33.2	36.9	64.6	641	531	519	742	489
La	27.8	20.6	24.9	19.8	37.3	23.8	23.7	28.1	88.8	83.0	110	89.0	84.3
Ce	66.8	46.1	55.3	44.7	85.0	60.8	51.9	70.6	176	167	219	175	161
Pr	7.99	5.97	7.34	5.93	9.44	7.52	6.44	8.35	19.3	17.6	23.3	18.5	17.9
Nd	32.0	24.7	29.6	24.7	35.3	31.2	26.0	34.0	71.4	61.6	81.4	65.5	64.3
Sm	8.44	7.48	8.43	7.42	7.46	8.63	7.21	8.39	11.6	9.58	12.4	9.75	10.0
Eu	0.16	0.09	0.11	0.11	0.33	0.13	0.13	0.25	0.88	0.94	1.24	1.18	1.13
Gd	9.91	9.74	10.4	9.48	7.41	10.1	8.62	9.37	8.78	7.59	9.25	7.62	7.53
Tb	1.68	1.69	1.76	1.64	1.17	1.65	1.42	1.48	1.13	0.97	1.19	0.97	0.95
Dy	13.1	13.8	13.8	12.9	8.72	12.3	10.7	11.0	7.18	6.17	7.50	6.31	6.16
Ho	3.20	3.25	3.17	3.08	2.02	2.75	2.40	2.50	1.47	1.24	1.49	1.29	1.29
Er	10.14	10.00	9.93	9.62	6.14	7.85	6.96	7.41	4.07	3.49	3.81	3.54	3.61
Tm	1.72	1.65	1.72	1.60	1.03	1.26	1.11	1.18	0.58	0.53	0.60	0.54	0.55
Yb	11.3	11.2	11.2	10.8	6.81	7.63	6.81	7.64	3.66	3.30	3.82	3.42	3.52
Lu	1.74	1.71	1.73	1.65	1.09	1.14	1.00	1.13	0.56	0.48	0.60	0.52	0.55
Hf	11.5	8.65	9.56	8.50	8.98	8.49	7.34	7.51	9.78	9.18	10.7	10.4	10.7
Ta	5.78	5.92	5.29	5.61	4.26	2.63	2.95	2.26	1.50	1.34	1.48	1.37	1.40
Pb	26.6	19.1	26.7	26.6	25.6	24.2	23.8	25.9	53.1	35.9	17.2	21.0	13.7
Th	39.0	42.7	49.7	42.0	37.6	36.4	38.8	23.8	20.4	18.6	21.6	17.5	17.1
U	16.3	16.5	24.7	19.0	11.4	11.3	12.5	7.30	3.21	3.88	3.84	3.63	3.28
Eu/Eu*	0.05	0.03	0.04	0.04	0.13	0.04	0.05	0.09	0.27	0.34	0.35	0.42	0.40
ΣREE	196	158	179	153	209	177	154	191	396	363	475	383	362
M	1.41	1.35	1.15	1.38	1.34	1.40	1.36	1.39	1.34	1.25	1.61	1.51	1.59
T_{Zr} (℃)	829	797	820	795	819	816	796	805	871	875	859	866	866

样品编号	XL-16-21	XL-17-1	XL-17-2	XL-17-3	XL-17-4	XL-17-8	DQW1-1	DQW1-2	DQW2-1	DQW2-2	DQW3-1	DQW3-2	DQW3-3
岩性	D-GP	D-GP	D-GP	D-GP	D-GP	D-GP	D-GP	D-GP	D-GP	D-GP	D-GP	D-GP	D-GP
SiO_2	70.41	74.78	74.52	73.49	71.74	72.01	69.15	69.18	71.00	71.76	74.50	72.84	73.19
TiO_2	0.33	0.18	0.14	0.19	0.22	0.24	0.36	0.36	0.22	0.22	0.16	0.14	0.15
Al_2O_3	12.87	12.09	11.17	12.76	12.23	13.32	13.82	13.84	13.18	12.85	11.88	11.87	11.75
Fe_2O_3	0.97	0.41	0.48	0.34	0.00	0.36	1.09	1.00	1.02	1.02	0.21	0.03	0.08

续表 6-5

样品编号	XL-5	XL-6	XL-7	XL-8	XL-11	XL-12	XL-13	XL-15	XL-16-16	XL-16-17	XL-16-18	XL-16-19	XL-16-20
FeO	1.66	1.55	1.27	1.63	2.42	1.93	1.80	1.85	1.08	1.12	1.28	1.69	1.76
MnO	0.08	0.22	0.08	0.10	0.15	0.10	0.06	0.07	0.08	0.07	0.07	0.10	0.11
MgO	0.21	0.22	0.20	0.21	0.27	0.28	0.50	0.52	0.40	0.44	0.43	0.45	0.44
CaO	1.96	1.05	1.89	1.44	2.08	1.76	1.68	1.74	1.67	1.41	0.97	1.71	1.65
Na_2O	2.42	0.66	1.16	1.49	1.49	2.33	3.46	3.38	1.61	1.49	0.42	0.40	0.39
K_2O	5.97	6.60	6.18	5.97	6.30	5.59	6.04	5.99	7.21	7.11	7.15	7.10	6.94
P_2O_5	0.10	0.08	0.07	0.07	0.08	0.10	0.05	0.05	0.01	0.01	0.00	0.00	0.00
LOI	2.80	2.33	2.76	2.50	3.20	2.07	2.16	2.44	2.40	2.27	2.69	3.42	3.38
Total	99.78	100.17	99.92	100.19	100.18	100.09	100.17	100.42	99.88	99.77	99.76	99.75	99.84
AR	3.61	3.47	3.57	3.21	3.39	3.21	4.17	4.02	3.93	4.04	3.87	3.47	3.42
A/CNK	0.92	1.19	0.93	1.11	0.94	1.02	0.90	0.91	0.98	1.01	1.17	1.04	1.05
V	16.0	5.95	7.03	8.08	9.03	12.3	16.5	16.3	7.46	7.73	4.13	3.76	4.15
Cr	5.65	4.31	3.00	4.59	6.45	4.66	0.39	0.00	0.00	2.12	21.16	0.00	0.00
Ni	2.56	1.94	2.02	3.30	3.25	1.79	0.00	0.00	0.00	2.01	8.13	0.00	0.00
Ga	22.4	19.6	20.4	20.0	22.3	21.4	18.3	18.6	18.0	18.0	16.6	16.6	16.8
Rb	150	196	198	190	179	130	133	132	203	213	216	220	206
Sr	58.0	20.5	37.0	29.5	36.5	49.5	111	90.2	35.4	32.1	26.1	36.9	34.3
Y	30.6	33.7	39.7	37.3	39.1	34.5	31.3	30.6	30.7	31.1	32.5	32.8	35.1
Zr	512	271	270	298	340	347	368	351	255	250	204	194	203
Nb	20.1	16.2	20.0	18.5	19.4	15.7	15.6	14.0	13.1	13.4	13.6	11.2	12.6
Ba	540	238	186	239	297	517	701	872	476	433	253	241	247
La	70.9	74.5	59.4	101	90.4	83.2	85.8	91.8	89.5	90.6	77.3	75.1	80.2
Ce	133	145	121	176	172	165	148	162	157	155	133	129	142
Pr	15.3	16.3	14.4	21.3	20.4	18.2	17.27	17.1	18.1	18.0	15.9	14.8	16.3
Nd	55.4	61.7	54.9	81.8	73.5	66.9	57.50	62.5	63.6	64.2	57.0	52.7	57.8
Sm	8.98	10.3	10.1	13.6	12.4	10.7	8.99	8.97	10.0	9.95	9.04	8.74	9.99
Eu	0.91	0.62	0.45	0.79	0.79	1.01	1.29	1.30	0.94	0.94	0.58	0.55	0.59
Gd	6.93	8.22	8.72	10.3	9.58	8.09	7.97	7.79	8.29	8.04	8.30	7.65	8.73
Tb	0.89	1.08	1.18	1.29	1.25	1.04	0.88	0.91	0.95	0.97	0.96	0.98	1.07
Dy	5.96	6.81	7.73	8.00	8.00	6.85	5.78	5.83	6.12	6.17	6.15	6.17	6.46
Ho	1.25	1.37	1.59	1.59	1.62	1.42	1.21	1.21	1.17	1.23	1.23	1.26	1.33
Er	3.57	3.58	4.42	4.21	4.39	3.88	3.62	3.42	3.54	3.34	3.59	3.60	3.89
Tm	0.55	0.53	0.65	0.63	0.64	0.59	0.49	0.47	0.48	0.45	0.55	0.50	0.52
Yb	3.44	3.35	4.06	3.77	4.03	3.26	3.03	3.10	3.17	3.27	3.29	3.50	
Lu	0.53	0.51	0.60	0.56	0.60	0.55	0.52	0.51	0.48	0.49	0.54	0.53	0.55
Hf	12.2	7.76	8.04	8.34	9.10	9.25	9.47	8.96	7.02	6.82	5.72	5.55	5.69
Ta	1.61	1.43	1.69	1.61	1.62	1.35	1.48	1.35	1.30	1.28	1.48	1.29	1.32
Pb	28.3	27.2	40.8	29.6	14.2	16.2	13.7	10.5	9.37	7.37	27.9	21.0	28.0
Th	16.3	20.3	23.1	25.2	23.8	19.8	14.1	13.6	16.3	16.4	17.1	15.9	16.6
U	3.40	2.50	4.12	3.30	4.11	3.84	2.46	2.19	2.66	2.76	5.34	4.11	4.50
Eu/Eu*	0.35	0.21	0.15	0.20	0.22	0.33	0.47	0.47	0.32	0.32	0.20	0.20	0.19
ΣREE	307	334	289	425	399	371	343	367	363	363	318	305	333
M	1.59	1.15	1.47	1.26	1.52	1.42	1.68	1.67	1.49	1.42	1.17	1.34	1.31
T_{Zr} (℃)	881	854	827	854	846	856	840	837	821	824	825	808	814

注：Y-G. 杨梅湾花岗岩；D-GP. 大桥坞花岗斑岩。$Eu/Eu^* = Eu_N/[(Sm_N) \times (Gd_N)]^{0.5}$。$T_{Zr} = 12\,900/(2.95 + 0.85 \times M + \ln D^{Zr, zircon/melt})$（引自 Watson et al, 1983），其中 $D^{Zr, zircon/melt}$ 是锆石中 Zr 的含量和锆饱和岩浆中 Zr 的含量的比值，$M = (Na + K + 2 \times Ca)/(Al \times Si)$（离子数比）。

6 新路火山盆地岩浆岩成因研究

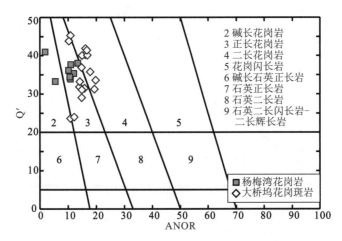

图 6-5 新路火山盆地中杨梅湾花岗岩和大桥坞花岗斑岩的 Q′-ANOR 分类命名图解
(据 Streckeisen et al, 1979)
Q′=100×Q/(Q+Or+Ab+An), ANOR=100×An/(Or+An)

杨梅湾花岗岩具有较高的 SiO_2 含量（74.93%～77.21%），而大桥坞花岗斑岩的 SiO_2 含量相对较低（69.15%～74.78%）。杨梅湾花岗岩的 Al_2O_3 含量在 12.08%～13.23% 之间，属于弱过铝质岩石，A/CNK [= molar Al_2O_3/(CaO + Na_2O + K_2O)] 主要介于 0.99～1.05 之间（除了其中一个样品的 A/CNK 值为 1.19）（图 6-6）。大桥坞花岗斑岩的 Al_2O_3 含量在 11.17%～13.84% 之间，其 A/CNK 值变化较大，在 SiO_2-A/CNK 图解上（图 6-6），大桥坞花岗斑岩的数据点落在了准铝质范围到弱过铝质范围，并且有 4 个点落在了强过铝质的范围里面。杨梅湾花岗岩和大桥坞花岗斑岩都具有较高的 K_2O 含量（杨梅湾花岗岩的 K_2O=4.33%～5.61%，大桥坞花岗斑岩的 K_2O=5.45%～7.68%）。在 AR-SiO_2 图解（Wright, 1969）上（图 6-7），杨梅湾花岗岩和大桥坞花岗斑岩的数据点都落在了碱性岩的范围里面。

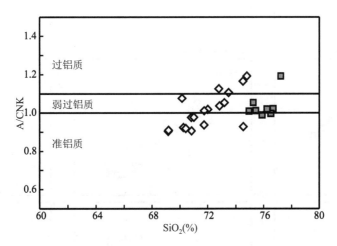

图 6-6 新路火山盆地中杨梅湾花岗岩和大桥坞花岗斑岩的 SiO_2-A/CNK
[= Al_2O_3/(CaO+Na_2O+K_2O)]（摩尔比）图解
图例同图 6-5

主量元素和部分微量元素含量相对于 SiO_2 成分变异图解如图 6-8 所示。杨梅湾花岗岩和大桥坞花岗斑岩的化学组成具有相同的演化趋势，并且两种岩性之间不存在成分间断。从这些图中可以看出，$Fe_2O_3^*$（= Fe_2O_3+1.11×FeO）、MgO、TiO_2、Al_2O_3、CaO、P_2O_5（部分样品具有较低的 P_2O_5 含量或者低于检测限）和 SiO_2 之间表现出负相关性，这种相关性表明了在岩浆演化过程中发生了分异作用。

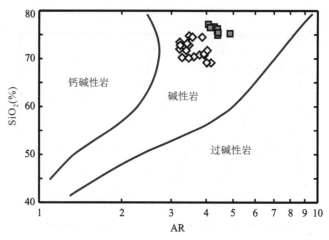

图 6-7　新路火山盆地中杨梅湾花岗岩和大桥坞花岗斑岩的 AR-SiO_2 图解（据 Wright，1969）

AR（碱度率）＝［Al_2O_3＋CaO＋（Na_2O＋K_2O）］／［Al_2O_3＋CaO－（Na_2O＋K_2O）］（质量百分数比）。图例同图 6-5

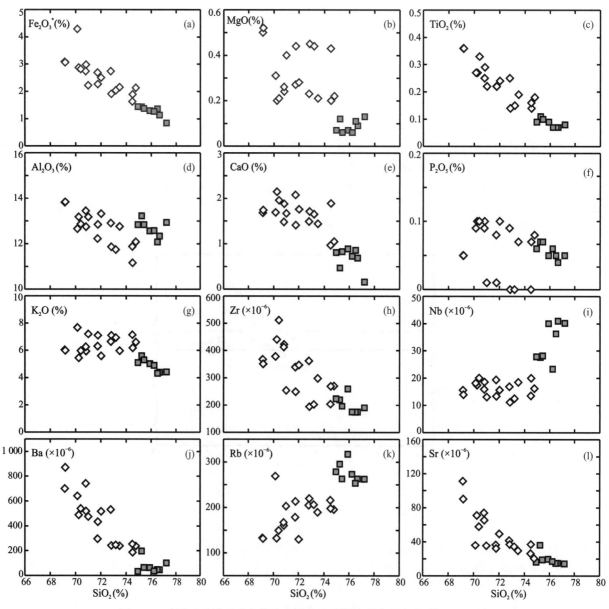

图 6-8　新路火山盆地中杨梅湾花岗岩和大桥坞花岗斑岩的 Harker 图解

图例同图 6-5

杨梅湾花岗岩相比于大桥坞花岗斑岩具有较低的 Zr、Ba、Sr 含量以及较高的 Nb 和 Rb 含量（图 6-8h～l）。大部分杨梅湾花岗岩的 Sr 含量小于 20×10^{-6} [$(14.2～19.5)\times10^{-6}$ 之间，除了一个样品的值为 36.1×10^{-6}]。大桥坞花岗斑岩的 Sr 含量则变化比较大，变化范围在 $(20.5～111)\times10^{-6}$ 之间。杨梅湾花岗岩和大桥坞花岗斑岩都具有较高的 Rb 含量，杨梅湾花岗岩的 Rb 含量变化范围在 $(253～317)\times10^{-6}$ 之间，大桥坞花岗斑岩的 Rb 含量变化范围在 $(130～269)\times10^{-6}$ 之间。

在球粒陨石标准化（球粒陨石值采用 Boynton，1984 的数据）图解（图 6-9a、c）上可以看出，杨梅湾花岗岩和大桥坞花岗斑岩的稀土配分模式均为富 LREE 型，稀土元素配分曲线向右陡倾，而重稀土元素配分曲线相对平坦，反映岩石成岩过程中 LREE 发生了较强烈的分馏，HREE 分馏微弱。但是，杨梅湾花岗岩和大桥坞花岗斑岩的稀土配分曲线实际上并不完全一样，在稀土总含量方面，两者的总稀土元素含量都较高（表 6-5），但杨梅湾花岗岩的 ΣREE 含量较低，变化范围在 $(153～209)\times10^{-6}$ 之间，而大桥坞花岗斑岩的 ΣREE 含量则相对较高，变化范围在 $(289～475)\times10^{-6}$ 之间。

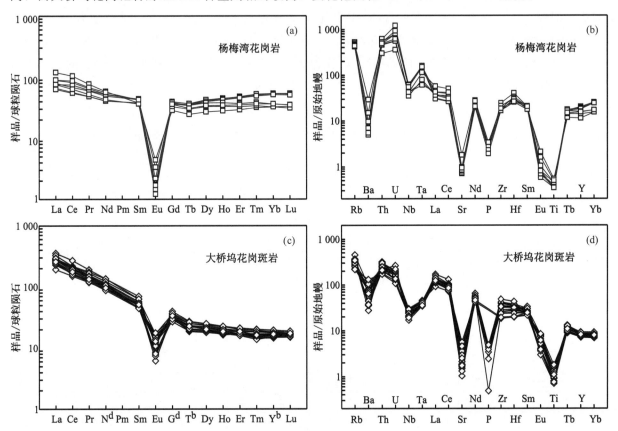

图 6-9　新路火山盆地中杨梅湾花岗岩和大桥坞花岗斑岩稀土元素的球粒陨石标准化图解 [（a）（c）球粒陨石值采用 Boynton，1984 的数据] 以及微量元素的原始地幔标准化图解 [（b）（d）原始地幔值采用 McDonough et al，1995 的数据]

注：大桥坞花岗斑岩部分样品的 P_2O_5 含量低于检测限，因此在图中没有这些样品的 P 的投点

此外，两者之间的轻重稀土比值以及 Eu 的负异常程度也不相同，杨梅湾花岗岩样品 $(La/Yb)_N$ 值变化范围在 1.2～3.7 之间，表现出较弱的轻重稀土分馏程度，但杨梅湾花岗岩具有非常强烈的 Eu 负异常，Eu/Eu^* 变化范围在 0.03～0.13 之间。相比之下，大桥坞花岗斑岩的 $(La/Yb)_N$ 值变化范围在 9.9～24.4 之间，表现出较为强烈的轻重稀土分馏程度，Eu 负异常程度则比较小，Eu/Eu^* 值变化范围在 0.15～0.47 之间。

以原始地幔成分（原始地幔值采用 McDonough et al，1995 的数据）为标准，对杨梅湾花岗岩和大桥坞花岗斑岩样品的微量元素含量进行标准化作图。从微量元素蛛网图（图 6-9b、d）上可以看出，两个岩体的样品具有相似的微量元素配分模式，Ba、Sr、P、Ti 都表现出明显的负异常，并且杨梅湾花岗岩中这些元素比大桥坞花岗斑岩表现出更强烈的负异常。这些负异常可能指示了长石、磷灰石以及钛铁矿的分离结晶。杨梅湾花岗岩以及大桥坞花岗斑岩具有较高的高场强元素（HFSE）含量（如 Rb、Th、Nb、Ta、Zr、Hf 以及 Ga），具有高的 Ga/Al 比值。在微量元素蛛网图上这些元素都表现出正异常（除了大桥坞花岗斑岩的 Nb、Ta 表现出负异常）。这些微量元素的差异性可能也指示了两个岩体的岩浆演化过程是有差异的。

6.4.2 Sr‑Nd‑Hf 同位素组成

杨梅湾花岗岩和大桥坞花岗斑岩的 Nd 同位素和 Sr 同位素组成见表 6‑6，Sr‑Nd 同位素的初始值按照 $t=135$ Ma 计算。大部分杨梅湾花岗岩和大桥坞花岗斑岩样品具有较低的 Sr 含量以及较高的 Rb/Sr 比值，导致这些样品的 Sr 同位素组成没能测试出来。1 个杨梅湾花岗岩样品和 6 个大桥坞花岗斑岩样品具有相对较高的 Sr 含量以及相对较低的 Rb/Sr 比值，计算出来的初始 $^{87}Sr/^{86}Sr$ 值分别为 0.707 3 以及 0.708 8~0.709 7（表 6‑6）。杨梅湾花岗岩的 $\varepsilon_{Nd}(t)$ 值（表 6‑6）变化范围较小，主要变化范围在 -4.51~-3.57 之间，两阶段 Nd 模式年龄 T_{DM}^c 值为 1 296~1 219 Ma。大桥坞花岗斑岩的 $\varepsilon_{Nd}(t)$ 值（表 6‑6）则相对较低，主要变化范围在 -6.47~-4.41 之间，两阶段 Nd 模式年龄 T_{DM}^c 值为 1 455~1 287 Ma。

表 6‑6 新路火山盆地中杨梅湾花岗岩和大桥坞花岗斑岩的 Nd 同位素和 Sr 同位素组成

样品编号	岩性	Sm	Nd	$^{147}Sm/^{144}Nd$	$^{143}Nd/^{144}Nd$	$\varepsilon_{Nd}(0)$	$\varepsilon_{Nd}(t)$	T_{DM}^c	Rb	Sr	$^{87}Rb/^{86}Sr$	$^{87}Sr/^{86}Sr$	I_{Sr}
XL‑5	Y‑G	8.44	32.0	0.159 5	0.512 374	−5.15	−4.51	1 296					
XL‑6	Y‑G	7.48	24.7	0.182 8	0.512 410	−4.45	−4.21	1 271					
XL‑7	Y‑G	8.43	29.6	0.172 0	0.512 424	−4.17	−3.75	1 234					
XL‑11	Y‑G	7.46	35.3	0.127 6	0.512 394	−4.76	−3.57	1 219	296	36.1	23.7	0.752 848	0.707 309
XL‑12	Y‑G	8.63	31.2	0.166 9	0.512 392	−4.80	−4.29	1 278					
XL‑13	Y‑G	7.21	26.0	0.167 4	0.512 408	−4.49	−3.98	1 253					
XL‑15	Y‑G	8.39	34.0	0.149 2	0.512 393	−4.78	−3.96	1 251					
XL‑16‑16	D‑GP	11.2	69.2	0.097 5	0.512 219	−8.17	−6.47	1 455					
XL‑16‑17	D‑GP	9.58	61.6	0.094 0	0.512 276	−7.06	−5.29	1 359	205	41.6	14.3	0.736 379	0.709 031
XL‑16‑18	D‑GP	12.4	81.4	0.092 2	0.512 267	−7.24	−5.44	1 371	161	65.5	7.1	0.723 299	0.709 698
XL‑16‑19	D‑GP	9.75	65.5	0.090 0	0.512 318	−6.24	−4.41	1 287					
XL‑16‑20	D‑GP	10.0	64.3	0.093 7	0.512 273	−7.12	−5.35	1 364	133	70.9	5.4	0.720 102	0.709 725
XL‑16‑21	D‑GP	8.98	55.4	0.097 8	0.512 318	−6.24	−4.54	1 298					
XL‑17‑1	D‑GP	10.3	61.7	0.100 6	0.512 298	−6.63	−4.98	1 334					
XL‑17‑3	D‑GP	13.6	81.2	0.101 1	0.512 306	−6.48	−4.84	1 322					
XL‑17‑4	D‑GP	12.4	73.5	0.101 3	0.512 276	−7.06	−5.42	1 370	179	36.5	14.2	0.736 908	0.709 742
XL‑17‑8	D‑GP	10.7	66.9	0.096 3	0.512 317	−6.26	−4.53	1 298	130	49.5	7.6	0.723 576	0.708 975
DQW‑1‑1	D‑GP	8.99	57.5	0.094 4	0.512 294	−6.71	−4.95	1 332	133	111	3.5	0.715 467	0.708 809
DQW‑1‑2	D‑GP	8.97	62.5	0.086 7	0.512 274	−7.10	−5.21	1 352					
DQW‑2‑1	D‑GP	10.0	63.6	0.095 3	0.512 282	−6.94	−5.20	1 352					
DQW‑2‑2	D‑GP	9.95	64.2	0.093 7	0.512 251	−7.55	−5.78	1 399					
DQW‑3‑1	D‑GP	9.04	57.0	0.095 3	0.512 266	−7.26	−5.52	1 378					
DQW‑3‑2	D‑GP	8.74	52.7	0.100 1	0.512 269	−7.20	−5.54	1 379					
DQW‑3‑3	D‑GP	9.99	57.8	0.104 5	0.512 284	−6.91	−5.32	1 362					

注：Y‑G. 杨梅湾花岗岩；D‑GP. 大桥坞花岗斑岩。

锆石原位 Hf 同位素测试在以前进行的锆石 U-Pb 定年的相同部位或者临近部位上进行，其初始 $^{176}Hf/^{177}Hf$ 比值通过用相对应的锆石年龄进行校正。杨梅湾花岗岩和大桥坞花岗斑岩的锆石 Hf 同位素组成见表 6-7 和图 6-10。从测试结果可以看出，$^{176}Hf/^{177}Hf$ 的误差值（2σ）绝大部分在 0.000 030 以内。

表 6-7 新路火山盆地中杨梅湾花岗岩和大桥坞花岗斑岩的 LA-MC-ICP-MS 锆石 Lu-Hf 同位素组成测试结果

分析点		年龄 (Ma)	$^{176}Yb/^{177}Hf$ 比值	$^{176}Lu/^{177}Hf$ 比值	$^{176}Hf/^{177}Hf$ 比值	2σ	$\varepsilon_{Hf}(0)$	$\varepsilon_{Hf}(t)$	2σ	T_{DM} (Ma)	T_{DM}^{c} (Ma)	$f_{Lu/Hf}$
XL-11 杨梅湾中粒花岗岩	XL-11-1	136	0.048 485	0.001 301	0.282 595	0.000 017	-6.7	-3.8	0.6	937	1 400	-0.96
	XL-11-2	138	0.024 061	0.000 632	0.282 546	0.000 016	-8.5	-5.5	0.6	990	1 506	-0.98
	XL-11-3	135	0.041 269	0.001 097	0.282 638	0.000 016	-5.2	-2.3	0.6	871	1 303	-0.97
	XL-11-4	140	0.043 822	0.001 181	0.282 566	0.000 014	-7.7	-4.7	0.5	975	1 462	-0.96
	XL-11-5	136	0.104 951	0.002 625	0.282 610	0.000 014	-6.2	-3.4	0.5	950	1 375	-0.92
	XL-11-6	139	0.057 022	0.001 487	0.282 625	0.000 015	-5.7	-2.7	0.5	900	1 334	-0.96
	XL-11-7	132	0.063 766	0.001 821	0.282 590	0.000 014	-6.9	-4.1	0.5	958	1 417	-0.95
	XL-11-8	138	0.047 587	0.001 455	0.282 563	0.000 014	-7.8	-4.9	0.5	987	1 472	-0.96
	XL-11-10	134	0.049 799	0.001 310	0.282 616	0.000 014	-6.0	-3.1	0.5	908	1 355	-0.96
	XL-11-11	135	0.037 022	0.000 968	0.282 630	0.000 017	-5.5	-2.6	0.6	880	1 321	-0.97
	XL-11-12	137	0.031 996	0.000 853	0.282 635	0.000 015	-5.3	-2.4	0.5	871	1 309	-0.97
	XL-11-13	133	0.040 062	0.001 069	0.282 655	0.000 016	-4.6	-1.7	0.6	846	1 267	-0.97
	XL-11-14	133	0.084 786	0.002 322	0.282 605	0.000 016	-6.4	-3.6	0.6	949	1 386	-0.93
	XL-11-15	135	0.060 317	0.001 723	0.282 605	0.000 016	-6.3	-3.5	0.6	933	1 381	-0.95
	XL-11-16	132	0.066 182	0.001 778	0.282 565	0.000 016	-7.8	-5.0	0.7	992	1 472	-0.95
	XL-11-17	135	0.058 624	0.001 828	0.282 531	0.000 020	-9.0	-6.2	0.7	1 043	1 547	-0.95
	XL-11-18	132	0.058 080	0.001 497	0.282 675	0.000 018	-3.9	-1.1	0.7	829	1 227	-0.96
	XL-11-19	132	0.049 391	0.001 340	0.282 557	0.000 014	-8.1	-5.3	0.5	993	1 489	-0.96
	XL-11-20	134	0.088 761	0.002 171	0.282 639	0.000 015	-5.2	-2.4	0.6	896	1 309	-0.94
XL-14 杨梅湾细粒花岗岩	XL-14-2	135	0.117 200	0.003 260	0.282 664	0.000 015	-4.3	-1.6	0.5	886	1 258	-0.90
	XL-14-3	138	0.076 348	0.002 186	0.282 682	0.000 016	-3.6	-0.8	0.4	834	1 211	-0.93
	XL-14-4	136	0.115 468	0.002 934	0.282 645	0.000 015	-5.0	-2.2	0.5	906	1 299	-0.91
	XL-14-5	137	0.103 990	0.003 155	0.282 552	0.000 018	-8.2	-5.5	0.8	1 050	1 506	-0.91
	XL-14-6	130	0.047 180	0.001 322	0.282 678	0.000 029	-3.8	-1.0	1.0	820	1 219	-0.96
	XL-14-7	137	0.071 207	0.001 738	0.282 635	0.000 018	-5.3	-2.4	0.7	891	1 314	-0.95
	XL-14-8	133	0.097 975	0.002 425	0.282 642	0.000 016	-5.1	-2.3	0.6	898	1 305	-0.93
	XL-14-9	130	0.120 796	0.002 945	0.282 515	0.000 020	-9.6	-6.9	0.7	1 099	1 592	-0.91
	XL-14-10	134	0.058 809	0.001 750	0.282 601	0.000 019	-6.5	-3.7	0.7	940	1 391	-0.95
	XL-14-11	131	0.047 833	0.001 260	0.282 654	0.000 017	-4.6	-1.8	0.7	852	1 272	-0.96
	XL-14-12	135	0.052 701	0.001 368	0.282 590	0.000 019	-6.9	-4.0	0.7	946	1 413	-0.96
	XL-14-14	141	0.099 574	0.002 679	0.282 613	0.000 015	-6.1	-3.2	0.5	947	1 366	-0.92
	XL-14-15	134	0.078 839	0.001 665	0.282 632	0.000 022	-5.4	-2.6	0.8	893	1 321	-0.95
	XL-14-16	128	0.065 611	0.001 601	0.282 628	0.000 024	-5.6	-2.9	0.9	898	1 334	-0.95
	XL-14-17	134	0.059 206	0.001 583	0.282 611	0.000 016	-6.1	-3.3	0.6	921	1 368	-0.95
	XL-14-18	135	0.059 476	0.001 457	0.282 621	0.000 018	-5.8	-2.9	0.6	904	1 344	-0.96
	XL-14-19	138	0.069 882	0.001 828	0.282 579	0.000 018	-7.3	-4.4	0.6	973	1 438	-0.95
	XL-14-20	133	0.093 730	0.002 248	0.282 614	0.000 020	-6.0	-3.3	0.7	934	1 365	-0.93

续表6-7

	分析点	年龄 (Ma)	^{176}Yb/^{177}Hf 比值	^{176}Lu/^{177}Hf 比值	^{176}Hf/^{177}Hf 比值	2σ	$\varepsilon_{Hf}(0)$	$\varepsilon_{Hf}(t)$	2σ	T_{DM} (Ma)	T_{DM}^{c} (Ma)	$f_{Lu/Hf}$
XL-16-5大桥坞花岗斑岩	XL-16-5-1-1	136.5	0.046 968	0.001 264	0.282 535	0.000 020	−8.8	−5.9	0.7	1021	1 534	−0.96
	XL-16-5-2-1	138.1	0.074 206	0.001 770	0.282 538	0.000 022	−8.8	−5.8	0.8	1 032	1 531	−0.95
	XL-16-5-3-1	131.8	0.040 142	0.001 154	0.282 501	0.000 021	−10.0	−7.2	0.7	1 066	1 611	−0.97
	XL-16-5-4-1	136.7	0.038 354	0.001 074	0.282 580	0.000 017	−7.3	−4.3	0.6	953	1 434	−0.97
	XL-16-5-5-1	135.9	0.075 216	0.002 339	0.282 486	0.000 042	−10.6	−7.8	1.5	1 123	1 649	−0.93
	XL-16-5-7-1	135.9	0.049 105	0.001 145	0.282 557	0.000 015	−8.1	−5.1	0.5	987	1 485	−0.97
	XL-16-5-8-1	135.9	0.038 830	0.001 087	0.282 541	0.000 014	−8.6	−5.7	0.5	1 008	1 519	−0.97
	XL-16-5-9-1	135.9	0.060 721	0.001 663	0.282 514	0.000 029	−9.6	−6.7	1.0	1 062	1 583	−0.95
	X-L16-5-10-1	135.9	0.114 095	0.003 497	0.282 563	0.000 030	−7.9	−5.2	1.0	1 045	1 486	−0.90
	XL-16-5-11-1	135.9	0.034 935	0.001 002	0.282 577	0.000 020	−7.3	−4.4	0.7	955	1 439	−0.97
	XL-16-5-12-1	135.9	0.034 046	0.000 794	0.282 535	0.000 017	−8.8	−5.9	0.6	1 009	1 532	−0.98
XL-16-19大桥坞花岗斑岩	XL-16-19-1-1	134.7	0.049 062	0.001 191	0.282 580	0.000 020	−7.2	−4.4	0.7	955	1 434	−0.96
	XL-16-19-2-1	131.9	0.030 693	0.000 778	0.282 534	0.000 018	−8.9	−6.0	0.6	1 010	1 536	−0.98
	XL-16-19-3-1	137.3	0.054 156	0.001 238	0.282 557	0.000 022	−8.1	−5.1	0.8	990	1 485	−0.96
	XL-16-19-4-1	135.5	0.032 452	0.000 826	0.282 582	0.000 017	−7.2	−4.2	0.6	943	1 427	−0.98
	XL-16-19-5-1	138.3	0.034 629	0.000 965	0.282 568	0.000 014	−7.7	−4.7	0.5	967	1 458	−0.97
	XL-16-19-5-2	138.3	0.040 062	0.001 043	0.282 541	0.000 014	−8.6	−5.6	0.5	1 007	1 518	−0.97
	XL-16-19-6-1	136.3	0.025 466	0.000 602	0.282 509	0.000 018	−9.8	−6.8	0.6	1 040	1 589	−0.98
	XL-16-19-7-1	136.3	0.028 668	0.000 692	0.282 549	0.000 020	−8.3	−5.4	0.7	986	1 499	−0.98
	XL-16-19-8-1	136.3	0.039 470	0.001 018	0.282 548	0.000 016	−8.4	−5.5	0.6	997	1 504	−0.97
	XL-16-19-9-1	136.3	0.037 696	0.000 957	0.282 548	0.000 017	−8.4	−5.4	0.6	995	1 503	−0.97
	XL-16-19-10-1	136.3	0.026 317	0.000 679	0.282 589	0.000 017	−6.9	−4.0	0.6	931	1 412	−0.98
DQW-1大桥坞花岗斑岩	DQW-1-1	134	0.025 437	0.000 796	0.282 566	0.000 028	−7.7	−4.8	1.0	965	1 464	−0.98
	DQW-1-1-2	134	0.038 755	0.001 104	0.282 593	0.000 026	−6.8	−3.9	0.9	935	1 405	−0.97
	DQW-1-2	135	0.038 152	0.001 056	0.282 616	0.000 031	−6.0	−3.1	1.1	902	1 354	−0.97
	DQW-1-2-2	135	0.049 925	0.001 344	0.282 622	0.000 038	−5.8	−2.9	1.4	900	1 341	−0.96
	DQW-1-3	134	0.037 350	0.001 069	0.282 566	0.000 024	−7.8	−4.9	0.9	973	1 466	−0.97
	DQW-1-4-0	133	0.043 548	0.001 195	0.282 621	0.000 025	−5.8	−3.0	0.9	898	1 345	−0.96
	DQW-1-5	131	0.0478 65	0.001 330	0.282 549	0.000 025	−8.4	−5.6	0.9	1 004	1 507	−0.96
	DQW-1-6	135	0.024 764	0.000 675	0.282 662	0.000 020	−4.4	−1.4	0.7	829	1 250	−0.98
	DQW-1-6-2	135	0.027 773	0.000 787	0.282 669	0.000 022	−4.1	−1.2	0.8	821	1 233	−0.98
	DQW-1-7	132	0.024 480	0.000 680	0.282 600	0.000 023	−6.5	−3.7	0.8	915	1 388	−0.98
	DQW-1-8	131	0.031 215	0.000 904	0.282 610	0.000 021	−6.2	−3.3	0.8	906	1 368	−0.97
	DQW-1-9	126	0.050 875	0.001 409	0.282 644	0.000 034	−5.0	−2.3	1.2	870	1 298	−0.96
	DQW-1-9-2	126	0.053 915	0.001 412	0.282 571	0.000 036	−7.6	−4.9	1.3	975	1 461	−0.96
	DQW-1-10	132	0.025 111	0.000 730	0.282 613	0.000 022	−6.1	−3.2	0.8	898	1 359	−0.98
	DQW-1-11	131	0.019 754	0.000 593	0.282 575	0.000 023	−7.4	−4.6	0.8	948	1 445	−0.98
	DQW-1-12	134	0.021 618	0.000 644	0.282 615	0.000 021	−6.0	−3.1	0.7	894	1 355	−0.98
	DQW-1-13	133	0.043 755	0.001 253	0.282 634	0.000 023	−5.3	−2.5	0.8	881	1 315	−0.96
	DQW-1-14-2	137	0.045 121	0.001 290	0.282 524	0.000 019	−9.2	−6.3	0.7	1 038	1 559	−0.96
	DQW-1-15	131	0.024 708	0.000 724	0.282 561	0.000 026	−7.9	−5.1	0.9	971	1 477	−0.98
	DQW-1-16	130	0.033 914	0.000 986	0.282 531	0.000 021	−9.0	−6.2	0.8	1 020	1 546	−0.97
	DQW-1-17	131	0.020 932	0.000 629	0.282 616	0.000 022	−6.0	−3.1	0.8	892	1 354	−0.98
	DQW-1-18	132	0.065 418	0.001 887	0.282 615	0.000 030	−6.0	−3.2	1.1	923	1 362	−0.94
	DQW-1-19	133	0.048 787	0.001 350	0.282 611	0.000 027	−6.2	−3.3	1.0	916	1 368	−0.96
	DQW-1-20	136	0.045 567	0.001 322	0.282 669	0.000 028	−4.1	−1.2	1.0	833	1 236	−0.96
	DQW-1-21	134	0.020 485	0.000 618	0.282 621	0.000 026	−5.8	−2.9	0.9	885	1 341	−0.98
	DQW-1-21-2	134	0.040 557	0.001 208	0.282 609	0.000 027	−6.2	−3.4	0.9	915	1371	−0.96

续表 6-7

	分析点	年龄 (Ma)	$^{176}Yb/^{177}Hf$ 比值	$^{176}Lu/^{177}Hf$ 比值	$^{176}Hf/^{177}Hf$ 比值	2σ	$\varepsilon_{Hf}(0)$	$\varepsilon_{Hf}(t)$	2σ	T_{DM} (Ma)	T_{DM}^c (Ma)	$f_{Lu/Hf}$
DQW-4 大桥坞花岗斑岩	DQW-4-3	136	0.027 306	0.000 803	0.282 647	0.000 022	-4.9	-1.9	0.8	852	1 281	-0.98
	DQW-4-4	136	0.026 409	0.000 771	0.282 584	0.000 024	-7.1	-4.2	0.9	940	1 424	-0.98
	DQW-4-5	134	0.042 015	0.001 190	0.282 545	0.000 023	-8.5	-5.6	0.8	1 006	1 514	-0.96
	DQW-4-6	131	0.053 736	0.001 472	0.282 610	0.000 029	-6.2	-3.4	1.0	921	1 372	-0.96
	DQW-4-7	133	0.033 667	0.000 948	0.282 651	0.000 024	-4.7	-1.9	0.8	850	1 276	-0.97
	DQW-4-8	133	0.034 372	0.000 929	0.282 611	0.000 025	-6.2	-3.3	0.9	906	1 365	-0.97
	DQW-4-10	137	0.029 197	0.000 827	0.282 607	0.000 031	-6.3	-3.3	1.1	908	1 370	-0.98
	DQW-4-11	136	0.053 715	0.001 385	0.282 645	0.000 030	-5.0	-2.1	1.1	869	1 290	-0.96
	DQW-4-12	137	0.036 227	0.001 023	0.282 523	0.000 026	-9.3	-6.3	0.9	1 031	1 559	-0.97
	DQW-4-13	132	0.028 542	0.000 802	0.282 636	0.000 023	-5.3	-2.4	0.8	868	1 310	-0.97
	DQW-4-14	138	0.028 423	0.000 748	0.282 659	0.000 027	-4.4	-1.4	0.9	834	1 253	-0.98
	DQW-4-15	132	0.054 741	0.001 453	0.282 627	0.000 023	-5.6	-2.8	0.8	896	1 334	-0.96
	DQW-4-16	132	0.083 008	0.002 297	0.282 556	0.000 025	-8.1	-5.4	0.9	1 019	1 495	-0.93
	DQW-4-17	135	0.057 828	0.001 456	0.282 619	0.000 033	-5.9	-3.0	1.2	907	1 348	-0.96
	DQW-4-18	139	0.039 490	0.001 102	0.282 597	0.000 027	-6.6	-3.6	1.0	929	1 393	-0.97
	DQW-4-19	138	0.064 625	0.001 705	0.282 603	0.000 030	-6.4	-3.5	1.0	936	1 384	-0.95
	DQW-4-22	134	0.045 556	0.001 154	0.282 587	0.000 034	-7.0	-4.1	1.2	945	1 419	-0.97

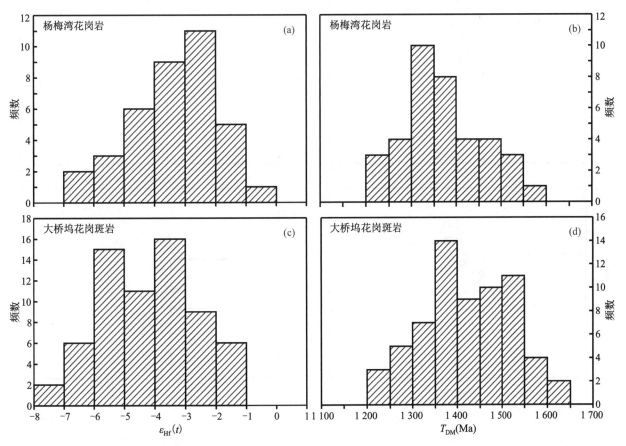

图 6-10 新路火山盆地中杨梅湾花岗岩（a）(b) 和大桥坞花岗斑岩（c）(d) 的 $\varepsilon_{Hf}(t)$ 值以及两阶段 Hf 模式年龄（T_{DM}^c）值的柱状图解

所有锆石的 $^{176}Lu/^{177}Hf$ 比值均小于 0.002,表明锆石形成后放射性成因 Hf 积累很少,可以很好地反映锆石形成时岩浆的 Hf 同位素组成特征。Hf 同位素分析结果表明杨梅湾花岗岩(样品 XL-11 和样品 XL-14)的 $\varepsilon_{Hf}(t)$ 值变化范围在 -6.8~-0.9 之间,平均值为 -3.3,两阶段 Hf 模式年龄 T_{DM}^c 值变化范围在 1 592~1 211Ma 之间,平均值为 1 369Ma。大桥坞花岗斑岩(样品 XL-16-5,XL-16-19,DQW-1 以及 DQW-4)的 $\varepsilon_{Hf}(t)$ 值变化范围在 -7.8~-1.2 之间,平均值为 -4.2,两阶段 Hf 模式年龄 T_{DM}^c 值变化范围在 1 233Ma 到 1 649Ma 之间,平均值为 1 423Ma。总体上来说,杨梅湾花岗岩和大桥坞花岗斑岩具有较为相似的锆石 Hf 同位素组成。

6.4.3 杨梅湾花岗岩和大桥坞花岗斑岩的岩石成因

6.4.3.1 成因类型

总的来说,杨梅湾花岗岩和大桥坞花岗斑岩样品都显示出 A 型岩浆所特有的地球化学特征,例如:富碱,具有较高的 K_2O+Na_2O 含量;富集 REE、HFSE 和 Ga,亏损 Ba、Sr 和过渡元素;具有高的 Ga/Al 比值(Whalen et al,1987,1996)。较高的形成温度也是判别 A 型花岗岩的一条重要指标。利用 Watson et al(1983)锆饱和温度计能计算出花岗岩形成时的温度。计算结果(表 6-5)表明杨梅湾花岗岩的形成温度为 795~829℃(平均 810℃),大桥坞花岗斑岩的形成温度为 808~881℃(平均 850℃),表明杨梅湾花岗岩和大桥坞花岗斑岩样品具有较高的形成温度。在 A 型花岗岩的判别图解上,如 $10\,000 \times Ga/Al - K_2O+Na_2O$,Nb,Zr 图解以及 $Zr+Nb+Ce+Y - (K_2O+Na_2O)/CaO$(图 6-11a~d)中,杨梅湾花岗岩和大桥坞花岗斑岩显示出高的 Ga/Al 比值以及较高的 Zr+

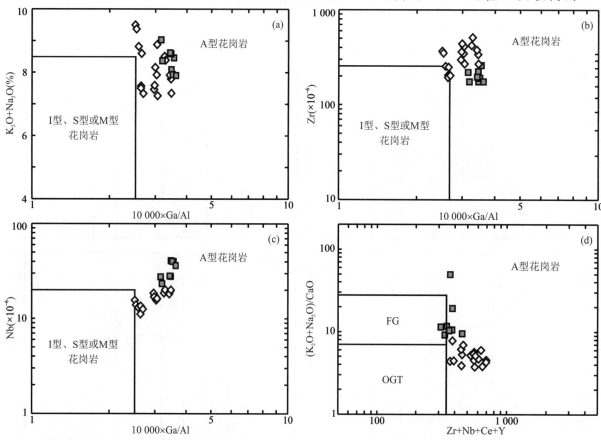

图 6-11 新路火山盆地中杨梅湾花岗岩和大桥坞花岗斑岩的(a)(Na_2O+K_2O)-$10\,000 \times Ga/Al$,(b)Zr-$10\,000 \times Ga/Al$,(c)Nb-$10\,000 \times Ga/Al$,以及(d)$[(Na_2O+K_2O)/CaO]$-$(Zr+Nb+Ce+Y)$ 分类判别图解(Whalen et al,1987)显示出这两个花岗岩体具有 A 型花岗岩的地球化学特征。FG. 高分异花岗岩;OGT. 未分异的 I 型、S 型以及 M 型花岗岩。图例同图 6-5

Nb+Ce+Y 含量，大部分数据点都落入了 A 型花岗岩的范围里面，表明杨梅湾花岗岩和大桥坞花岗斑岩具有 A 型花岗岩的地球化学特征。

6.4.3.2 物质来源和构造环境

杨梅湾花岗岩和大桥坞花岗斑岩的全岩 Nd 同位素组成 $\varepsilon_{Nd}(t)$ 在 $-6.5 \sim -3.6$ 之间，锆石的 Hf 同位素组成 $\varepsilon_{Hf}(t)$ 在 $-7.8 \sim -0.9$ 之间，并且全岩的 Nd 同位素和锆石的 Hf 同位素都具有中元古代的两阶段模式年龄，表明这两个岩体起源于地壳深处的中元古代变质岩。同相山火山侵入杂岩体一样，在 Nd 同位素和 Hf 同位素图解（图 6-12）中，杨梅湾花岗岩和大桥坞花岗斑岩的数据点位于中元古代正变质岩和副变质岩的演化区域之间，因此，杨梅湾花岗岩和大桥坞花岗斑岩是由事先经过脱水而发生麻粒岩化的中元古代变质岩（包括副变质岩和正变质岩）部分熔融而形成的。

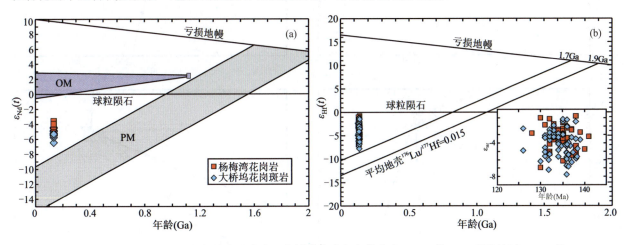

图 6-12 新路火山盆地中杨梅湾花岗岩和大桥坞花岗斑岩的全岩 $\varepsilon_{Nd}(t)$ 值（a）以及锆石 $\varepsilon_{Hf}(t)$ 值（b）对于时间的演化曲线

副变质岩的 Nd 同位素演化曲线引自沈渭洲等（1993），正变质岩的 Nd 同位素演化曲线引自胡恭任等（1999）。

PM. 副变质岩；OM. 正变质岩

前面已得出，相山火山侵入杂岩主要起源于基底变质岩的部分熔融，并且其源区无明显地幔物质的加入。但是杨梅湾花岗岩和大桥坞花岗斑岩相对于相山火山侵入杂岩具有较高的全岩 $\varepsilon_{Nd}(t)$ 值以及锆石 $\varepsilon_{Hf}(t)$ 值，显示杨梅湾花岗岩和大桥坞花岗斑岩的原岩可能有少量地幔物质的加入。此外，杨梅湾花岗岩相对于大桥坞花岗斑岩具有较高的全岩 $\varepsilon_{Nd}(t)$，可能也指示两个岩体中地幔组分的性质或者比率有所不同。

此外，同相山火山侵入杂岩体一样，杨梅湾花岗岩和大桥坞花岗斑岩这两个 A 型花岗岩岩体的形成表明赣杭构造带在这个时间段上是处于一个拉张的构造背景，这个拉张环境是由于太平洋板块俯冲之后的板片后撤所引起的弧后拉张或者弧内断裂所造成的。这些 A 型花岗岩较高的形成温度以及原岩中含有地幔物质组分，表明随着古太平洋板块的后撤，持续的拉张作用导致地壳和岩石圈地幔逐渐减薄，上涌并底侵的软流圈地幔引发地壳物质部分熔融，形成赣杭构造带上的杨梅湾花岗岩以及大桥坞花岗斑岩这两个 A 型花岗岩岩体。

6.4.3.3 分离结晶作用

同相山火山侵入杂岩一样，杨梅湾花岗岩和大桥坞花岗斑岩具有相同的物质来源，但是两者之间的主量元素以及微量元素组成特征并不完全相同，如两者的轻重稀土比值以及 Eu 的负异常程度并不相同，Ba、Sr、P、Ti 的负异常程度也并不相同（图 6-9），表明杨梅湾花岗岩和大桥坞花岗斑岩两者的岩浆演化过程是有差异的，分离结晶作用控制了两者的主量元素和微量元素的组成变化。

在 Sr-Ba、Rb-Ba 以及 Eu-Ba 图解（图 6-13a~c）上，可以看到大桥坞花岗斑岩发生分离结晶作用的程度较小，而杨梅湾花岗岩相对于大桥坞花岗斑岩则发生了较为强烈的长石的分离结晶作用。在La-(La/Yb)$_N$图解上（图6-13d），可以看到褐帘石和独居石的分离结晶控制了两者的稀土元素的含量差异。

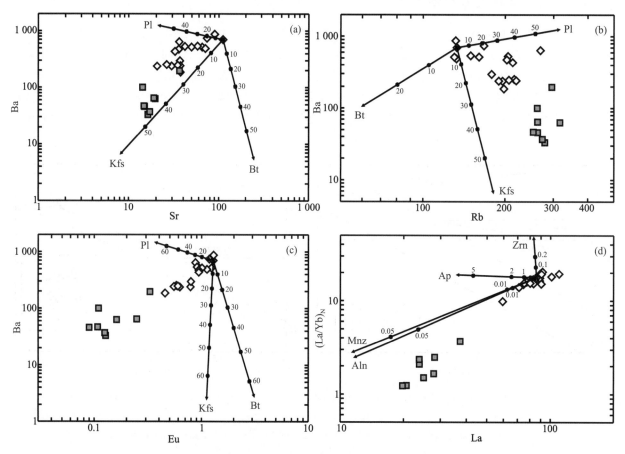

图6-13 新路火山盆地中杨梅湾花岗岩和大桥坞花岗斑岩的（a）Sr-Ba，(b) Rb-Ba，
(c) Eu-Ba，以及(d) La-(La/Yb)$_N$图解

Rb、Sr和Ba的配分系数引自Philpotts et al (1970)，Eu的配分系数引自Arth (1976)；磷灰石的配分系数引自Fujimaki (1986)，锆石和褐帘石的配分系数引自Mahood et al (1983)，独居石的配分系数引自Yurimoto et al (1990)。

Pl. 斜长石；Kfs. 钾长石；Bt. 黑云母；Aln. 褐帘石；Mnz. 独居石；Ap. 磷灰石；Zrn. 锆石。图例同图6-5

6.5 小 结

本章的研究工作选取了赣杭构造带上位于浙江省西部的杨梅湾花岗岩和大桥坞花岗斑岩作为研究对象，开展了这两个岩体的锆石U-Pb年代学、岩石地球化学以及全岩的Sr-Nd同位素组成和锆石Hf同位素组成的研究，探讨了杨梅湾花岗岩和大桥坞花岗斑岩的成因及其形成的构造背景。

锆石U-Pb定年结果表明这两个岩体的形成时代在136～133Ma之间，表明这两个岩体是早白垩世岩浆活动的产物。岩石地球化学方面，这些花岗质岩石属于准铝质到弱过铝质花岗岩，并且具有A型花岗岩的地球化学特征，比如具有较高的Na_2O+K_2O含量，较高的$Fe_2O_3^*/MgO$以及Ga/Al比值，并具有较低的CaO、MgO和TiO_2含量。此外，这些花岗岩还富集大离子亲石元素（LILEs，如Rb和Th）和高场强元素（HFSEs，如Zr和Y），亏损Sr、Ba、P、Eu和Ti。这两个岩体具有较高的形成温度。锆石饱和温度计的研究结果表明，杨梅湾花岗岩形成于约810℃，大桥坞花岗斑岩形成于约850℃。这些花岗岩的全岩Nd同位素组成$\varepsilon_{Nd}(t)$在−6.5～−3.6之间，锆石的Hf同位素组成$\varepsilon_{Hf}(t)$在−7.8～−0.9之间，并且全岩的Nd同位素和锆石的Hf同位素都具有中元古代的两阶段模式年龄。这些地球化学特征及同位素数据表明这些 A 型花岗岩是由事先经过脱水、发生麻粒岩化的中元古代变质岩（包括副变质岩和正变质岩）部分熔融而形成的，部分熔融形成的花岗质岩浆经过后来的分离结晶作用形成现在的花岗岩体。

赣杭构造带上分布的白垩纪 A 型花岗岩的形成表明赣杭构造带在这个时间段上是处于一个拉张的构造背景。这个拉张环境是由于太平洋板块俯冲之后的板片后撤所引起的弧后拉张或者弧内断裂所造成的。随着古太平洋板块的后撤，持续的拉张作用导致地壳和岩石圈地幔逐渐减薄，上涌并底侵的软流圈地幔引发地壳物质部分熔融，形成赣杭构造带上的杨梅湾花岗岩以及大桥坞花岗斑岩这两个 A 型花岗岩岩体。

7 大洲火山盆地岩浆岩成因研究

7.1 地质背景

大洲火山盆地位于赣杭构造带（Gilder et al, 1996）铀成矿带东段, 江山-绍兴深大断裂南侧。研究表明, 中国南方主要铀成矿带都经历了长期的地质构造活动及岩浆演化作用, 而岩浆演化与构造活动紧密联系, 岩浆火山活动大都发生在深大断裂的结点上, 它们共同构成陆相火山岩型铀矿的成矿环境。大洲盆地发育于扬子地台与华南褶皱系两个一级大地构造单元的接触部位, 是赣杭中生代岩浆火山活动带内一个大型的晚中生代火山断陷盆地, 并受北东向江山-绍兴深断裂所控制。大洲铀矿田位于武夷山构造岩浆活动带与赣杭构造岩浆活动带的交接部位, 紧邻江山-绍兴地壳裂解拼接带, 铀成矿与之密切相关, 赋矿流纹岩主要受北东向江山-绍兴深断裂带和北北东向雷公殿-大茶园基底断裂控制（毛孟才, 2002）（图7-1）。

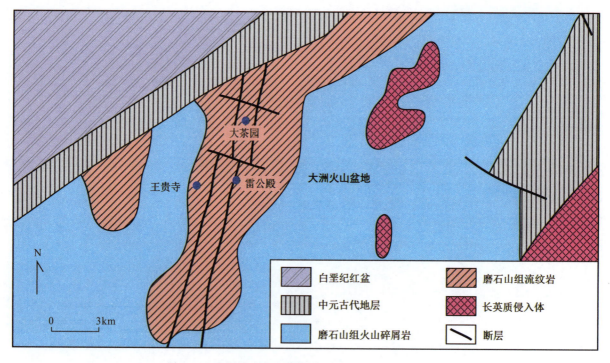

图7-1 大洲铀矿床地质简图（据毛孟才, 2002 修改）

大洲火山盆地目前已经发现大茶园（661）、雷公殿（663）、王贵寺（664）三个主要的铀矿床（图7-1）, 矿田定位于江山-绍兴断裂带和北北东向雷公殿-大茶园基底断裂的复合部位。其中大茶园矿床位于该带东段浙江省大洲铀矿田内, 是中国发现最早、产在流纹岩中的典型火山岩型矿床之一（章邦桐等, 1992）。矿田内的构造较为简单, 总体是由一个火山旋回组成的单斜层, 后被多条北西西向断层所切割, 自北向南呈阶梯状陷落。出露地层主要有基底地层、火山岩系地层和盖层, 铀矿产于火山岩系地层中, 是典型的火山岩型铀矿田。

基底地层主要为中元古界，包括双溪坞群和陈蔡岩群。双溪坞群分布在矿田北缘，为一套中-深变质岩系，主要岩性为石英云母片岩、二云母片岩、角闪斜长片麻岩等，与上覆地层均呈构造接触。陈蔡岩群分布在矿田东部以及大茶园矿床的北部，呈推覆体逆掩覆盖在火山岩系地层之上，主要为一套中浅变质的绢云母片岩、黑云母石英片岩、角闪片岩、角闪斜长片麻岩、黑云母斜长片麻岩等，局部夹花岗片麻岩。

火山岩系地层较为简单，为磨石山组火山岩系。磨石山组通常归属上侏罗统，但缺少可靠的年代学数据。磨石山组总厚度4 960m，韵律清楚，以酸性熔岩为主，夹薄层凝灰质粉砂岩或沉凝灰岩。火山熔岩具有明显的分相性，由流纹岩和"绿色层"组成。磨石山组可以分成4段：第一段以流纹质凝灰岩、英安质凝灰岩和安山岩夹河湖相砂砾岩为特征；第二层以流纹质熔结凝灰岩夹少量紫红色砂岩为特征；第三层以酸性喷出岩和河、湖相沉积岩互层为特征；第四层为厚层状流纹岩夹火山碎屑沉积岩，是主要含矿层位。"绿色层"是熔岩顶、底相岩层在弱氧化环境下发生的层状伊利石-水云母化蚀变所致，岩浆间隙性喷溢形成的多层绿色蚀变带，是铀成矿重要的矿前蚀变作用，形成了富铀层或铀矿化（毛孟才，2001）。

矿石呈浸染状、细脉浸染状、网脉状和角砾状构造，铀以单矿物及吸附分散状态存在（田建吉等，2010）。铀矿物有沥青铀矿、铀黑等。沥青铀矿呈显微、超显微粒状、球粒状。伴生金属矿物主要有黄铁矿、赤铁矿，还有极少量方铅矿、闪锌矿、辉钼矿等。脉石矿物主要有玉髓、萤石和方解石。围岩蚀变在区域上以水云母化为其特征，形成可作为找矿标志的绿色层。近矿围岩蚀变有赤铁矿化、硅化、黄铁矿化、萤石化、迪开石化、水云母化及碳酸盐化，其中，赤铁矿化、硅化和萤石化与矿化关系最密切。

7.2 岩体概况

大洲火山盆地中的岩浆岩相对比较简单，以流纹岩为主，铀矿也主要产在流纹岩中。本书的研究对象是大茶园矿床的流纹岩。大洲流纹岩在手标本上为浅紫色，具有斑状结构，流纹构造（图7-2a），斑晶含量为15%～20%，主要由长石和石英组成，长石以正长石为主。基质通常为隐晶质，主要由碱性长石和石英组成。副矿物主要有磷灰石、锆石、榍石、褐帘石以及不透明矿物。在基质中可观察到具有不同颗粒大小的锆石（图7-2b～d）。

7.3 大洲火山盆地的年代学格架

磨石山组流纹岩是区内出露面积最大的火山岩，并且是重要的含矿层位。为了确定磨石山组的时代归属，我们从大茶园采了7个流纹岩样品，对其中的一个流纹岩样品（DZ-17）开展了SHRIMP锆石U-Pb定年分析，分析结果见表7-1和图7-3。大洲流纹岩的锆石为无色透明，从锆石的透射光和显微镜下鉴定分析，大部分锆石结晶较好，呈长柱状晶形，自形程度高，长度大概为100～300μm，长宽比大概为2∶1～4∶1。从大洲流纹岩中锆石的阴极发光图像中可以发现，绝大多数锆石具有明显的内部结构和典型的岩浆振荡环带结构（图7-3a），显示为岩浆成因锆石。

从表7-1可以看出，大洲流纹岩锆石的Th和U的含量不大，并且锆石Th/U值变化较小，大部分介于0.6～0.8之间，均大于0.6。从锆石的CL图像（图7-3a）和定年结果（图7-3b）可以发现，大洲流纹岩中没有锆石继承核的存在。定年结果表明，大洲流纹岩所选取的测试点的分析结果在谐和图上组成密集的一簇，所统计的测试点计算出来的年龄能很好地代表岩浆岩的结晶年龄。计算出来的$^{206}Pb/^{238}U$加权平均年龄表明大洲流纹岩的形成年龄为127.3±1.7Ma。这个定年结果表明大洲盆地与相山盆地和新路盆地一样，其大规模火山活动开始于早白垩世。

图 7-2 典型大洲流纹岩的手标本照片（a）以及显微镜下观察到的基质中不同颗粒大小的
锆石（b~d），正交偏光

表 7-1 大洲流纹岩的 SHRIMP 锆石 U-Pb 定年分析结果

分析点	$^{206}Pb_c$ (%)	U (×10^{-6})	Th (×10^{-6})	Th/U	$^{206}Pb^*$ (×10^{-6})	$^{207}Pb^*/^{206}Pb^*$ 比值	1σ	$^{207}Pb^*/^{235}U$ 比值	1σ	$^{206}Pb^*/^{238}U$ 比值	1σ	$^{206}Pb/^{238}U$ 年龄 (Ma)	1σ
DZ-17-1-1	6.31	79	51	0.67	1.40	0.049 9	0.004 6	0.137 0	0.013 0	0.019 92	0.000 40	127.1	3.3
DZ-17-2-1	—	87	67	0.79	1.54	0.048 9	0.003 0	0.134 9	0.008 6	0.020 00	0.000 36	127.7	2.8
DZ-17-2-2	3.52	81	91	1.16	1.44	0.037 9	0.003 2	0.102 7	0.008 9	0.019 65	0.000 37	125.4	3.2
DZ-17-4-1	3.30	134	93	0.72	2.35	0.057 2	0.002 2	0.160 0	0.006 9	0.020 27	0.000 32	129.3	2.4
DZ-17-5-1	—	105	74	0.72	1.80	0.047 5	0.002 4	0.128 6	0.006 9	0.019 63	0.000 33	125.3	2.5
DZ-17-6-1	—	120	83	0.72	2.09	0.040 8	0.002 2	0.112 1	0.006 4	0.019 94	0.000 34	127.3	2.5
DZ-17-7-1	3.46	88	59	0.69	1.57	0.056 4	0.003 5	0.159 0	0.010 3	0.020 40	0.000 37	130.2	2.8
DZ-17-8-1	1.13	114	80	0.72	1.94	0.052 6	0.002 7	0.141 5	0.007 6	0.019 53	0.000 33	124.7	2.6
DZ-17-9-1	1.55	120	80	0.69	2.08	0.054 0	0.003 2	0.148 1	0.009 0	0.019 87	0.000 34	126.8	2.4
DZ-17-10-1	1.84	91	66	0.75	1.62	0.046 8	0.002 9	0.130 6	0.008 4	0.020 23	0.000 36	129.1	2.8

注：Pb_c 和 Pb^* 分别代表普通铅和放射成因铅。

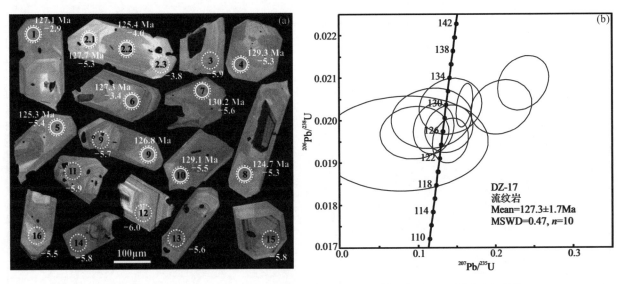

图 7-3 大洲流纹岩（样品 DZ-17）的锆石 CL 图像、$^{206}Pb/^{238}U$ 年龄、Hf 同位素初始值（a），以及锆石 U-Pb 同位素年龄谐和图（b）

7.4 大洲流纹岩的岩石地球化学研究

7.4.1 主量元素和微量元素组成

对 7 个大洲流纹岩样品进行了主量元素和微量元素的分析，分析结果见表 7-2。对引自毛孟才（2001）的 6 个大洲流纹岩的主量元素数据也一起进行了讨论。将除了烧失量之外的其他主量元素含量归一化到 100%，然后投点到 Le Bas et al（1986）的 TAS 分类图解[SiO_2-(Na_2O+K_2O)]中（图 7-4），得出 7 个火山岩样品都属于流纹岩的范畴。

表 7-2 大洲流纹岩的主量元素（%）和微量元素组成（×10^{-6}）

样品编号	DZ-6	DZ-8	DZ-9	DZ-10	DZ-11	DZ-15	DZ-17	Mao-1	Mao-2	Mao-3	Mao-4	Mao-5	Mao-6
SiO_2	74.26	75.46	74.81	75.92	76.12	73.89	74.82	74.88	74.18	75.54	77.26	76.17	73.94
TiO_2	0.29	0.27	0.29	0.26	0.27	0.28	0.29	0.28	0.25	0.24	0.23	0.25	0.33
Al_2O_3	13.02	12.65	12.78	12.51	12.21	12.85	12.73	11.52	11.38	10.92	10.91	11.07	12.43
Fe_2O_3	0.96	0.82	1.79	1.27	1.30	2.92	1.97	1.89	1.34	1.83	2.40	2.14	2.56
FeO	1.21	1.41	1.08	1.27	1.16	0.38	0.26	1.18	2.05	1.19	0.54	0.85	0.56
MnO	0.12	0.08	0.08	0.08	0.10	0.02	0.02	0.06	0.03	0.04	0.03	0.03	0.04
MgO	0.06	0.05	0.06	0.06	0.04	0.04	0.04	0.23	0.15	0.15	0.14	0.21	0.23
CaO	0.32	0.56	0.53	0.49	0.49	0.50	0.52	0.47	0.36	0.22	0.19	0.13	0.15
Na_2O	2.40	2.26	2.01	1.79	2.11	1.77	1.57	1.92	1.29	2.05	2.32	2.29	2.30
K_2O	6.66	5.95	5.28	5.60	5.55	6.44	6.48	6.06	7.23	5.92	4.65	5.44	5.76
P_2O_5	0.06	0.07	0.07	0.08	0.08	0.04	0.04	0.03	0.04	0.01	0.02	0.04	0.04
LOI	0.67	0.69	0.99	0.92	0.80	0.95	1.00	1.32	1.38	1.38	1.72	1.27	1.67
Total	100.03	100.27	99.77	100.25	100.23	100.08	99.74	99.84	99.68	99.49	100.41	99.89	100.01
AR	5.23	4.28	3.42	3.63	4.04	4.04	4.10	4.98	6.29	6.03	4.38	5.46	4.57
A/CNK	1.11	1.13	1.28	1.26	1.18	1.19	1.21	1.09	1.07	1.07	1.19	1.12	1.21

续表 7-2

样品编号	DZ-6	DZ-8	DZ-9	DZ-10	DZ-11	DZ-15	DZ-17	Mao-1	Mao-2	Mao-3	Mao-4	Mao-5	Mao-6
A/NK	1.17	1.25	1.42	1.39	1.29	1.30	1.33	1.19	1.14	1.12	1.23	1.15	1.24
V	2.27	6.38	3.79	5.62	8.21	4.76	5.53						
Cr	5.26	9.42	5.86	3.29	14.3	4.16	1.92						
Ni	3.84	2.61	1.88	2.57	3.63	1.83	1.81						
Ga	20.2	27.5	30.4	19.2	23.7	25.9	21.5						
Rb	294	262	319	346	295	389	397						
Sr	45.7	30.6	22.0	20.5	21.1	9.73	8.89						
Y	35.0	46.6	57.8	26.5	46.2	49.9	44.6						
Zr	944	977	1033	802	809	1145	1061						
Nb	56.8	50.0	57.4	47.3	47.9	62.5	61.2						
Ba	68.7	73.0	45.0	66.3	46.0	25.5	29.6						
La	161	122	148	123	110	170	217						
Ce	318	213	271	260	203	309	401						
Pr	28.6	22.7	28.4	22.0	21.1	31.0	37.9						
Nd	111	84.7	108	84.4	82.8	112	133						
Sm	15.4	13.1	17.0	12.3	13.0	17.8	21.5						
Eu	0.28	0.31	0.30	0.26	0.25	0.31	0.38						
Gd	10.9	10.6	13.7	8.69	10.4	13.8	15.7						
Tb	1.33	1.39	1.83	1.07	1.36	1.79	1.92						
Dy	8.17	9.06	11.7	6.45	9.25	11.0	11.0						
Ho	1.50	1.90	2.44	1.20	1.91	2.12	2.00						
Er	3.80	5.29	6.74	3.08	5.42	5.47	4.83						
Tm	0.48	0.80	1.00	0.42	0.82	0.75	0.64						
Yb	2.76	4.89	6.01	2.41	4.99	4.38	3.64						
Lu	0.38	0.72	0.90	0.34	0.78	0.64	0.51						
Hf	21.9	21.7	21.9	18.4	18.5	25.1	24.1						
Ta	4.02	3.63	3.95	3.52	3.41	4.28	4.42						
Pb	26.4	54.0	36.9	35.6	24.6	28.4	27.0						
Th	39.9	27.7	35.2	35.0	27.4	36.5	41.1						
U	8.96	5.25	5.58	8.72	5.09	6.75	6.04						
Eu/Eu*	0.07	0.08	0.06	0.08	0.06	0.06	0.06						
ΣREE	664	490	617	526	465	679	851						
$(La/Yb)_N$	39.40	16.83	16.62	34.32	14.79	26.11	40.21						
M	1.28	1.23	1.08	1.09	1.17	1.18	1.15						
T_{Zr} (℃)	979	988	1011	979	972	1013	1007						

注：$Eu/Eu^* = Eu_N / [(Sm_N) \times (Gd_N)]^{0.5}$。

$T_{Zr} = 12\,900 / (2.95 + 0.85 \times M + \ln D^{Zr, zircon/melt})$（引自 Watson et al, 1983），其中 $D^{Zr, zircon/melt}$ 是锆石中 Zr 的含量和锆饱和岩浆中 Zr 的含量的比值，$M = (Na + K + 2 \times Ca) / (Al \times Si)$（离子数比）。

样品 Mao-1～Mao-6 的数据引自毛孟才（2001）。

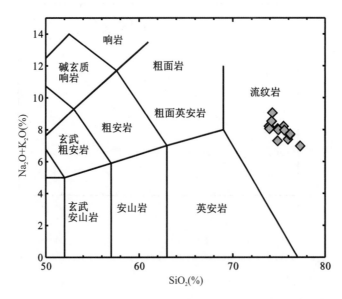

图 7-4　大洲流纹岩的 TAS 分类命名图解（据 Le Bas et al，1986 修改）

大洲流纹岩具有较高的 SiO_2 含量（73.89%～77.26%），Al_2O_3 含量在 10.91%～13.02%之间，属于弱过铝质到强过铝质岩石，A/CNK [= molar Al_2O_3/($CaO+Na_2O+K_2O$)] 主要介于 1.07～1.28 之间，在 A/CNK-A/NK 图解上（图 7-5），大洲流纹岩的数据点落在了弱过铝质范围到强过铝质范围。大洲流纹岩具有较高的 K_2O 含量，K_2O = 4.65%～7.23%。在 AR-SiO_2 图解（Wright，1969）上（图 7-6），大洲流纹岩的数据点都落在了碱性岩的范围里面。

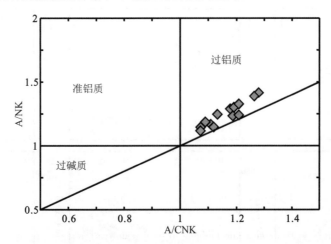

图 7-5　大洲流纹岩的 A/CNK-A/NK 图解（据 Maniar et al，1989）
指示大洲流纹岩是过铝质的。A=Al_2O_3，C=CaO，N=Na_2O，K=K_2O

大洲流纹岩的主量元素和部分微量元素含量相对于 SiO_2 成分变异图解如图 7-7 所示。将本书研究的杨梅湾花岗岩和大桥坞花岗斑岩，以及铜山花岗岩和大茅山花岗岩（数据引自 Jiang et al，2011）、白菊花尖花岗岩（数据引自 Wong et al，2009）也进行了对比研究，研究发现，除了 $Fe_2O_3^*$ 和 TiO_2 之外，大洲流纹岩和其他花岗岩体的化学组成具有相同的演化趋势，并且随着 SiO_2 的增加，TiO_2、Al_2O_3、$Fe_2O_3^*$、MgO、CaO 和 P_2O_5 都相应减少。

大洲流纹岩具有低的 Sr 含量 [(8.89～45.7)×10^{-6}] 和高的 Rb 含量 [(262～397)×10^{-6}]。对于参加对比的这些长英质岩体，SiO_2 和 Rb 一般具有正相关性，而与 Sr 具有负相关系（图 7-7h，i），但是大洲流纹岩的 SiO_2 相对变化较小，导致 SiO_2 相对于 Rb 和 Sr 在投图上没有表现出相关性。

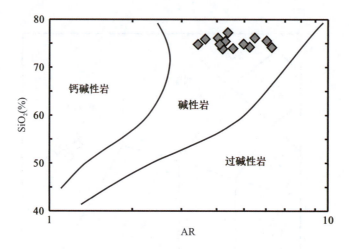

图 7-6 大洲流纹岩的 AR-SiO₂ 图解（据 Wright，1969）

AR（碱度率）＝[Al₂O₃+CaO+（Na₂O+K₂O）]/[Al₂O₃+CaO-（Na₂O+K₂O）]（质量百分数比）图解

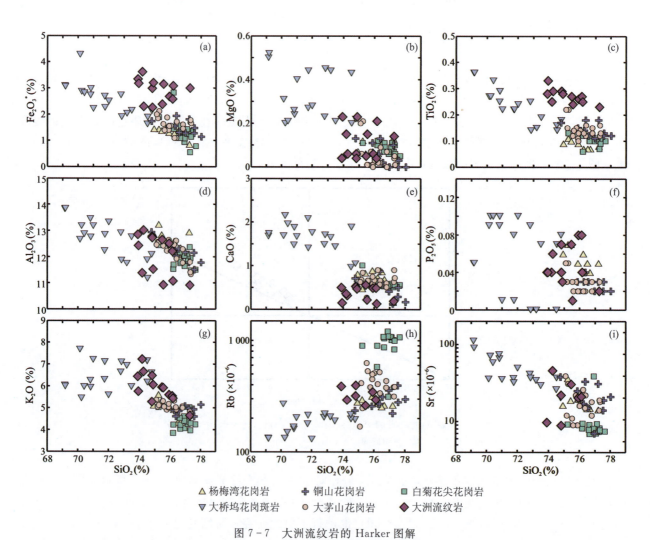

图 7-7 大洲流纹岩的 Harker 图解

杨梅湾花岗岩和大桥坞花岗斑岩、铜山花岗岩和大茅山花岗岩数据引自 Jiang et al，2011，白菊花尖花岗岩（数据引自 Wong et al，2009）的数据也投点在图中进行对比。$Fe_2O_3^*=Fe_2O_3+1.11×FeO$

在球粒陨石标准化（球粒陨石值采用 Boynton，1984 的数据）图解（图 7-8a）上可以看出，大洲流纹岩稀土配分模式为富 LREE 型，稀土元素配分曲线向右陡倾，而重稀土元素配分曲线相对平坦，反映岩石成岩过程中 LREE 发生了较强烈的分馏,而 HREE 分馏微弱。但是,大洲流纹岩和杨梅湾花岗岩、大桥坞花岗斑岩的稀土配分曲线也并不完全一样,大洲流纹岩具有很高的稀土总含量[(465~851)×10^{-6}],具有较为强烈的 Eu 负异常,Eu/Eu* 变化范围在 0.06~0.08 之间。此外,大洲流纹岩的轻重稀土分馏程度最为强烈,(La/Yb)$_N$ 值变化范围在 14.8~40.2 之间。

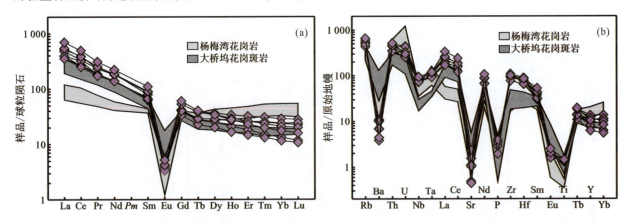

图 7-8 大洲流纹岩稀土元素的球粒陨石标准化图解[(a)球粒陨石值采用 Boynton,1984 的数据]以及微量元素的原始地幔标准化图解[(b)原始地幔值采用 McDonough et al,1995 的数据]

注:大桥坞花岗斑岩部分样品的 P$_2$O$_5$ 含量低于检测限,因此在图中没有这些样品的 P 的投点。新路火山盆地中杨梅湾花岗岩和大桥坞花岗斑岩数据也投点在图中进行对比

以原始地幔成分(原始地幔值采用 McDonough et al,1995 的数据)为标准,对大洲流纹岩样品的微量元素含量进行标准化作图。从微量元素蛛网图(图 7-8b)上可以看出,大洲流纹岩和杨梅湾花岗岩、大桥坞花岗斑岩的样品具有相似的微量元素配分模式,Ba、Sr、P、Ti 都表现出明显的负异常,这些负异常可能指示长石、磷灰石以及钛铁矿的分离结晶。同杨梅湾花岗岩和大桥坞花岗斑岩一样,大洲流纹岩也具有较高的高场强元素(HFSE)含量(如 Rb、Th、Nb、Ta、Zr、Hf 以及 Ga),具有高的 Ga/Al 比值。在微量元素蛛网图上这些元素都表现出正异常(除了 Nb、Ta 表现出负异常)。

7.4.2 Sr-Nd-Hf 同位素组成

大洲流纹岩具有较低的 Sr 含量以及较高的 Rb/Sr 比值,导致这些样品的 Sr 同位素组成没能测试出来,因此大洲流纹岩的 Sr 同位素未参与讨论。大洲流纹岩的 Nd 同位素组成见表 7-3,Nd 同位素的初始值按照 $t=127.3$Ma 计算。得出的 $\varepsilon_{Nd}(t)$ 值变化范围较小(表 7-3,图 7-9a),变化范围在 -6.39~-5.47 之间,两阶段 Nd 模式年龄 T_{DM}^c 值为 1 442~1 367Ma。

表 7-3 大洲流纹岩的 Nd 同位素组成

样品编号	Sm (×10^{-6})	Nd (×10^{-6})	^{147}Sm/^{144}Nd	^{143}Nd/^{144}Nd	Sm/Nd	I_{Nd}	$\varepsilon_{Nd}(0)$	$\varepsilon_{Nd}(t)$	T_{DM} (Ma)	T_{DM}^c (Ma)
DZ-6	15.4	111	0.083 3	0.512 259	0.14	0.512 190	-7.39	-5.55	1 043	1 374
DZ-8	13.1	84.7	0.093 3	0.512 233	0.15	0.512 155	-7.90	-6.33	1 163	1 429
DZ-9	17	108	0.095 3	0.512 241	0.16	0.512 162	-7.74	-6.10	1 172	1 419
DZ-10	12.3	84.4	0.088 3	0.512 236	0.15	0.512 162	-7.84	-6.08	1 112	1 417
DZ-11	13	82.8	0.095 1	0.512 226	0.16	0.512 147	-8.04	-6.39	1 189	1 442
DZ-15	17.8	112	0.096 0	0.512 274	0.16	0.512 194	-7.10	-5.47	1 136	1 367
DZ-17	21.5	133	0.097 9	0.512 247	0.16	0.512 165	-7.63	-6.02	1 190	1 413

锆石原位 Hf 同位素测试在以前进行的锆石 U-Pb 定年的相同部位或者邻近部位上进行,其初始 $^{176}Hf/^{177}Hf$ 比值通过用相对应的锆石年龄进行校正。大洲流纹岩的锆石 Hf 同位素组成见表 7-4。从测试结果可以看出,$^{176}Hf/^{177}Hf$ 的误差值(2σ)绝大部分在 0.000 020 以内。所有锆石的 $^{176}Lu/^{177}Hf$ 比值均小于 0.002,表明锆石形成后放射性成因 Hf 积累很少,可以很好地反映锆石形成时岩浆的 Hf 同位素组成特征。Hf 同位素分析结果表明大洲流纹岩的 $\varepsilon_{Hf}(t)$ 值变化范围在 -6.0~-2.9 之间,但是 18 个分析点有 14 个集中在 -6~-5 之间 [图 7-9(b)]。两阶段 Hf 模式年龄 T_{DM}^c 值变化范围在 1 530~1 337Ma 之间,平均值为 1 478Ma。

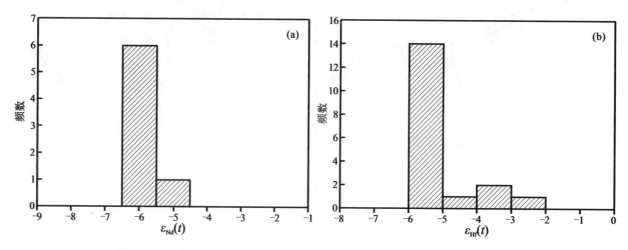

图 7-9 大洲流纹岩的全岩 $\varepsilon_{Nd}(t)$ 值(a)以及锆石 $\varepsilon_{Hf}(t)$ 值(b)的柱状图解

表 7-4 大洲流纹岩的 LA-MC-ICP-MS 锆石 Lu-Hf 同位素组成测试结果

分析点	年龄 (Ma)	$^{176}Yb/^{177}Hf$ 比值	$^{176}Lu/^{177}Hf$ 比值	$^{176}Hf/^{177}Hf$		$\varepsilon_{Hf}(0)$	$\varepsilon_{Hf}(t)$	2σ	T_{DM} (Ma)	T_{DM}^c (Ma)	$f_{Lu/Hf}$
				比值	2σ						
DZ17-1-1	127.1	0.030 002	0.000 709	0.282 625	0.000 013	-5.7	-2.9	0.5	881	1 337	-0.98
DZ17-2-1	127.7	0.035 169	0.000 859	0.282 558	0.000 013	-8.0	-5.3	0.4	979	1 486	-0.97
DZ17-2-2	125.4	0.049 077	0.001 151	0.282 596	0.000 013	-6.7	-4.0	0.5	933	1 405	-0.97
DZ17-2-3	127.7	0.039 373	0.000 929	0.282 601	0.000 015	-6.5	-3.8	0.5	920	1 391	-0.97
DZ17-3-1	127.3	0.019 228	0.000 504	0.282 539	0.000 012	-8.7	-5.9	0.5	995	1 526	-0.99
DZ17-4-1	129.3	0.026 242	0.000 619	0.282 555	0.000 011	-8.1	-5.3	0.4	977	1 491	-0.98
DZ17-5-1	125.3	0.023 069	0.000 573	0.282 554	0.000 013	-8.2	-5.4	0.4	977	1 495	-0.98
DZ17-6-1	127.3	0.023 475	0.000 615	0.282 612	0.000 013	-6.1	-3.4	0.5	897	1 365	-0.98
DZ17-7-1	130.2	0.026 612	0.000 675	0.282 548	0.000 012	-8.4	-5.6	0.4	988	1 507	-0.98
DZ17-8-1	124.7	0.025 701	0.000 641	0.282 560	0.000 013	-8.0	-5.3	0.5	971	1 483	-0.98
DZ17-9-1	126.8	0.033 060	0.000 824	0.282 548	0.000 013	-8.4	-5.7	0.4	992	1 510	-0.98
DZ17-10-1	129.1	0.028 665	0.000 739	0.282 550	0.000 014	-8.3	-5.5	0.5	986	1 502	-0.98
DZ17-11-1	127.3	0.023 180	0.000 593	0.282 541	0.000 013	-8.6	-5.9	0.4	996	1 524	-0.98
DZ17-12-1	127.3	0.038 660	0.000 984	0.282 538	0.000 013	-8.7	-6.0	0.4	1 009	1 530	-0.97
DZ17-13-1	127.3	0.026 705	0.000 697	0.282 549	0.000 013	-8.3	-5.6	0.5	987	1 505	-0.98
DZ17-14-1	127.3	0.023 678	0.000 622	0.282 542	0.000 013	-8.6	-5.8	0.4	995	1 521	-0.98
DZ17-15-1	127.3	0.039 580	0.001 002	0.282 542	0.000 012	-8.6	-5.8	0.4	1 004	1 522	-0.97
DZ17-16-1	127.3	0.028 608	0.000 743	0.282 552	0.000 014	-8.2	-5.5	0.5	983	1 498	-0.98

7.4.3 大洲流纹岩的岩石成因

7.4.3.1 成因类型

同相山火山侵入杂岩、杨梅湾花岗岩和大桥坞花岗斑岩一样,大洲流纹岩也显示出 A 型岩浆所特有的地球化学特征,例如:富碱,具有较高的 K_2O+Na_2O 含量;富集 REE、HFSE 和 Ga,亏损 Ba、Sr 和过渡元素;具有高的 Ga/Al 比值(Whalen et al,1987,1996)。并具有非常高的锆石饱和温度(972~1 013℃)(表 7-2)。在 A 型花岗岩的判别图解上,如 10 000×Ga/Al-K_2O+Na_2O,Nb,Zr 图解以及 Zr+Nb+Ce+Y-(K_2O+Na_2O)/CaO 图解(图 7-10a~d)中,大洲流纹岩显示出高的 Ga/Al 比值以及较高的 Zr+Nb+Ce+Y 含量,所有数据点都落入了 A 型花岗岩的范围里面,表明大洲流纹岩具有 A 型花岗岩的地球化学特征。

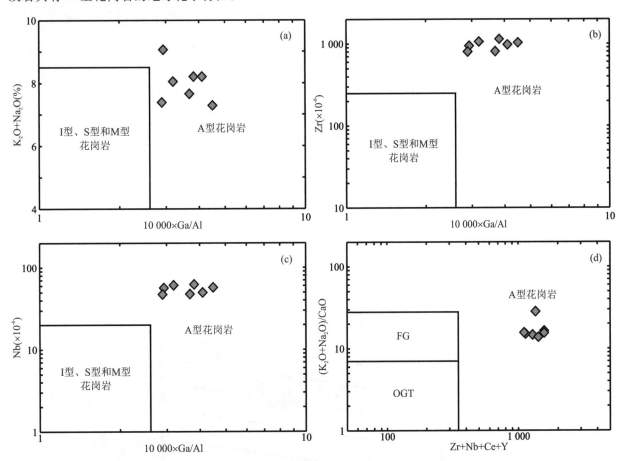

图 7-10 大洲流纹岩的 (a) Na_2O+K_2O-10 000×Ga/Al,(b) Zr-10 000×Ga/Al,(c) Nb-10 000×Ga/Al,以及 (d) (Na_2O+K_2O)/CaO-(Zr+Nb+Ce+Y) 分类判别图解 (Whalen et al,1987)
显示出 A 型花岗岩的地球化学特征。FG. 高分异花岗岩;OGT. 未分异的 I 型、S 型以及 M 型花岗岩

7.4.3.2 物质来源和构造环境

大洲流纹岩的 $\varepsilon_{Nd}(t)$ 值变化范围在-6.39~-5.47 之间,锆石 $\varepsilon_{Hf}(t)$ 值变化范围在-6.0~-2.9 之间,但大部分在-6~-5 之间,全岩 $\varepsilon_{Nd}(t)$ 和锆石 $\varepsilon_{Hf}(t)$ 与杨梅湾花岗岩和大桥坞花岗斑岩相似,并且全岩的 Nd 同位素和锆石的 Hf 同位素都具有中元古代的两阶段模式年龄,因此,大洲流纹岩也是由事先经过脱水、发生麻粒岩化的中元古代变质岩(包括副变质岩和正变质岩)部分熔融而形成的。

前面已得出,相山火山侵入杂岩主要起源于基底变质岩的部分熔融,并且其源区无明显地幔物质的加入。大洲流纹岩与杨梅湾花岗岩、大桥坞花岗斑岩一样，相对于相山火山侵入杂岩具有就较高的全岩 $\varepsilon_{Nd}(t)$ 值以及锆石 $\varepsilon_{Hf}(t)$ 值，前面已得出杨梅湾花岗岩和大桥坞花岗斑岩的原岩中可能有少量地幔物质的加入。

但是对于大洲流纹岩而言，壳幔相互作用并不明显。大洲流纹岩全岩的 $\varepsilon_{Nd}(t)$ 值变化很小，并且岩浆混合作用可以被锆石的 Hf 同位素组成记录下来，而大洲流纹岩的锆石 Hf 同位素组成变化范围很小，$\varepsilon_{Hf}(t)$ 值变化范围小于 3.1ε，并且大部分集中在 $-6\sim-5$ 之间。此外，大洲流纹岩具有较高的 SiO_2 含量（74%～77%），以及流纹岩中缺少岩浆混合的证据（如缺少镁铁质微粒包体的存在），都表明大洲流纹岩的源区无明显地幔物质的加入。

此外，与相山火山侵入杂岩、杨梅湾花岗岩、大桥坞花岗斑岩一样，大洲流纹岩这个 A 型酸性岩岩体的形成表明赣杭构造带在这个时间段上是处于一个拉张的构造背景，这个拉张环境是由于太平洋板块俯冲之后的板片后撤所引起的拉张环境所造成的，是由于古太平洋板块的后撤，持续的拉张作用导致地壳和岩石圈地幔逐渐减薄，上涌并底侵的软流圈地幔引发地壳物质部分熔融，形成赣杭构造带上的大洲流纹岩。

7.5　大洲流纹岩高 Zr 的原因及 Zr 的赋存状态

大洲流纹岩和赣杭构造带东段同时代的长英质岩体（如杨梅湾花岗岩、大桥坞花岗斑岩、铜山花岗岩、大茅山花岗岩、白菊花尖花岗岩）具有相似的地球化学特征，并且如前所述这些岩体都具有 A 型花岗岩的地球化学特征，如具有高的 Zr、Nb 含量以及高的 Ga/Al 比值。但是，这些岩体的一些高场强元素并不完全相似，如轻稀土的富集程度等。其中最引人注意的是大洲流纹岩具有相当高的 Zr（以及 Hf）含量（图 7-8b 和图 7-11），变化范围在 $(1\,145\sim802)\times10^{-6}$ 之间，而大桥坞花岗斑岩的 Zr 含量则相对中等（$512\times10^{-6}>Zr>194\times10^{-6}$），其他岩体的 Zr 含量更低，都小于 260×10^{-6}，这些地球化学差异性表明这些 A 型花岗岩的源区存在差异或者岩浆演化过程存在差异。

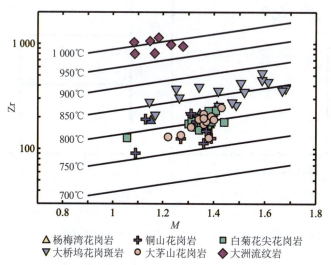

图 7-11　大洲流纹岩的 $M\,[=(Na+K+2\times Ca)/(Al\times Si)$，离子数比]-Zr 锆石饱和温度图解
杨梅湾花岗岩和大桥坞花岗斑岩、铜山花岗岩和大茅山花岗岩数据引自 Jiang et al，2011，白菊花尖花岗岩（数据引自 Wong et al，2009）的数据也投点在图中进行对比

造成大洲流纹岩相对于其他岩体具有高的 Zr 含量的原因可能有以下 3 个方面：①源区存在差异；②岩浆形成的机制不同；③岩浆演化过程不同。

源区存在差异的这个解释可以被排除。如前所述，大洲流纹岩的全岩 $\varepsilon_{Nd}(t)$ 值和锆石 $\varepsilon_{Hf}(t)$ 值与杨梅湾花岗岩、大桥坞花岗斑岩、铜山花岗岩、大茅山花岗岩相似，并且全岩的 Nd 同位素和锆石的 Hf

同位素都具有中元古代的两阶段模式年龄，因此，大洲流纹岩也是由中元古代变质岩部分熔融而形成的。相同原岩的部分熔融不会造成原始岩浆中的 Zr 存在太大的差异。而关于岩浆形成的机制，由于花岗质岩浆中的 Zr（和 Hf）主要赋存在锆石中，并且实验研究表明，花岗质岩浆的化学成分的变化会影响岩浆的锆饱和浓度，如岩浆的碱度相对于 Si 和 Al 的比值、Zr 的浓度、温度等因素（Watson et al，1983）。岩浆的碱度相对于 Si 和 Al 的比值对岩浆的锆饱和浓度影响最大，Watson et al（1983）用 M 值 [=（Na+K+2×Ca）/（Al×Si），离子数] 来表示这种影响，并且发现岩浆的 M 值以及温度会影响锆石的溶解度。然而，在赣杭构造带这些 A 型酸性岩的 M 值-Zr 的图解中，M 值相对于低 Zr 酸性岩和高 Zr 酸性岩并没有表现出相关性，高 Zr 流纹岩相对于其他岩体并没有较高或者较低的 M 值，表明这些 A 型酸性岩的 M 值并不是造成 Zr 含量差异的原因。因此，造成这些 A 型酸性岩的 Zr 含量不同的最有可能的原因是岩浆的形成温度以及这些酸性岩的岩浆演化过程不同造成的。

由于花岗岩浆大多是绝热式上升侵位的，那么岩浆在早期结晶时的温度可以近似地代表岩浆形成时的温度。在这一方面，锆石饱和温度计（Watson et al，1983）能很好地估算岩浆形成时的温度。

Watson et al（1983）提出的锆石饱和温度（T_{Zr}）可以用以下公式来表示锆石溶解度、温度和熔体主要元素组成的关系：

$$\ln D^{Zr,zircon/melt} = \{-3.80 - [0.85\times(M-1)]\} + 12\,900/T$$

式中：$D^{Zr,zircon/melt}$ 表示锆石中 Zr 浓度对于饱和熔体中 Zr 浓度的比值，T 是绝对温度（本书计算出来的温度都已经转化成℃）。

上述方程式表明锆石饱和温度计的基本原理是 Zr 这一元素在岩浆中的含量与温度存在相关性。Chappell et al（2001，2004）发现，澳大利亚拉克兰地区花岗岩明显可划分为高温和低温花岗岩两类。其中高温花岗岩在早期由于 Zr 含量较低（未饱和），表现出随温度增加 Zr 含量增加的规律；随着岩浆结晶作用的持续进行，Zr 含量由于达到过饱和而发生降低。而低温花岗岩含有较多的残留锆石，岩浆一开始结晶时就达到了饱和，因而只表现为结晶过程中 Zr 含量降低的特点。很显然，前者计算的温度代表了岩浆的最低温度，而后者反映的是最高温度。对于上述这两类不同温度花岗岩的成因，Chappell et al（2001，2004）认为可能与源区物质成分有关系，即高温花岗岩来源于镁铁质源岩，而低温花岗岩的源区可能是长英质的。很显然这种解释难以令人置信，因为目前已有的研究并没有发现花岗岩的岩石类型与温度之间存在明显的相关性。

岩浆岩中的锆石主要有两种形态：一种是单阶段生长形成的直接从岩浆中结晶出来的锆石晶体；另一种是多阶段生长形成的锆石，这种锆石含有继承核。这种锆石继承核一般是来自于深部岩浆源区的锆石未全部溶解，残留在岩浆中，在岩浆阶段继续在残留锆石的边部生长出新的锆石而形成的。因此，酸性岩中锆石继承核的存在表明原始岩浆中是达到锆饱和的，在这种情况下计算出来的锆石饱和温度代表了岩浆形成温度的上限。同理，酸性岩中的锆石缺少锆石继承核表明原始岩浆中未达到锆饱和，在这种情况下计算出来的锆石饱和温度代表了岩浆形成温度的下限。Miller et al（2003）根据锆石饱和温度，提出热和冷花岗岩的概念。其中前者的温度大约在 840℃，含源区残留物较少，其形成可能与外来热的加入有关；而后者的温度不超过 800℃（平均为 766℃），含源区残留物较多，其形成主要与流体加入有关。

已有的研究工作发现赣杭构造带东段的这些 A 型酸性岩中的锆石很少含有锆石继承核。事实上 A 型花岗岩中一般很少含有锆石继承核（Williams，1992）。A 型花岗岩的地球化学特征表明花岗岩的原岩中必须含有丰富的锆石、磷灰石、榍石以及磷钇矿，以满足 A 型花岗岩富集高场强元素和稀土元素的地球化学特征。在熔体中这些副矿物的溶解度取决于岩浆的成分、温度、溶解动力学（solution kinetics）、矿物颗粒的大小等因素（Bea，1996；Watson，1996；King et al，2001）。在部分熔融形成 A 型岩浆的过程中副矿物一般很容易被溶解掉，因为 A 型岩浆一般具有比较高的温度（King et al，2001）。例如，澳大利亚拉克兰地区 Wangrah A 型花岗岩的锆石饱和温度计算结果为 897℃，但是这个岩体中的锆石继承核是极少的（King et al，2001）。

锆石饱和温度计算结果表明大洲流纹岩的形成温度在 1 000℃ 左右，大桥坞花岗斑岩的形成温度在

850℃左右，其他岩体的形成温度在810℃左右（图7-11），这些饱和温度代表了岩浆形成温度的下限，同时也表明大洲流纹岩具有异常高的形成温度（>1 000℃）。

上述讨论表明高的岩浆形成温度对锆石的溶解起着决定性的作用。Miller et al（2003）认为锆石的熔融主要取决于温度，其他因素对锆石的熔融则不是那么重要。深熔的高温的锆不饱和熔体将会继续熔融源区中残留的锆石，因此岩浆中的Zr含量将会继续上升直到岩浆达到Zr饱和或者源区中的锆石都被熔融完。因此，在高温条件下，当源区中的锆石全被熔融时，将会产生一个热的、具有高Zr含量的、无锆石继承核存在的A型花岗岩。因此，具有异常高Zr含量的大洲流纹岩是由于岩浆源区异常高的熔融温度形成的。

除了岩浆的温度之外，岩浆的演化过程也可能会影响岩浆中Zr的含量。如前所述，造成赣杭构造带上早白垩世的这些A型花岗岩的地球化学特征存在一定的差异是因为这些酸性岩发生了不同程度的矿物分离结晶作用。显然，岩浆演化过程中锆石从岩浆中分离出去将导致岩浆的Zr含量大幅度地降低，因此，岩浆的演化过程对岩浆中Zr的含量也起着决定性的作用。大洲流纹岩相比于赣杭构造带东段其他A型花岗岩具有高的Zr含量，也可能是由于岩浆演化过程不同所导致的。

在一个岩浆事件中，如果锆石早结晶，并且岩浆上升侵位的时间跨度很长，那么具有较大比重的锆石就比较容易从岩浆中分离，造成后来结晶形成的花岗岩具有相对较低的Zr含量。相反的，如果岩浆的温度很高，并且上升侵位的时间较短，那么岩浆中的锆石受到高温的影响在岩浆演化早期及中期并没有结晶，导致Zr都保留在熔体中，并且在岩浆演化的晚期（如侵位之后）才结晶出锆石，这种情况下Zr元素就会都保留在花岗岩中。Watson et al（1983，1984）研究表明锆石在高温熔体中是很难结晶的，这种条件下将会导致锆石只能在岩浆演化晚期在基质中结晶出小颗粒的锆石。Piper et al（1999）在研究加拿大新斯科舍Cobequid Highlands的高Zr流纹岩[Zr含量在（943~1 990）×10^{-6}]成因时，并没发现流纹岩中含有锆石这一副矿物，X射线扫描发现Zr存在于基质中，形成了1~4μm的小晶体，并认为是高温抑制了锆石的结晶。

岩相学观察发现大洲流纹岩相比于赣杭构造带东段其他A型花岗岩含有更少的锆石晶体，并且锆石斑晶具有不同的颗粒大小（图7-2b~d）。因此，通过前人的研究工作可以推测出在大洲流纹岩的基质中也可能分布有大量的含Zr矿物。而通过详细的电子探针背散射图像分析（图7-12a~f），发现大洲流纹岩的基质中确实含有非常细小的1~10μm的锆石小晶体。此外，还在基质中发现了非常细小的含REE的矿物，以及比锆石更细小的小于1μm到5μm之间的斜锆石。由于这些矿物颗粒太小，电子探针化学成分分析无法得出准确的矿物化学组成，因此，利用能谱来大致鉴定矿物的名称。能谱鉴定如图7-13a、b所示。图7-13a表明矿物组成主要是Zr、Si、O，通过对比较大的锆石斑晶的能谱图，可以判断此矿物为锆石，谱图中含有较小的Al的峰可能是受到周围长石的影响。图7-13b表明矿物组成主要是Zr和O，因此判断此矿物为斜锆石，谱图中含有较小的Si和Al的峰可能也是受到周围长石的影响。上述研究表明大洲流纹岩中的Zr主要是在岩浆演化的晚阶段结晶形成锆石和斜锆石，导致初始熔体中的Zr都保留在大洲流纹岩中，因此大洲流纹岩具有高的Zr含量。

而赣杭构造带东段的其他A型花岗岩可能是由于形成的温度较低，在岩浆演化的早期就已经结晶出锆石，导致后来的岩浆演化过程中容易发生锆石的分离结晶，造成这些A型花岗岩相对于大洲流纹岩具有较低的Zr含量。因此，异常高的形成温度以及不同的岩浆演化过程是造成大洲流纹岩具有异常高的Zr含量的主要原因。

已有的高温的具有高Zr含量的酸性岩研究表明这些高温酸性岩的形成所需要的热能和地幔物质有关（Barrie，1995；Piper et al，1999）。大洲流纹岩具有异常高的形成温度也表明区域上存在地幔物质的上涌。前人的研究表明华南晚中生代花岗岩的形成和太平洋板块的俯冲作用有关（Zhou et al，2006；Li et al，2007）。由于太平洋板块的后撤造成的拉张环境会导致软流圈的上涌，并底侵至下地壳，造成下地壳物质部分熔融从而导致赣杭构造带早白垩世这些A型花岗岩的形成（本书前面论述以及Wong et al，2009；Jiang et al，2011）。在华夏内陆（粤北和赣南）以及东南沿海岩浆岩带已经发现有和酸性岩同时代形成的基性岩（Chen et al，2008；Meng et al，2012）。但是在赣杭构造带东段目前还没发现

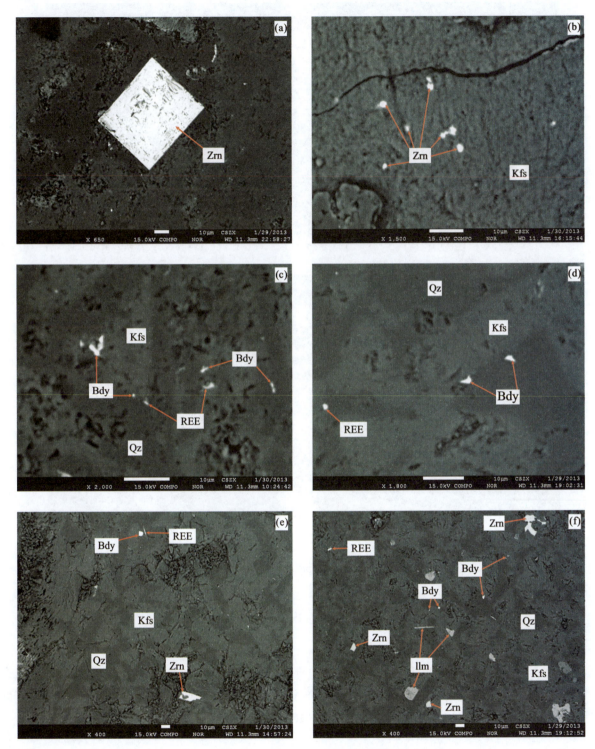

图 7-12 大洲流纹岩的背散射图像

表明大洲流纹岩的基质中含有大量的锆石、斜锆石、钛铁矿以及含稀土元素的矿物微晶。Zrn. 锆石;Bdy. 斜锆石;llm. 钛铁矿;REE. 稀土矿物;Kfs. 钾长石;Qz. 石英

和这些 A 型花岗岩同时期的镁铁质岩浆岩,而大洲高 Zr 流纹岩的发现证明了早白垩世该地区确实存在软流圈的上涌。

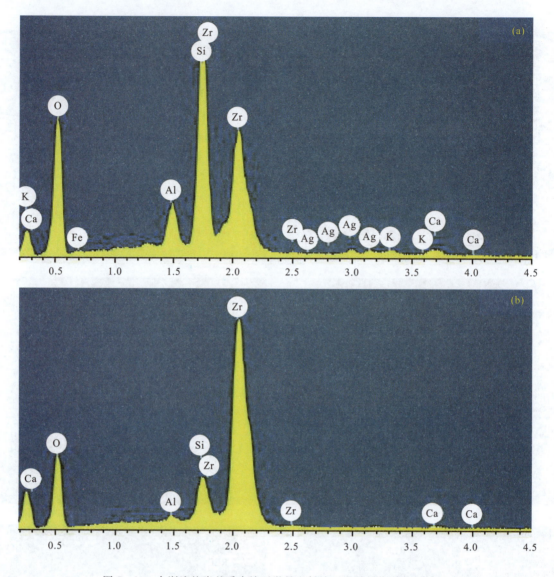

图 7-13 大洲流纹岩基质中锆石微晶和斜锆石微晶的能谱分析结果

7.6 小 结

本章选取了赣杭构造带上位于浙江省西部的大洲流纹岩作为研究对象，开展了大洲流纹岩的锆石 U-Pb 年代学、岩石地球化学、全岩的 Sr-Nd 同位素组成和锆石 Hf 同位素组成，以及电子探针背散射图像的分析研究，探讨了大洲流纹岩的成因及其地质意义。

锆石 U-Pb 定年结果表明大洲流纹岩的形成时代为 127Ma，属于早白垩世岩浆活动的产物。岩石地球化学方面，大洲流纹岩属于过铝质花岗岩，并且具有 A 型花岗岩的地球化学特征，比如具有较高的 Na_2O+K_2O 含量，较高的 $Fe_2O_3^*/MgO$ 以及 Ga/Al 比值，并具有较低的 CaO、MgO 和 TiO_2 含量。大洲流纹岩富集大离子亲石元素（LILEs，如 Rb 和 Th）和高场强元素（HFSEs，如 Zr 和 Y），亏损 Sr、Ba、P、Eu 和 Ti。大洲流纹岩具有异常高的形成温度，锆石饱和温度计的研究结果表明，大洲流纹岩形成于约 1 000℃。

大洲流纹岩的全岩 Nd 同位素组成 $\varepsilon_{Nd}(t)$ 在 $-6.39 \sim -5.47$ 之间，锆石的 Hf 同位素组成 $\varepsilon_{Hf}(t)$ 在 $-6.0 \sim -2.9$ 之间，但大部分在 $-6 \sim -5$ 之间，并且全岩的 Nd 同位素和锆石的 Hf 同位素都具有中元古代的两阶段模式年龄。这些地球化学特征及同位素数据表明大洲流纹岩是由事先经过脱水、发生麻粒岩化的中元古代变质岩（包括副变质岩和正变质岩）部分熔融而形成的，部分熔融形成的花岗质岩浆经过后来的分离结晶作用形成现在的花岗岩体。

大洲流纹岩最显著的特征就是含有很高的 Zr 含量 [（802～1 145）×10^{-6}之间] 以及具有异常高的锆石饱和温度。详细的电子探针背散射图像分析，发现大洲流纹岩的基质中确实含有非常细小的 1～10μm 的锆石小晶体，以及比锆石更细小的小于 1μm 到 5μm 之间的斜锆石，表明大洲流纹岩中的 Zr 大部分是在岩浆演化的晚期才沉淀下来的。异常高的形成温度，以及不同的岩浆演化过程，是造成大洲流纹岩具有异常高的 Zr 含量的主要原因。大洲流纹岩岩浆的温度很高，岩浆中的锆石受到高温的影响在岩浆演化早期及中期并没有结晶，导致 Zr 都保留在熔体中，并且在岩浆演化的晚期（如侵位之后）才结晶出锆石，这种情况下 Zr 元素就会都保留在最后结晶形成的大洲流纹岩中，形成了具有高 Zr 含量的大洲流纹岩。

具有高 Zr 含量的高温酸性岩的形成所需要的热能与地幔物质有关，大洲流纹岩具有异常高的形成温度也表明了区域上存在地幔物质的上涌。由于古太平洋板块的后撤，持续的拉张作用导致地壳和岩石圈地幔逐渐减薄，上涌并底侵的软流圈地幔引发地壳物质部分熔融，可以用来解释赣杭构造带上 A 型花岗岩的形成。但是在赣杭构造带东段目前还没发现和这些 A 型花岗岩同时期的镁铁质岩浆岩，而大洲高 Zr 流纹岩的发现佐证了早白垩世该地区确实存在软流圈的上涌。

8 赣杭构造带的岩浆构造演化

8.1 赣杭构造带早白垩世 A 型花岗岩带的确立

赣杭构造带上分布有较多的晚中生代酸性火山-侵入岩体（图 8-1）。笔者的研究工作表明，相山火山侵入杂岩、盛源盆地凝灰岩、大桥坞花岗斑岩、杨梅湾花岗岩、大洲流纹岩的形成时代在 137~127Ma 之间，并且都具有 A 型花岗岩的地球化学特征。Wong et al（2009）研究表明，白菊花尖花岗岩的形成时代为 126Ma，也具有 A 型花岗岩的地球化学特征。Jiang et al（2011）对赣东北的大茅山花岗岩和浙西的铜山花岗岩也展开过研究，得出大茅山花岗岩的形成时代在 126~122Ma 之间，而铜山花岗岩的形成时代为 129Ma，并且这两个花岗岩体都具有 A 型花岗岩的地球化学特征。He et al（2012）针对菜园岩体和洪公岩体的研究表明其形成时代分布在 136~127Ma 之间，并具有 A 型花岗岩特征。Zhou et al（2013）对大茅山岩体东边的三清山花岗岩以及南边的灵山花岗岩也开展了研究，得出三清山花岗岩的形成时代为 135Ma，灵山花岗岩的形成时代为 132~131Ma，这两个岩体同样也具有 A 型花岗岩的地球化学特征。Sun et al（2015）研究出的三清山-大茅山岩体的年龄也主要在 132~130Ma，同属于早白垩世时期的产物。Li et al（2013）对具有 A 型花岗岩特征的儒洪、黄石潭和九里港岩体测年得出其形成时代为 129~125Ma。Wang et al（2015）对芙蓉山岩体也开展了研究，得出芙蓉山岩体的形成时代为 129~127Ma；Zhu et al（2014）对上河口等岩体也进行过年龄测试，得出结果为 134~127Ma 之间；Xia et al（2016）对庙后岩体测得的年龄为 129~127Ma，同时这些岩体同样也具有 A 型花岗岩的地球化学特征。内部资料表明，位于相山盆地北部的玉华山火山侵入杂岩体的形成时代在 135~132Ma 之间，鉴于玉华山火山侵入杂岩体与相山火山侵入杂岩具有相同的火山地层和岩浆岩组合，推测玉华山火山侵入杂岩体也具有 A 型花岗岩的地球化学特征。

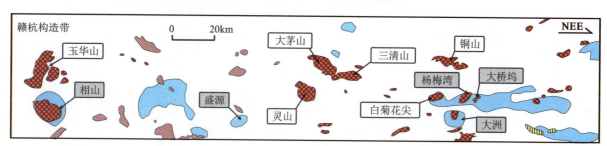

图 8-1 赣杭构造带上中生代酸性火山-侵入岩体分布图
图例同图 1-1

综合这些研究（表 8-1）可以得出，赣杭构造带上存在一条早白垩世（137~122Ma）的 A 型花岗岩带。

而对于十杭带南带（湘桂粤带）分布的晚中生代花岗岩前人也开展了大量的研究工作。该带也是一条 A 型花岗岩带，前人对该带有了较好的总结（周新民，2007；蒋少涌等，2008；朱金初等，2008），代表性 A 型花岗岩体汇总如表 8-2，可见十杭带南带的 A 型花岗岩带的形成时代比赣杭构造带要老，主要在 163~151Ma 之间。

表 8-1 赣杭构造带晚中生代代表性 A 型花岗岩体汇总表

岩体	岩性	成因类型	年龄（Ma）	参考文献
相山	火山侵入杂岩	碱性（A型）	137～132	本书
玉华山	火山侵入杂岩	碱性（A型）（推测）	135～132	内部资料
盛源	凝灰岩	碱性（A型）	137～135	本书
大桥坞	花岗斑岩	碱性（A型）	136～133	本书
杨梅湾	花岗岩	碱性（A型）	135	本书
大洲	流纹岩	碱性（A型）	127	本书
白菊花尖	花岗岩	碱性（A型）	126	Wong et al, 2009
铜山	花岗岩	碱性（A型）	129	Jiang et al, 2011
大茅山	花岗岩	碱性（A型）	126～122	Jiang et al, 2011
三清山	花岗岩	碱性（A型）	135	Zhou et al, 2013
灵山	花岗岩	碱性（A型）	132～131	Zhou et al, 2013

表 8-2 十杭带南带晚中生代代表性 A 型花岗岩体汇总表

岩体	岩性	成因类型	年龄（Ma）	参考文献
骑田岭	花岗质岩基	碱性（A型）	163～153	朱金初等，2003，2009；Liu et al, 2003；Zhao et al, 2012
花山-姑婆山-里松	花岗质、闪长质岩体	碱性（A型）	163～160	朱金初等，2006a, b, c
金鸡岭	花岗岩	碱性（A型）	156	章邦桐等，2001；付建明等，2004，2005；Jiang et al, 2009
砂子岭	花岗岩	碱性（A型）	157	
西山	火山侵入杂岩	碱性（A型）	156	
千里山	花岗岩	碱性（A型）	153～151	Jiang et al, 2006a
九嶷山	花岗岩	碱性（A型）	154	Huang et al, 2011

8.2 赣杭构造带 A 型花岗岩带的岩石成因

尽管形成时代具有差异性，但是这些酸性岩都显示出 A 型岩浆岩所特有的地球化学特征，例如：富碱，具有较高的 K_2O+Na_2O 含量；富集 REE、HFSE 和 Ga，亏损 Ba、Sr 和过渡元素；具有高的 Ga/Al 比值（Whalen et al, 1987, 1996）。此外，这些酸性岩具有较高的形成温度（如具有较高的矿物结晶温度、岩浆包裹体实测均一温度以及全岩锆石饱和温度）。在 A 型花岗岩的判别图解上，如 $10\,000\times$Ga/Al - K_2O+Na_2O，$10\,000\times$Ga/Al - Nb，$10\,000\times$Ga/Al - Zr 图解以及 Zr+Nb+Ce+Y - (K_2O+Na_2O)/CaO 图解（图 8-2）中，这些酸性岩都显示出高的 Ga/Al 比值以及较高的 Zr+Nb+Ce+Y 含量，大部分数据点都落入了 A 型花岗岩的范围里面，表明这些酸性岩具有 A 型花岗岩的地球化学特征。

对 A 型花岗岩的岩石成因，目前主要有两种解释：一种是幔源玄武质岩浆的分异作用，可能再受到后期的地壳混染作用而形成的 A 型花岗质岩浆（Turner et al, 1992；Smith et al, 1999；Anderson et al, 2003）；另一种是事先经过脱水作用的地壳物质部分熔融而形成的 A 型花岗质岩浆（Collins et al, 1982；Whalen et al, 1987；Creaser et al, 1991；Huang et al, 2011）。

赣杭构造带上这些 A 型花岗岩的 Nd 同位素 $\varepsilon_{Nd}(t)$ 值变化较大（$-1\sim-9$）（图 8-3a、b），但是与同时代的玄武质岩浆具有不同的 $\varepsilon_{Nd}(t)$ 值，因此不可能是由幔源玄武质岩浆的分异作用形成的。这些酸性岩的锆石 Hf 同位素组成 $\varepsilon_{Hf}(t)$ 在 $-10\sim4$ 之间（图 8-3c、d），并且全岩的 Nd 同位素和锆石的 Hf 同位素都具有中元古代的两阶段模式年龄，表明这些酸性岩起源于地壳深处的中元古代变质岩，不可能

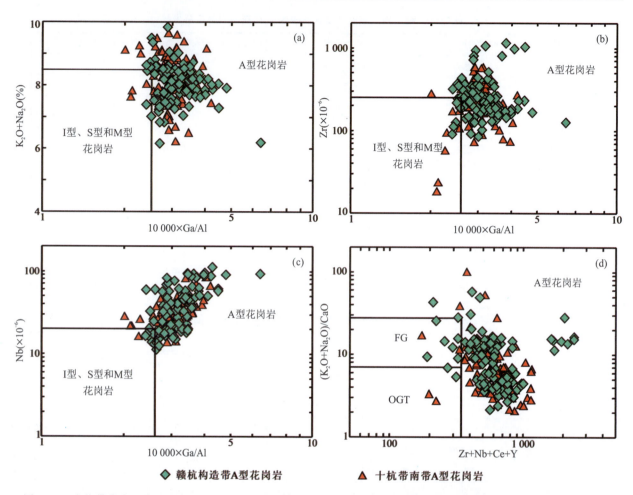

图 8-2 十杭带晚中生代酸性岩的 (a) Na_2O+K_2O-10 000×Ga/Al；(b) Zr-10 000×Ga/Al；(c) Nb-10 000× Ga/Al，以及 (d) (Na_2O+K_2O)/CaO-$(Zr+Nb+Ce+Y)$ 分类判别图解 (Whalen et al, 1987)

显示出这些酸性岩具有 A 型花岗岩的地球化学特征。数据来源见表 8-1 和表 8-2。FG. 高分异花岗岩；OGT. 未分异的 I 型、S 型以及 M 型花岗岩

是同时期的幔源玄武质岩浆分异作用形成的。

值得注意的是，赣杭构造带的这些 A 型花岗岩的 Nd 同位素的数据点位于中元古代正变质岩和副变质岩的演化区域之间（图 8-3a），综合前面对相山火山侵入杂岩、杨梅湾花岗岩、大桥坞花岗斑岩、大洲流纹岩岩石成因的研究，以及前人已开展的部分研究工作 (Jiang et al, 2011；Huang et al, 2011)，笔者认为这些 A 型花岗岩主要是由事先经过脱水而发生麻粒岩化的中元古代变质岩（包括副变质岩和正变质岩）部分熔融而形成的。部分熔融形成的花岗质岩浆发生了广泛的分离结晶作用，控制了这些岩体在地球化学上的差异性。

前面已得出，位于赣杭构造带西段的相山火山侵入杂岩主要起源于基底变质岩的部分熔融，并且其源区无明显地幔物质的加入。但是位于赣杭构造带东段的其他 A 型花岗岩相对于相山火山侵入杂岩具有就较高的全岩 $\varepsilon_{Nd}(t)$ 值以及锆石 $\varepsilon_{Hf}(t)$ 值（图 8-3b、d），可能指示赣杭构造带东段的这些 A 型花岗岩的原岩有少量地幔物质的加入，从而表明赣杭构造带从西往东壳幔相互作用越来越强烈。

此外，赣杭构造带东段的这些酸性岩之间的全岩 $\varepsilon_{Nd}(t)$ 值以及锆石 $\varepsilon_{Hf}(t)$ 值也具有差异性（图 8-3b、d），并且这些岩体除了大洲流纹岩具有较小变化范围的全岩 $\varepsilon_{Nd}(t)$ 值以及锆石 $\varepsilon_{Hf}(t)$ 值以及锆石 $\varepsilon_{Hf}(t)$ 值之外，其他岩体的全岩 $\varepsilon_{Nd}(t)$ 值以及锆石 $\varepsilon_{Hf}(t)$ 值变化范围都比较大，表现出了地幔组分加入的影响，并且不同岩体之间地幔组分的性质或者比率有所不同。值得注意的是，白菊花尖花岗岩具有最高的锆石 $\varepsilon_{Hf}(t)$ 值（-0.52~4.24），并且白菊花尖花岗岩中含有丰富的镁铁质微粒包体，表明原岩中

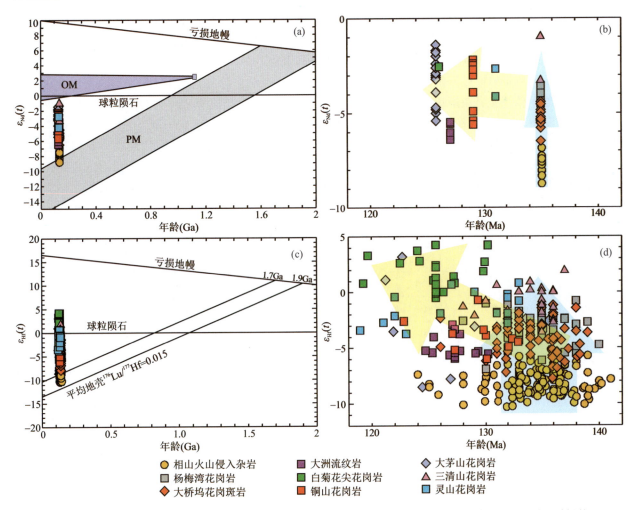

图 8-3 赣杭构造带早白垩世 A 型酸性岩的全岩 $\varepsilon_{Nd}(t)$ 值 (a, b) 以及锆石 $\varepsilon_{Hf}(t)$ 值 (c, d) 对于时间的演化曲线

数据来源见表 8-1 和表 8-2。副变质岩的 Nd 同位素演化曲线引自沈渭洲等（1993），正变质岩的 Nd 同位素演化曲线引自胡恭任等（1999）。PM. 副变质岩；OM. 正变质岩

具有较多的地幔组分的加入。相比之下，大桥坞花岗斑岩的 $\varepsilon_{Nd}(t)$ 值相对则较低，主要变化范围为 $-6.47\sim-4.41$，而锆石 $\varepsilon_{Hf}(t)$ 值变化范围在 $-7.8\sim-1.2$，平均值为 -4.2，表明原岩中地幔组分加入的比例较小。大桥坞花岗斑岩的形成时代较老，在 135Ma 左右，而白菊花尖花岗岩的形成时代较为年轻，为 126Ma，表明从早到晚，赣杭构造带上的壳幔相互作用越来越强烈，锆石 $\varepsilon_{Hf}(t)$ 值的变化趋势（图 8-3d）也证明了这一观点。

综合以上研究表明，赣杭构造带上的这些 A 型花岗岩就是在这样的拉张环境下形成的。持续的拉张作用导致地壳和岩石圈地幔逐渐减薄，上涌并底侵的软流圈地幔引发了事先经过脱水作用发生麻粒岩化的中元古代变质岩（包括正变质岩和副变质岩）的部分熔融，形成这些 A 型花岗岩的初始岩浆，这些初始岩浆遭受到不同程度的地幔组分的加入，并发生了广泛的不同程度的分离结晶作用，从而形成赣杭构造带上早白垩世的 A 型花岗岩带。

8.3 赣杭构造带的构造演化

到目前为止，对十杭带南西段晚中生代岩浆活动及构造演化已经进行了较为系统的研究，目前十杭带南西段已发现在早期 164Ma 形成的钙碱性花岗岩（Jiang et al, 2009）以及晚期 163～150Ma 之间形

成的碱性 A 型花岗岩（表 8-2）。Jiang et al（2009）研究认为，164Ma 的钙碱性岩浆岩形成于大陆弧环境，163~150Ma 之间的碱性岩浆岩形成于弧后拉张环境。因此十杭带南西段晚中生代的构造演化是在 163Ma 左右发生了从大陆弧环境向弧后拉张环境的转变。

对于赣杭构造带的构造演化研究相对比较薄弱。在晚中生代，赣杭构造带上除了早白垩世的这些 A 型花岗岩之外，侏罗纪的花岗岩岩体有形成于约 171Ma 的德兴花岗斑岩（Wang et al，2006；Zhou et al，2012；Liu et al，2012），形成于 176~166Ma 的银山火山侵入杂岩（Wang et al，2012），形成于 160Ma 的永平花岗斑岩（丁昕等，2005；朱碧等，2008），以及形成于 151Ma 的焦坑口花岗斑岩（Li et al，2013）（表 8-3）。尽管关于这些钙碱性花岗岩的岩石成因的观点有所不同，但已有的这些元素和同位素地球化学数据表明，赣杭构造带上这些钙碱性的花岗岩形成于与古太平洋板块俯冲有关的活动大陆边缘环境（Li et al，2013）。

表 8-3 赣杭构造带晚中生代钙碱性花岗岩体汇总表

岩体	岩性	成因类型	年龄（Ma）	参考文献
德兴	花岗斑岩	钙碱性	171	Wang et al，2006；Zhou et al，2012；Liu et al，2012
银山	火山侵入杂岩	钙碱性	176~166	Wang et al，2012
永平	花岗斑岩	钙碱性	160	丁昕等，2005；朱碧等，2008
焦坑口	花岗斑岩	钙碱性	151	Li et al，2013

通过对比可以发现，赣杭构造带上侏罗纪花岗岩和早白垩世花岗岩具有不同的微量元素组成特征，并且表现出两种不同的构造环境。在（Y+Nb）-Rb 构造判别图解（图 8-4）上，侏罗纪花岗岩大部分都落入了火山弧花岗岩的范围里面，而同时代的十杭带南带的花岗岩则落入了板内花岗岩的范围里面，表明在侏罗纪十杭带的南带和北带（赣杭构造带）具有不同的构造背景，南带在中—晚侏罗世就已经进入了因太平洋板块俯冲之后的板片后撤所引起的拉张环境，而赣杭构造带则还是与古太平洋板块俯冲有关的大陆弧环境。

同样地，赣杭构造带早白垩世的这些 A 型花岗岩也落入了板内花岗岩的范围里面，和十杭带南带中—晚侏罗世的花岗岩范围一致。赣杭构造带上早白垩世 A 型花岗岩带的确立表明赣杭构造带在这个

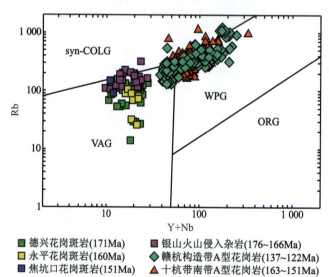

图 8-4 赣杭构造带晚中生代花岗岩的（Y+Nb）-Rb 构造判别图解
（据 Pearce et al，1984；Förster et al，1997）
数据来源见表 8-1~表 8-3。syn-COLG. 同碰撞花岗岩；VAG. 火山弧花岗岩；
WPG. 板内花岗岩；ORG. 洋脊花岗岩

时间段是处于一个拉张的构造环境（Whalen et al，1987；Eby，1992；Turner et al，1992），结合本书研究以及前人已有的研究（Zhou et al，2006；Li et al，2007；Li et al，2007；Shu et al，2009；Jiang et al，2009，2011），这个拉张环境是由于太平洋板块俯冲之后的板片后撤所引起的。已有的这些研究表明赣杭构造带在176～151Ma之间处于与古太平洋板块俯冲有关的大陆弧环境，而137～122Ma之间处于因太平洋板块俯冲之后的板片后撤所引起的拉张环境（图8-5），因此，赣杭构造带在晚中生代也发生了由太平洋板块俯冲相关的大陆弧构造环境向板片后撤引起的拉张环境转变，并且这个构造环境的转变应该是发生在151～137Ma之间。通过对区域上花岗岩的研究，我们认为这个构造转换更有可能是发生在137Ma左右，理由是目前的研究现状已经对赣杭构造带上的A型花岗岩进行了较为系统的年代学研究工作，这些年代学数据表明赣杭构造带上A型花岗岩的形成时间是在137～122Ma之间，而赣杭构造带在151～137Ma之间是否还产有钙碱性花岗岩有待进一步研究。值得注意的是，Li et al（2013）的研究工作表明在赣杭构造带北面的皖南地区存在有160～140Ma的钙碱性花岗岩，因此可以推断赣杭构造带发生由太平洋俯冲相关的构造环境向因板片后撤而引起的拉张环境转变的时间约为137Ma。

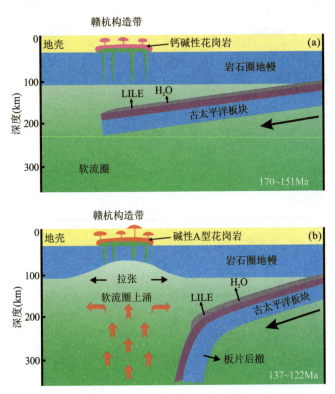

图8-5 赣杭构造带A型花岗岩带的形成构造演化模式

赣杭构造带A型花岗岩带的确立，表明华南地区4条晚中生代低Nd模式年龄的花岗岩带上都分布有A型花岗岩（图8-6）。按形成时代的先后，A型花岗岩最早出现于南岭带（赣南和粤北）（Li et al，2007；Yu et al，2009，2010），形成时代主要是在195～170Ma之间。A型花岗岩接下来出现在十杭带，包括较早期的湘桂粤带（十杭带南带），形成时代在163～150Ma之间，以及较晚期的赣杭构造带，形成时代在137～122Ma之间。最年轻的A型花岗岩分布在浙闽粤沿海带，形成时代主要集中在110～90Ma之间（Qiu et al，2004）。

十杭带南带、赣杭构造带、浙闽粤沿海带3条A型花岗岩带都是北东向分布的，形成的拉张构造背景与太平洋板块的俯冲作用有关，因此在这3条带上都发生了由太平洋俯冲相关的构造环境向板片后撤引起的拉张环境转变。然而，已有的研究表明，太平洋板片后撤在华南发生的时间并不是同时的或者连续的。十杭带南带在163Ma左右发生了由与太平洋俯冲相关的构造环境向因板片后撤而引起的拉张

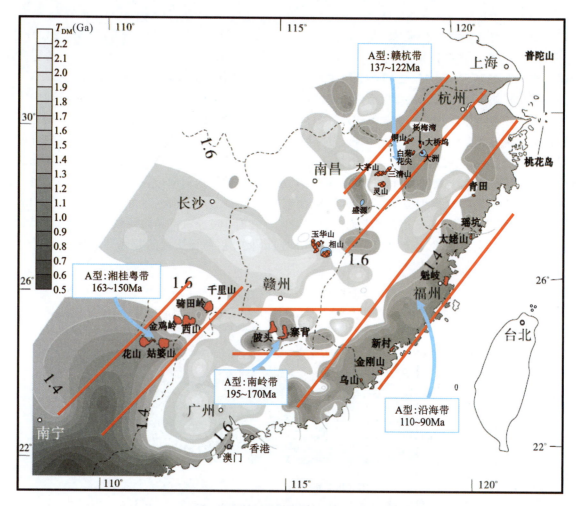

图 8-6 华南晚中生代低 Nd 模式年龄带及代表性 A 型花岗岩
(据 Zhou et al,2006 和徐夕生,2008 修改)

环境转变(Jiang et al,2009)。本书研究表明赣杭构造带上这个构造环境的转变是发生在137Ma,明显晚于十杭带南带。而沿海的 A 型花岗岩形成时代在 110~90Ma,表明构造环境的转变发生在110Ma,是最年轻的。这些现象表明太平洋板块的后撤是不规则的,并且后撤过程不是连续的,只是阶段性的,先发生在十杭带南带,再发生在赣杭构造带,最后发生在东南沿海(图 8-6)。

9 主要结论

本书通过对赣杭构造带上的相山、新路和大洲3个火山盆地中的岩浆岩开展锆石U-Pb年代学、元素地球化学、Sr-Nd-Hf同位素组等方面的研究,并总结归纳近年来已有的研究成果,得出了以下几点结论:

(1) 锆石U-Pb年代学研究表明,相山火山侵入杂岩的形成时代在137~132Ma之间;盛源盆地中凝灰岩和安山质火山岩的形成时代在137~135Ma之间;新路盆地中的火山侵入杂岩形成时代在136~133Ma之间;大洲流纹岩的形成时代是127Ma,表明赣杭构造带上的这些含铀火山盆地中的酸性火山-侵入岩是早白垩世岩浆活动的产物。

(2) 含铀火山盆地中的岩浆岩都显示出A型岩浆所特有的地球化学特征,如富碱,富集REE、HFSE和Ga,具有高的Ga/Al比值,并具有较高的形成温度。总结本书和近年来其他学者的研究,得出赣杭构造带上存在一条早白垩世(137~122Ma)的A型花岗岩带。

(3) 相山火山侵入杂岩及盛源凝灰岩具有相同的物质来源,起源于中元古代变质岩,无明显地幔组分的加入。而位于赣杭构造带东段的其他A型花岗岩相对于相山火山侵入杂岩及盛源凝灰岩具有较高的全岩$\varepsilon_{Nd}(t)$值以及锆石$\varepsilon_{Hf}(t)$值,可能指示赣杭构造带东段的这些A型花岗岩的原岩有少量地幔物质的加入,或者具有较高比例的正变质岩的成分。赣杭构造带东段的这些酸性岩之间的全岩$\varepsilon_{Nd}(t)$值以及锆石$\varepsilon_{Hf}(t)$值也总体上表现出了赣杭构造带位置上从西往东,时间上从早到晚壳幔相互作用越来越强烈。

(4) 大洲流纹岩的壳幔相互作用并不明显。大洲流纹岩具有很高的Zr含量以及异常高的形成温度(约1 000℃)。大洲流纹岩中的Zr除了分布在少量的锆石斑晶之外,在基质中还含有大量细小的锆石和斜锆石,表明大洲流纹岩中的Zr大部分是在岩浆演化的晚期才沉淀下来的。异常高的形成温度,以及不同的岩浆演化过程,是造成大洲流纹岩具有异常高的Zr含量的主要原因。大洲流纹岩具有异常高的形成温度也表明了区域上存在地幔物质的上涌。

(5) 综合研究得出赣杭构造带上的A型花岗岩形成于由于太平洋板块俯冲之后的板片后撤所引起的拉张环境。持续的拉张作用导致地壳和岩石圈地幔逐渐减薄,上涌并底侵的软流圈地幔引发了事先经过脱水作用发生麻粒岩化的中元古代变质岩(包括正变质岩和副变质岩)的部分熔融形成这些A型花岗岩的初始岩浆,这些初始岩浆遭受到不同程度的地幔组分的加入,并发生了广泛的不同程度的分离结晶作用,从而形成赣杭构造带上早白垩世的A型花岗岩带。

(6) 华南在晚中生代都发生了由太平洋俯冲相关的构造环境向板片后撤引起的拉张环境转变,但太平洋板片后撤发生的时间和空间并不是同时的或者连续的,而是阶段性的,先发生在十杭带南带(163Ma),再发生在赣杭构造带(137Ma),最后发生在东南沿海(110Ma)。

主要参考文献

柏道远,陈建超,马铁球,等.湘东南骑田岭岩体 A 型花岗岩的地球化学特征及其构造环境[J].岩石矿物学杂志,2005,24(4):255-272.

陈爱群.浙江大桥坞斑岩体"双层结构"与铀矿化[J].东华理工学院学报,1997,20(4):319-327.

陈迪云,周文斌,周鲁民,等.相山铀矿田同位素地质学特征[J].矿床地质,1993,12(4):370-377.

陈繁荣,沈渭洲,王德滋.1220铀矿田同位素地球化学和矿床成因研究[J].大地构造与成矿学,1990,14(1):69-77.

陈江峰,郭新生,汤加富,等.中国东南地壳增长与 Nd 同位素模式年龄[J].南京大学学报(自然科学版),1999,35(6):649-658.

陈小明,陆建军,刘昌实,等.桐庐、相山火山-侵入杂岩单颗粒锆石 U-Pb 年龄[J].岩石学报,1999,15(2):272-278.

陈正乐,王永,周永贵,等.江西相山火山-侵入杂岩体锆石 SHRIMP 定年及其地质意义[J].中国地质,2013,40(1):217-231.

单强,廖思平,卢焕章,等.岩浆到热液演化的包裹体记录——以骑田岭花岗岩体为例[J].岩石学报,2011,27(5):1 511-1 520.

丁昕,蒋少涌,倪培,等.江西武山和永平铜矿含矿花岗质岩体锆石 SIMS U-Pb 年代学[J].高校地质学报,2005,11(3):383-389.

董传万,李武显,陈小明,等.闽东南晚中生代岩浆混合作用:平潭火成杂岩的岩石学证据[J].自然科学进展,1998,8(5):581-586.

段芸,赵连泽,范洪海,等.江西相山火山-侵入杂岩及其包体稀土元素地球化学[J].高校地质学报,2001,7(1):92-98.

范洪海,凌洪飞,沈渭洲,等.相山火山-侵入杂岩 Nd-Sr-Pb 同位素地球化学特征[J].岩石学报,2001a,17(3):395-402.

范洪海,凌洪飞,王德滋,等.江西相山铀矿田成矿物质来源的 Nd,Sr,Pb 同位素证据[J].高校地质学报,2001,7(2):139-145.

范洪海,王德滋,刘昌实,等.江西相山潜火山岩中淬冷包体的发现及其成因机制探讨[J].地质学报,2001b,75(1):64-69.

范洪海,王德滋,沈渭洲,等.江西相山火山-侵入杂岩及中基性脉岩形成时代研究[J].地质论评,2005,51(1):86-91.

方锡珩,侯文尧,万国良.相山破火山口火山杂岩体的岩石学研究[J].岩矿测试,1982,(1):1-10.

付建明,马昌前,谢才富,等.湖南金鸡岭铝质 A 型花岗岩的厘定及构造环境分析[J].地球化学,2005,34(3):215-226.

付建明,马昌前,谢才富,等.湖南九嶷山复式花岗岩体 SHRIMP 锆石定年及其地质意义[J].大地构造与成矿学,2004,28(4):370-378.

高剑峰,陆建军,赖鸣远,等.岩石样品中微量元素的高分辨率等离子质谱分析[J].南京大学学报(自然科学版),2003,39(6):844-850.

郭福生,杨庆坤,谢财富,等.江西相山酸性火山——侵入杂岩精确年代学与演化序列研究[J].地质科学,2015,50(3):684-704.

郭新生,陈江峰,张巽,等.桂东南富钾岩浆杂岩的 Nd 同位素组成:华南中生代地幔物质上涌事件[J].岩石学报,2001,17(1):19-27.

韩效忠,刘蓉蓉,刘权,等.浙江省衢州地区新路火山岩盆地西段铀成矿模式[J].矿床地质,2010,29(2):332-342.

何观生,戴民主,李建峰,等.相山流纹英安斑岩锆石 SHRIMP U-Pb 年龄及地质意义[J].大地构造与成矿学,2009,33(2):299-303.

贺振宇,徐夕生,陈荣,等.赣南中侏罗世正长岩-辉长岩的起源及其地质意义[J].岩石学报,2007,23(6):1 457-1 469.

洪大卫,谢锡林,张季生.试析杭州-诸广山-花山高 ε_{Nd} 值花岗岩带的地质意义[J].地质通报,2002,21(6):348-354.

侯可军,李延河,肖应凯,等.LA-MC-ICP-MS 硼同位素微区原位测试技术[J].科学通报,2010,55(22):2 207-2 213.

侯可军,李延河,邹天人,等.LA-MC-ICP-MS 锆石 Hf 同位素的分析方法及地质应用[J].岩石学报,2007,23(10):2 595-2 604.

主要参考文献

侯增谦,罗再文.三江地区义敦岛弧安山岩成因[J].岩石矿物学杂志,1992,11(1):1-14.
胡恭任,于瑞莲.相山两种不同成因角闪石的地球化学特征对比[J].矿物岩石,2004,24(4):65-70.
胡恭任,章邦桐,于瑞莲.赣中变质岩带的Sm-Nd、Rb-Sr同位素年代研究[J].地质论评,1999,45(2):129-134.
胡恭任,章邦桐.赣中变质基底的Nd同位素组成和物质来源[J].岩石矿物学杂志,1998,17(1):35-40.
胡瑞忠,毕献武,苏文超,等.华南白垩-第三纪地壳拉张与铀成矿的关系[J].地学前缘,2004,11(1):153-158.
姜耀辉,蒋少涌,凌洪飞.地幔流体与铀成矿作用[J].地学前缘,2004,11(2):491-499.
蒋少涌,赵葵东,姜耀辉,等.华南与花岗岩有关的一种新类型的锡成矿作用:矿物化学、元素和同位素地球化学证据[J].岩石学报,2006,22(10):2 509-2 516.
蒋少涌,赵葵东,姜耀辉,等.十杭带湘南-桂北段中生代A型花岗岩带成岩成矿特征及成因讨论[J].高校地质学报,2008,14(4):496-509.
金和海,张鸿,刘秋德.盛源火山盆地南部钋法-地电提取铀、钼方法找矿效果分析[J].铀矿地质,2007,23(2):101-108.
李坤英,沈加林,王小平.中国浙闽赣地区中生代陆相火山岩同位素年代学[J].地层学杂志,1989,13(1):1-13.
李献华,唐国强,龚冰,等.Qinghu(清湖)锆石:一个新的U-Pb年龄和O,Hf同位素微区分析工作标样[J].科学通报,2013,58(20):1 954-1 961.
李耀菘,朱杰辰,李喜斌,等.我国内生铀矿床成矿时代概述[J].放射性地质,1980(1),1-8.
林祥铿.赣杭构造带若干铀矿床的同位素年龄研究及铀源初探[J].铀矿地质,1990,6(5):257-264.
刘昌实,楚雪君,沈渭洲,等.江西东乡-相山中生代火山岩中富铝矿物的发现和成因意义[J].地质论评,1992,38(2):157-163.
刘家远.相山岩体——一个壳源花岗质浅成侵入火山杂岩体[J].地球化学,1985,14(2):142-149.
刘茜.江西盛源铀矿田安山岩的年代学和地球化学特征[D].南昌:东华理工大学,2013.
毛景文,陈懋弘,袁顺达,等.华南地区钦杭成矿带地质特征和矿床时空分布规律[J].地质学报,2011,85(5):636-658.
毛孟才.赣杭铀成矿带大洲矿田层状火山熔岩型铀矿资源评价[J].铀矿地质,2001,17(2):90-96.
毛孟才.赣杭铀成矿带大洲矿田定位条件分析及富大铀矿寻找[J].地质找矿论丛,2002,17(3):164-168.
孟祥金,徐文艺,杨竹森,等.江西冷水坑矿田火山-岩浆活动时限:SHRIMP锆石U-Pb年龄证据[J].矿床地质,2012,31(4):831-838.
庞崇进.华北克拉通东部白垩纪中基性火山岩的年代学和地球化学特征[D].广州:中国科学院广州地球化学研究所,2015.
濮巍,高剑峰,赵葵东,等.利用DCTA和HIBA快速有效分离Rb-Sr、Sm-Nd的方法[J].南京大学学报(自然科学版),2005,41(609):445-450.
邱骏挺,余心起,吴淦国,等.江西冷水坑矿区构造-岩浆活动的年代学约束[J].岩石学报,2013,29(3):812-826.
邱林飞,欧光习,张建峰,等.浙江大桥坞铀矿床深部流体作用的地质-地球化学证据[J].铀矿地质,2009,25(6):330-337.
邵飞.赣杭构造带铀边缘成矿[J].华东铀矿地质,2004(1):7-11.
沈渭洲,凌洪飞,孙涛.华南晚中生代花岗岩-火山岩Sr,Nd同位素地球化学[A]//周新民.南岭地区晚中生代花岗岩成因与岩石圈动力学演化.北京:科学出版社,2007.
沈渭洲,朱金初,刘昌实,等.华南基底变质岩的Sm-Nd同位素及其对花岗岩类物质来源的制约[J].岩石学报,1993,9(2):115-124.
宋彪,张玉海,刘敦一.微量原位分析仪器SHRIMP的产生与锆石同位素地质年代学[J].质谱学报,2002b,23(1):58-62.
宋彪,张玉海,万渝生,等.锆石SHRIMP样品靶制作、年龄测定及有关现象讨论[J].地质论评,2002a,48(s1):26-30.
苏慧敏,毛景文,何细荣,等.北武夷天华山盆地形成时限的约束:来自火山岩-侵入岩的年代学证据[J].中国科学(D辑):地球科学,2013,43(5):745-759.
孙涛.新编华南花岗岩分布图及其说明[J].地质通报,2006,25(3):332-335.
汤江伟.大桥坞火山岩型铀矿床地质特征及勘查方法评述[J].世界核地质科学,2009,26(4):212-218.
田建吉,胡瑞忠,苏文超,等.661铀矿床矿石U-Pb等时线年龄及其成矿构造背景[J].矿床地质,2010,29(3):452-460.
王传文,侯文尧,万国良.相山及邻区碎斑流纹岩的特征和成因[J].放射性地质,1982(3):193-198.
王德滋,刘昌实,沈渭洲,等.华南S型火山杂岩与成矿[J].南京大学学报(自然科学版),1994,30(2):322-333.
王德滋,刘昌实,沈渭洲,等.江西东乡-相山中生代S型火山岩带的发现及其地质意义[J].科学通报,1991,36(19):1 491-1 493.
王德滋,刘昌实,沈渭洲,等.桐庐I型和相山S型两类碎斑熔岩对比[J].岩石学报,1993,9(1):44-54.
王德滋,谢磊.岩浆混合作用:来自岩石包体的证据[J].高校地质学报,2008,14(1):16-21.

巫建华.赣东北鹅湖岭组的再认识[J].地层学杂志,1996,20(2):153-160.
吴华英,张连昌,周新华,等.大兴安岭中段晚中生代安山岩年代学和地球化学特征及成因分析[J].岩石学报,2008,24(6):1 339-1 352.
吴俊奇,谭桂丽,章邦桐,等.赣中早白垩世橄榄玄粗岩(Shoshonite)系列火山岩的厘定及成因研究[J].高校地质学报,2011,17(4):479-491.
吴仁贵,余达淦,张树明.相山铀矿田流纹英安斑岩的厘定及与铀矿化的关系[J].铀矿地质,2003,19(2):81-87.
吴仁贵.相山地区如意亭剖面火山建造特征[J].华东地质学院学报,1999,22(3):201-208.
武珺,巫建华.江西双峰岭组及其地质时代[J].东华理工大学学报(自然科学版),2013,36(1):17-24.
夏林圻,夏祖春,张诚,等.相山中生代含铀火山杂岩岩石地球化学[M].北京:地质出版社,1992.
徐海江,单林.相山及其邻区火山岩岩性特征及成因探讨[J].华东地质学院学报,1984,(1):1-27.
徐通,裴先治,刘成军,等.南秦岭勉略构造带张儿沟新元古代变安山岩地球化学特征及锆石LA-ICP-MS U-Pb年龄——Rodinia超大陆聚合事件的记录[J].地质论评,2016,62(2):434-450.
徐夕生.华南花岗岩-火山岩成因研究的几个问题[J].高校地质学报,2008,14(3):283-294.
杨明桂,黄水保,楼法生,等.中国东南陆区岩石圈结构与大规模成矿作用[J].中国地质,2009,36(3):528-543.
杨明桂,梅勇文.钦-杭古板块结合带与成矿带的主要特征[J].华南地质与矿产,1997,13(3):52-59.
余达淦,艾桂根,黄国夫,等.江西周潭群同位素年龄特征及其地质意义[J].地球学报,1999,20(2):195-200.
余达淦,管太阳,黄国夫.华南(东)变质基底特征、古构造型式及铀、金矿化远景[J].铀矿地质,1996,12(6):321-330.
余达淦.华南中生代花岗岩型、火山岩型、外接触带型铀矿找矿思路(Ⅰ)[J].铀矿地质,2001,17(6):257-265.
余心起,吴淦国,舒良树,等.白垩纪时期赣杭构造带的伸展作用[J].地学前缘,2006,13(3):31-43.
袁忠信,吴良士,张宗清,等.闽北麻源群Sm-Nd、Rb-Sr同位素年龄研究[J].岩石矿物学杂志,1991,10(2):127-132.
张利民.试论我国东部火山岩型铀矿床赋存层位的地质时代[J].铀矿地质,1996,12(3):139-143.
张万良,李子颖.相山"流纹英安岩"单颗粒锆石U-Pb年龄及地质意义[J].岩石矿物学杂志,2007,26(1):21-26.
张万良.华南铀矿保存因素探索[M].北京:地质出版社,2011.
张万良.江西省六五矿田铀矿成因的新认识[J].江西地质,1997,11(3):34-38.
张万良.江西盛源盆地基本地质特征[J].江西地质,1998,12(1):48-52.
张万良.盛源盆地火山岩系地层的时代归属[J].铀矿地质,2000,16(2):99-101.
张万良.盛源盆地中的安山岩[J].铀矿地质,1999,15(1):35-38.
张星蒲.赣杭构造带中生代红色碎屑沉积盆地的形成和演化[J].铀矿地质,1999,15(2):77-85.
张星蒲.赣杭构造带中生代火山盆地的形成和演化[J].铀矿地质,1999,15(1):18-23.
章邦桐,陈培荣,凌洪飞,等.赣南中侏罗世玄武岩的Pb-Nd-Sr同位素地球化学研究:中生代地幔源区特征及构造意义[J].高校地质学报,2004,10(2):145-156.
章邦桐,戴永善,王驹,等.南岭西段金鸡岭复式花岗岩基地质及岩浆动力学特征[J].高校地质学报,2001,7(1):50-61.
章邦桐,凌洪飞,陈培荣,等.正、副角闪岩判别标志的新认识——赣中前寒武纪正、副角闪岩的矿物-岩石地球化学特征对比研究[J].地质找矿论丛,2005,20(4):223-232.
章邦桐,秦社彩,倪琦生,等.浙江661铀矿床"绿色层"成因及控矿作用的研究[J].南京大学学报(自然科学版),1992,28(3):439-451.
郑建平,李昌年,薛重生,等.江西灵山花岗岩中玄武岩包体的成因[J].地质科技情报,1996,15(1):19-24.
周家志.670铀矿床地质特征及其成因[J].华东地质学院学报,1992,15(1):31-44.
周肖华,严兆彬,胡玉江.浙赣中生代火山岩岩相与铀矿床类型研究[J].东华理工学院学报,2004,27(4):327-332.
周新民,孙涛,沈渭洲.华南中生代花岗岩-火山岩时空格局与成因模式[A]//周新民.南岭地区晚中生代花岗岩成因与岩石圈动力学演化[M].北京:科学出版社,2007.
周新民.对华南花岗岩研究的若干思考[J].高校地质学报,2003,9(4):556-565.
周新民.南岭地区晚中生代花岗岩成因与岩石圈动力学演化[M].北京:科学出版社,2007.
朱碧,蒋少涌,丁昕,等.江西永平铜矿区花岗岩热液蚀变与岩石成因:矿物化学、元素地球化学和Sr-Nd-Hf同位素制约[J].岩石学报,2008,24(8):1 900-1 916.
朱金初,陈骏,王汝成,等.南岭中西段燕山早期北东向含锡钨A型花岗岩带[J].高校地质学报,2008,14(4):474-484.
朱金初,黄革非,张佩华,等.湘南骑田岭岩体菜岭超单元花岗岩侵位年龄和物质来源研究[J].地质论评,2003,49(3):245-252.

主要参考文献

朱金初,王汝成,张佩华,等.南岭中段骑田岭花岗岩基的锆石U-Pb年代学格架[J].中国科学D辑:地球科学,2009,39(8):1112-1127.

朱金初,张佩华,谢才富,等.桂东北里松花岗岩中暗色包体的岩浆混合成因[J].地球化学,2006b,35(5):506-516.

朱金初,张佩华,谢才富,等.南岭西段花山-姑婆山侵入岩带锆石U-Pb年龄格架及其地质意义[J].岩石学报,2006c,22(9):2 270-2 278.

朱金初,张佩华,谢才富,等.南岭西段花山——姑婆山A型花岗质杂岩带:岩石学、地球化学和岩石成因[J].地质学报,2006a,80(4):529-542.

Adams M G, Lentz D R, Shaw C S, et al. Eocene shoshonitic mafic dykes intruding the Monashee Complex, British Columbia: a petrogenetic relationship with the Kamloops Group volcanic sequence? [J]. Canadian Journal of Earth Sciences, 2005, 42(1):11-24.

Allègre C J, Othman D B. Nd-Sr isotopic relationship in granitoid rocks and continental crust development: a chemical approach to orogenesis[J]. Nature, 19802, 86(5771):335-341.

Allègre C J, Rousseau D. The growth of the continent through geological time studied by Nd isotope analysis of shales[J]. Earth and Planetary Science Letters, 1984, 67(1):19-34.

Amelin Y, Lee D C, Halliday A N, et al. Nature of the Earth's earliest crust from hafnium isotopes in single detrital zircons[J]. Nature, 1999, 399(6733):1497-1503.

Andersen T. Correction of common lead in U-Pb analyses that do not report ^{204}Pb[J]. Chemical Geology, 2002, 192:59-79.

Anderson I C, Frost C D, Frost B R. Petrogenesis of the Red Mountain pluton, Laramie anorthosite complex, Wyoming: implications for the origin of A-type granite[J]. Precambrian Research, 2003, 124(2-4):243-267.

Anderson J L, Morrison J. Ilmenite, magnetite, and peraluminous Mesoproterozoic anorogenic granites of Laurentia and Baltica[J]. Lithos, 2005, 80(1-4):45-60.

Arculus R J. Aspects of magma genesis in arcs[J]. Lithos, 1994, 33(1-3):189-208.

Arth J G. Behavior of trace elements during magmatic processes — a summary of theoretical models and their applications[J]. Journal of Research of the U. S. Geology Survey, 1976, 4:41-47.

Balen D, Broska I. Tourmaline nodules: products of devolatilization within the final evolutionary stage of granitic melt[A]// Sial A N, Bettencourt J S, De Campos C P, et al. Granite-Related Ore Deposits[C]. Geological Society, London, Special Publications, 2011, 53-68.

Ban M, Takahashi K, Horie T, et al. Petrogenesis of mafic inclusions in rhyolitic lavas from Narugo volcano, northeastern Japan[J]. Journal of Petrology, 2005, 46(8):1 543-1 563.

Barbarin B. Mafic magmatic enclaves and mafic rocks associated with some granitoids of the central Sierra Nevada batholith, California: nature, origin, and relations with the hosts[J]. Lithos, 2005, 80(1):155-177.

Barrie C T. Zircon thermometry of high-temperature rhyolites near volcanic-associated massive sulfide deposits, Abitibi subprovince, Canada[J]. Geology, 1995, 23(2):169-172.

Bea F. Controls on the trace element composition of crustal melts[J]. Transactions of the Royal Society of Edinburgh: Earth Sciences, 1996, 87(1-2):33-41.

Bebout G E, Nakamura E. Record in metamorphic tourmalines of subduction-zone devolatilization and boron cycling[J]. Geology, 2003, 31(5):407-410.

Birck J L. Precision K-Rb-Sr isotopic analysis: Application to Rb-Sr chronology[J]. Chemical Geology, 1986, 56(1-2):73-83.

Black L P, Gulson B L. The age of the Mud Tank carbonatite, Strangways Range, Northern Territory[J]. BMR Journal of Australian Geology and Geophysics, 1978, 3(3):227-232.

Bloomer S H, Hawkins J W. Petrology and geochemistry of boninite series volcanic rocks from the Mariana trench[J]. Contributions to Mineralogy and Petrology, 1987, 97(3):361-377.

Bouvier A, Vervoort J D, Patchett P J. The Lu-Hf and Sm-Nd isotopic composition of CHUR: Constraints from unequilibrated chondrites and implications for the bulk composition of terrestrial planets[J]. Earth and Planetary Science Letters, 2008, 273(1-2):48-57.

Boynton W V. Geochemistry of the rare earth elements: meteorite studies[A]//Henderson P (ed) Rare earth element geochemistry[C]. New York: Elsevier, 1984, 63-114.

Buriánek D,Novák M. Compositional evolution and substitutions in disseminated and nodular tourmaline from leucocratic granites:Examples from the Bohemian Massif,Czech Republic[J]. Lithos,2007,95(1):148-164.

Burns P C,Finch R J. Uranium:mineralogy,geochemistry and the environment[J]. Reviews in Mineralogy,Mineralogical Society of America,1999,38:679.

Castro A,de la Rosa J D,Stephens W E. Magma mixing in the subvolcanic environment:petrology of the Gerena interaction zone near Seville,Spain[J]. Contributions to Mineralogy and Petrology,1990,106(1):9-26.

Castro A,Vogt K,Gerya T. Generation of new continental crust by sublithospheric silicic-magma relamination in arcs:A test of Taylor's andesite model[J]. Gondwana Research,2013,23(4):1 554-1 566.

Chappell B W,White A J R,Williams I S,et al. Lachlan Fold Belt granites revisited:high-and low-temperature granites and their implications[J]. Australian Journal of Earth Sciences,2001,47(1):123-138.

Chappell B W,White A J R,Williams I S,et al. Low-and high-temperature granites[J]. Transactions of the Royal Society of Edinburgh:Earth Sciences,2004,95(1-2):125-140.

Charvet J,Lapierre H,Yu Y W. Geodynamic significance of the Mesozoic volcanism of southeastern China[J]. Journal of Southeast Asian Earth Sciences,1994,9(4):387-396.

Chaussidon M,Albarède F. Secular boron isotope variations in the continental crust:an ion microprobe study[J]. Earth and Planetary Science Letters,1992,108(4):229-241.

Chen C H,Lee C Y,Shinjo R. Was there Jurassic paleo-Pacific subduction in South China?:Constraints from $^{40}Ar/^{39}Ar$ dating,elemental and Sr-Nd-Pb isotopic geochemistry of the Mesozoic basalts[J]. Lithos,2008,106(1-2):83-92.

Chen J F,Jahn B. Crustal evolution of southeastern China:Nd and Sr isotopic evidence[J]. Tectonophysics,1998,284(1-2):101-133.

Chen L,Zhao Z F,Zheng Y F. Origin of andesitic rocks:geochemical constraints from mesozoic volcanics in the Luzong basin,south China[J]. Lithos,2014,190-191(2):220-239.

Chen L,Zheng Y F,Zhao Z F. Geochemical constraints on the origin of late Mesozoic andesites from the Ningwu basin in the middle-lower yangtze valley,South China[J]. Lithos,2016,s254-255:94-117.

Christofides G,Perugini D,Koroneos A,et al. Interplay between geochemistry and magma dynamics during magma interaction:An example from the Sithonia Plutonic Complex (NE Greece)[J]. Lithos,2007,95(3):243-266.

Chu N C,Taylor R N,Chavagnac V,et al. Hf isotope ratio analysis using multi-collector inductively coupled plasma mass spectrometry:an evaluation of isobaric interference corrections[J]. Journal of Analytical Atomic Spectrometry,2002,17(12):1 567-1 574.

Clynne M A. A Complex Magma Mixing Origin for Rocks Erupted in 1915,Lassen Peak,California[J]. Journal of Petrology,1999,40:105-132.

Collins W J,Beams S D,White A J R,et al. Nature and origin of A-type granites with particular reference to southeastern Australia[J]. Contributions to Mineralogy and Petrology,1982,80(2):189-200.

Compston W,Williams I S,Kirschvink J L,et al. Zircon U-Pb ages for the Early Cambrian time-scale[J]. Journal of the Geological Society,1992,149(2):171-184.

Compston W,Williams I S,Meyer C E. U-Pb geochronology of zircons from lunar breccia 73217 using a sensitive high mass-resolution ion microprobe[J]. Journal of Geophysical Research,1984,89(SO_2):B525-B534.

Creaser R A,Price R C,Wormald R J. A-type granites revisited:Assessment of a residual-source model[J]. Geology,1991,19(2):163-166.

Creaser R A,White A J R. Yardea Dacite—large-volume,high-temperature felsic volcanism from the Middle Proterozoic of South Australia[J]. Geology,1991,19(1):48-51.

Cuney M. The extreme diversity of uranium deposits[J]. Mineralium Deposita,2009,44(1):3-9.

Cuney M. Evolution of uranium fractionation processes through time:driving the secular variation of uranium deposit types[J]. Economic Geology,2010,105(3):553-569.

Dahlkamp F J. Uranium ore deposits[M]. Berlin:Springer Verlag,1993.

De Paolo D J. A neodymium and strontium isotopic study of the Mesozoic calc-alkaline granitic batholiths of the Sierra Nevada and Peninsular Ranges,California[J]. Journal of Geophysical Research,1981,86(B11):10 470-10 488.

De Vivo B,Closs L G,Lima A,et al. Regional geochemical prospecting in Calabria,Southern Italy[J]. Journal of Geochemical

Exploration,1984,21(1):291-310.

Defant M J,Drummond M S. Derivation of some modern arc magmas bymelting of young subducted lithosphere[J]. Nature, 1990,347:662-665.

Dini A,Corretti A,Innocenti F,et al. Sooty sweat stains or tourmaline spots? The Argonauts on the Island of Elba (Tuscany) and the spread of Greek trading in the Mediterranean Sea[A]//Piccardi L,Masse W B. Myth and Geology[C]. 2007,273(1):227-243.

Dini A,Innocenti F,Rocchi S,et al. The magmatic evolution of the late Miocene laccolith-pluton-dyke granitic complex of Elba Island,Italy[J]. Geological Magazine,2002,139(3):257-279.

Dorais M J,Whitney J A,Roden M F. Origin of mafic enclaves in the Dinkey Creek pluton,Central Sierra Nevada Batholith, California[J]. Journal of Petrology,1990,31(4):853-881.

Dutrow B L,Henry D J. Tourmaline:A geologic DVD[J]. Elements,2011,7(5):301-306.

Dyar M D,Wiedenbeck M,Robertson D,et al. Reference minerals for the microanalysis of light elements[J]. Geostandards Newsletter,2001,25:441-463.

Eby G N. Chemical subdivision of the A-type granitoids:Petrogenetic and tectonic implications[J]. Geology,1992,20:641-644.

Eichelberger J C,Chertkoff D G,Dreher S T,et al. Magmas in collision:rethinking chemical zonation in silicic magmas[J]. Geology,2000,28(7):603-606.

Elhlou S,Belousova E,Griffin W L,et al. Trace element and isotopic composition of GJ-red zircon standard by laser ablation[J]. Geochimica et Cosmochimica Acta,2006,70(18):A158.

Elliott T. Tracers of the slab[A]//Eiler J. Inside the Subduction Factory[C]. American Geophysical Union Geophysical Monograph,2003,138:23-45.

Fayek M,Horita J,Ripley E M. The oxygen isotopic composition of uranium minerals:A review[J]. Ore Geology Reviews, 2011,41(1):1-21.

Feng R,Machado N,Ludden J. Lead geochronology of zircon by LaserProbe-inductively coupled plasma mass spectrometry (LP-ICPMS)[J]. Geochimica et Cosmochimica Acta,1993,57(14):3 479-3 486.

Förster H J,Tischendorf G,Trumbull R B. An evaluation of the Rb-(Y + Nb) discrimination diagram to infer tectonic setting of silicic igneous rocks[J]. Lithos,1997,40(2-4):261-293.

Frost C D,Frost B R. Reduced rapakivi-type granites:The tholeiite connection[J]. Geology,1997,25(7):647-650.

Fujimaki H. Partition coefficients of Hf,Zr,and REE between zircon,apatite,and liquid[J]. Contributions to Mineralogy and Petrology,1986,94(1):42-45.

Gilder S A,Gill J,Coe R S,et al. Isotopic and paleomagnetic constraints on the Mesozoic tectonic evolution of south China [J]. Journal of Geophysical Research,1996,101:16 137-16 154.

Gilder S A,Keller G R,Luo M,et al. Eastern Asia and the Western Pacific timing and spatial distribution of rifting in China[J]. Tectonophysics,1991,197(2-4):225-243.

Goldstein S L,O'Nions R K,Hamilton P J. A Sm-Nd isotopic study of atmospheric dusts and particulates from major river systems[J]. Earth and Planetary Science Letters,1984,70:221-236.

Griffin W L,Pearson N J,Belousova E,et al. The Hf isotope composition of cratonic mantle:LAM-MC-ICPMS analysis of zircon megacrysts in kimberlites[J]. Geochimica et Cosmochimica Acta,2000,64:133-147.

Grove T L,Baker M B. Phase equilibrium controls on the tholeiitic versus calc-alkaline differentiation trends[J]. Journal of Geophysical Research,1984,89(B5):3 253-3 274.

Grove T L,Bryan W B. Fractionation of pyroxene-phyric MORB at low pressure:An experimental study[J]. Contributions to Mineralogy and Petrology,1983,84(4):293-309.

Hawkesworth C J,Kemp A I S. Evolution of the continental crust[J]. Philosophical Transactions of the Royal Society B Biological Sciences,2006,443:811-817.

Hawkesworth C J,Lightfoot P C,Fedorenko V A,et al. Magma differentiation and mineralisation in the Siberian continental flood basalts[J]. Lithos,1995,34(1-3):61-88.

Hawkesworth C J,Vollmer R. Crustal contamination versus enriched mantle:$^{143}Nd/^{144}Nd$ and $^{87}Sr/^{86}Sr$ evidence from the Italian volcanics[J]. Contributions to Mineralogy and Petrology,1979,69(2):151-165.

Hawthorne F C, Henry D J. Classification of the minerals of the tourmaline group[J]. European Journal of Mineralogy, 1999, 11(2): 201 – 215.

Hazen R M, Ewing R C, Sverjensky D A. Evolution of uranium and thorium minerals[J]. American Mineralogist, 2009, 94 (10): 1 293 – 1 311.

He Z Y, Xu X S. Petrogenesis of the Late Yanshanian mantle – derived intrusions in southeastern China: Response to the geodynamics of paleo – Pacific plate subduction[J]. Chemical Geology, 2012, 328(11): 208 – 221.

Henry D J, Dutrow B L. Metamorphic tourmaline and its petrologic applications[J]. Reviews in Mineralogy, 1996, 33: 503 – 557.

Henry D J, Guidotti C V. Tourmaline as a petrogenetic indicator mineral: an example from the staurolite – grade metapelites of NW Maine[J]. American Mineralogist, 1985, 70(1): 1 – 15.

Henry D J, Novák M, Hawthorne F C, et al. Nomenclature of the tourmaline – supergroup minerals[J]. American Mineralogist, 2011, 96(5 – 6): 895 – 913.

Hickey R L, Frey F A. Geochemical characteristics of boninite series volcanics: implications for their source[J]. Geochimica et Cosmochimica Acta, 1982, 46(11): 2 099 – 2 115.

Hildreth W. Gradients in silicic magma chambers: implications for lithospheric magmatism[J]. Journal of Geophysical Research, 1981, 86(B11): 10 153 – 10 192.

Hofmann A W, Jochum K P, Seufert M, et al. Nb and Pb in oceanic basalts: new constraints on mantle evolution[J]. Earth and Planetary Science Letters, 1986, 79(1 – 2): 33 – 45.

Hofmann A W. Chemical differentiation of the earth: the relationship between mantle, continental crust, and oceanic crust[J]. Earth and Planetary Science Letters, 1988, 90: 297 – 314.

Hofmann A W. Mantle geochemistry: the message from oceanic volcanism[J]. Nature, 1997, 385(6613): 219 – 229.

Hollings P, Wyman D. Trace element and Sm – Nd systematics of volcanic and intrusive rocks from the 3Ga Lumby Lake Greenstone belt, Superior Province: evidence for Archean plume – arc interaction[J]. Lithos, 1999, 46(2): 189 – 213.

Hsü K J, Li J L, Chen H H, et al. Tectonics of South China: Key to understanding West Pacific geology[J]. Tectonophysics, 1990, 183(1): 9 – 39.

Hsü K J, Sun S, Li J L, Chen H H, et al. Mesozoic overthrust tectonics in south China[J]. Geology, 1988, 16(5): 418 – 421.

Hu R Z, Bi X W, Zhou M F, et al. Uranium metallogenesis in South China and its relationship to crustal extension during the Cretaceous to Tertiary[J]. Economic Geology, 2008, 103: 583 – 598.

Hu R Z, Burnard P G, Bi X W, et al. Mantle – derived gaseous components in ore – forming fluids of the Xiangshan uranium deposit, Jiangxi province, China: Evidence from He, Ar and C isotopes[J]. Chemical Geology, 2009, 266: 86 – 95.

Hu Z C, Liu Y S, Chen L, et al. Contrasting matrix induced elemental fractionation in NIST SRM and rock glasses during laser ablation ICP – MS analysis at high spatial resolution[J]. Journal of Analytical Atomic Spectrometry, 2011, 26: 425 – 430.

Hua R M, Chen P R, Zhang W L, et al. Metallogenic systems related to Mesozoic and Cenozoic granitoids in South China[J]. Science in China Series D: Earth Sciences, 2003, 46: 816 – 829.

Huang H Q, Li X H, Li W X, et al. Formation of high δ18O fayalite – bearing A – type granite by high – temperature melting of granulitic metasedimentary rocks, southern China[J]. Geology, 2012, 39(10): 903 – 906.

Ivanov A V, Demonterova EI, Rasskazov SV, et al. Low – Ti melts from the southeastern Siberian Traps Large Igneous Province: evidence for a water – richmantle source? [J]. Journal of Earth System Science, 2008, 117(1): 1 – 21.

Ivanov A V, Litasov K D. The deepwater cycle and flood basalt volcanism[J]. International Geology Review, 2014, 56(1): 1 – 14.

Jackson S E, Pearson N J, Griffin W L, et al. The application of laser ablation – inductively coupled plasma – mass spectrometry to in situ U – Pb zircon geochronology[J]. Chemical Geology, 2004, 211(1): 47 – 69.

Jacobsen S B, Wasserburg G J. Sm – Nd isotopic evolution of chondrites[J]. Earth and Planetary Science Letters, 1980, 50 (1): 139 – 155.

Jahn B, Condie K C. Evolution of the Kaapvaal Craton as viewed from geochemical and Sm – Nd isotopic analyses of intracratonic pelites[J]. Geochimica et Cosmochimica Acta, 1995, 59: 2 239 – 2 258.

Jahn B M, Zhou X H, Li J L. Formation and tectonic evolution of Southeastern China and Taiwan: Isotopic and geochemical constraints[J]. Tectonophysics,1990,183(1):145-160.

Jahn,B M,Wu F,Lo C H,et al. Crust-mantle interaction induced by deep subduction of the continental crust:geochemical and Sr-Nd isotopic evidence from post-collisional mafic-ultramafic intrusions of the northern dabie complex,central China[J]. Chemical Geology,1999,365:119-146.

Jiang S Y,Palmer M R,Yeats C J. Chemical and boron isotopic compositions of tourmaline from the Archean Big Bell and Mount Gibson gold deposits,Murchison Province,Yilgarn Craton,Western Australia[J]. Chemical Geology,2002,188: 229-247.

Jiang S Y,Palmer M R. Boron isotope systematics of tourmaline from granites and pegmatites:a synthesis[J]. European Journal of Mineralogy,1998,10:1 253-1 265.

Jiang S Y,Yu J M,Lu J J. Trace and rare-earth element geochemistry in tourmaline and cassiterite from the Yunlong tin deposit,Yunnan,China:implication for migmatitic-hydrothermal fluid evolution and ore genesis[J]. Chemical Geology, 2004,209(3-4):193-213.

Jiang S Y. Boron isotope geochemistry of hydrothermal ore deposits in China:a preliminary study[J]. Physics and Chemistry of the Earth,Part A:Solid Earth and Geodesy,2001,26(9):851-858.

Jiang Y H,Jiang S Y,Dai B Z,et al. Middle to late Jurassic felsic and mafic magmatism in southern Hunan province,southeast China:Implications for a continental arc to rifting[J]. Lithos,2009,107:185-204.

Jiang Y H,Jiang S Y,Zhao K D,et al. Petrogenesis of Late Jurassic Qianlishan granites and mafic dykes,Southeast China: implications for a back-arc extension setting[J]. Geological Magazine,2006a,143(4):457-474.

Jiang Y H,Ling H F,Jiang S Y,et al. Petrogenesis of a Late Jurassic peraluminous volcanic complex and its high-Mg,potassic,quenched enclaves at Xiangshan,Southeast China[J]. Journal of Petrology,2005,46:1 121-1 154.

Jiang Y H,Ling H F,Jiang S Y,et al. Trace element and Sr-Nd isotope geochemistry of fluorite from the Xiangshan uranium deposit southeast China[J]. Economic Geology,2006b,101(8):1 613-1 622.

Jiang Y H,Wang G C,Qing L,et al. Early Jurassic A-type granites in Southeast China:Shallow dehydration melting of Early Paleozoic granitoids by basaltic magma intraplating[J]. The Journal of Geology,2017,125:351-366.

Jiang Y H,Zhao P,Zhou Q,et al. Petrogenesis and tectonic implications of Early Cretaceous S- and A-type granites in the northwest of the Gan-Hang rift,SE China[J]. Lithos,2011,121:55-73.

Jourdan F,Bertrand H,Schärer U,et al. Major and trace element and Sr,Nd,Hf,and Pb isotope compositions of the Karoo Large Igneous Province,Botswana-Zimbabwe:lithosphere vs mantle plume contribution[J]. Journal of Petrology,2007, 48:1 043-1 077.

Karsli O,Chen B,Aydin F,et al. Geochemical and Sr-Nd-Pb isotopic compositions of the Eocene Dölek and Sariçiçek Plutons,Eastern Turkey:Implications for magma interaction in the genesis of high-K calc-alkaline granitoids in a post-collision extensional setting[J]. Lithos,2007,98(1-4):67-96.

Kasemann S,Erzinger J,Franz G. Boron recycling in the continental crust of the central Andes from the Palaeozoic to Mesozoic,NW Argentina[J]. Contributions to Mineralogy and Petrology,2000,140(3):328-343.

Keller P,Robles E R,Pérezb A P,et al. Chemistry,paragenesis and significance of tourmaline in pegmatites of the Southern Tin Belt,central Namibia[J]. Chemical Geology,1999,158(3-4):203-225.

Kerr A,Fryer B J. Nd isotope evidence for crust-mantle interaction in the generation of A-type granitoid suites in Labrador,Canada[J]. Chemical Geology,1993,104(1-4):39-60.

King P L,Chappell B W,Allen C M,et al. Are A-type granites the high-temperature felsic granites? Evidence from fractionated granites of the Wangrah Suite[J]. Australian Journal of Earth Sciences,2015,48(4):501-514.

Kobayashi K,Tanaka R,Moriguti T,et al. Lithium,boron,and lead isotope systematics of glass inclusions in olivines from Hawaiian lavas:evidence for recycled components in the Hawaiian plume[J]. Chemical Geology,2004,212:143-161.

Kouchi A,Sunagawa I. Mixing basaltic and dacitic magmas by forced convection[J]. Nature,1983,304(5926):527-528.

Kumar S,Rino V. Mineralogy and geochemistry of microgranular enclaves in Palaeoproterozoic Malanjkhand granitoids,central India:evidence of magma mixing,mingling,and chemical equilibration[J]. Contributions to Mineralogy and Petrology, 2006,152(5):591-609.

Kuşcu G G,Floyd P A. Mineral compositional and textural evidence for magma mingling in the Saraykent volcanics[J]. Lithos,2001,56(2-3):207-230.

Lan C Y, Jahn B M, Mertzman S A, et al. Subduction-related granitic rocks of Taiwan[J]. Journal of Southeast Asian Earth Sciences, 1996, 14(1): 11-28.

Lapierre H, Jahn B M, Charvet J, et al. Mesozoic felsic arc magmatism and continental olivine tholeiites in Zhejiang Province and their relationship with the tectonic activity in southeastern China[J]. Tectonophysics, 1997, 274(4): 321-338.

Le Bas M J, Le Maitre R W, Streckeisen A, et al. A chemical classification of volcanic rocks based on the total alkali-silica diagram[J]. Journal of Petrology, 1986, 27: 745-750.

Le Maitre R W. Igneous Rocks: A Classification and Glossary of Terms[M]. Second edition. Cambridge University Press, Cambridge, 2002.

Le Roux P J, Shirey S B, Benton L, et al. In situ, multiple-multiplier, laser ablation ICP-MS measurement of boron isotopic composition ($\delta^{11}B$) at the nanogram level[J]. Chemical Geology, 2004, 203(1): 123-138.

Leake B E, Wooley A R, Arps C E S, et al. Nomenclature of amphiboles: Report of the Subcommittee on Amphiboles of the International Mineralogical Association Commission on New Minerals and Mineral Names[J]. European Journal of Mineralogy, 1997, 9: 623-651.

Li P J, Yu X Q, Li H Y, et al. Jurassic-Cretaceous tectonic evolution of Southeast China: geochronological and geochemical constraints of Yanshanian granitoids[J]. International Geology Review, 2013, 55(10): 1 202-1 219.

Li X H, Chen Z G, Liu D Y, et al. Jurassic gabbro-granite-syenite suites from southern Jiangxi Province, SE China: age, origin, and tectonic significance[J]. International Geology Review, 2003, 45(10): 898-921.

Li X H, Li Z X, Li W X, et al. U-Pb zircon, geochemical and Sr-Nd-Hf isotopic constraints on age and origin of Jurassic I- and A-type granites from central Guangdong, SE China: A major igneous event in response to foundering of a subducted flat-slab[J]? Lithos, 2007, 96: 186-204.

Li X H, Long W G, Li Q L, et al. Penglai zircon megacrysts: A potential new working reference material for microbeam determination of Hf-O isotopes and U-Pb age[J]. Geostandards and Geoanalytical Research, 2010, 34: 117-134.

Li X H. Cretaceous magmatism and lithospheric extension in Southeast China[J]. Journal of Asian Earth Sciences, 2000, 18(3): 293-305.

Li Z L, Hu RZ, Yang J S, et al. He, Pb and S isotopic constraints on the relationship between the A-type Qitianling granite and the Furong tin deposit, Hunan Province, China[J]. Lithos, 2007, 97: 161-173.

Li Z L, Zhou J, Mao J R, et al. Zircon U-Pb geochronology and geochemistry of two episodes of granitoids from the northwestern Zhejiang province, SE China: implication for magmatic evolution and tectonic transition[J]. Lithos, 2013, 179: 334-352.

Li Z X, Li X H. Formation of the 1300-km-wide intracontinental orogen and postorogenic magmatic province in Mesozoic South China: A flat-slab subduction model[J]. Geology, 2007, 35(2): 179-182.

Liew T C, Hofmann A W. Precambrian crustal components, plutonic associations, plate environment of the Hercynian Fold Belt of central Europe: Indications from a Nd and Sr isotopic study[J]. Contributions to Mineralogy and Petrology, 1988, 98: 129-138.

Lin G, Zhou Y, Wei X R, et al. Structural controls on fluid flow and related mineralization in the Xiangshan uranium deposit, Southern China[J]. Journal of Geochemical Exploration, 2006, 89(1): 231-234.

Lindsley D H, Andersen D J. A two-Pyroxene thermometer[J]. Journal of Geophysical Research, 1983, 88: 887-906.

Lindsley D H. Pyroxene thermometry[J]. American Mineralogist, 1983, 68(5): 477-493.

Liu X, Fan H R, Santosh M, et al. Remelting of Neoproterozoic relict island arcs in the Middle Jurassic: implication for the formation of the Dexing porphyry copper deposit, Southeastern China[J]. Lithos, 2012, 150: 85-100.

Liu Y M, Xu J F, Dai T M, et al. $^{40}Ar/^{39}Ar$ isotopic ages of Qitianling granite and their geologic implications[J]. Science in China Series D: Earth Sciences, 2003, 46(s2): 50-59.

Liu Y S, Gao S, Hu Z C, et al. Continental and oceanic crust recycling-induced melt-peridotite interactions in the Trans-North China Orogen: U-Pb dating, Hf isotopes and trace elements in zircons from mantle xenoliths[J]. Journal of Petrology, 2010b, 51: 537-571.

Liu Y S, Hu Z C, Zong K Q, et al. Reappraisement and refinement of zircon U-Pb isotope and trace element analyses by LA-ICP-MS[J]. Chinese Science Bulletin, 2010a, 55: 1 535-1 546.

London D, Morgan G B, Wolf MB. Boron in granitic rocks and their contact aureoles[J]. Reviews in Mineralogy, 1996, 33:

299 –330.

London D. Stability of tourmaline in peraluminous granite systems: the boron cycle from anatexis to hydrothermal aureoles[J]. European Journal of Mineralogy,1999,11(2):253 – 262.

Ludwig K R. ISOPLOT 3. 00: A geochronology toolkit for Microsoft Excel[S]. Berkeley: Berkeley Geochronological Center Special Publication. 2003,70.

Lugmair G W, Marti K. Lunar initial $^{143}Nd/^{144}Nd$: Differential evolution of the lunar crust and mantle[J]. Earth and Planetary Science Letters,1978,39:349 – 357.

Maas R, Nicholls I A, Legg C. Igneous and metamorphic enclaves in the S – type Deddick Granodiorite, Lachlan fold belt, SE Australia: Petrographic, geochemical and Nd – Sr isotopic evidence for crustal melting and magma mixing[J]. Journal of Petrology,1997,38:815 – 841.

Mahood G, Hildreth W. Large partition coefficients for trace elements in high – silica rhyolites[J]. Geochimica et Cosmochimica Acta,1983,47(1):11 – 30.

Maniar P D, Piccoli P M. Tectonic discrimination of granitoids[J]. Geological Society of America Bulletin,1989,101(5):635 – 643.

Marschall H R, Altherr R, Kalt A, et al. Detrital, metamorphic and metasomatic tourmaline in high – pressure metasediments from Syros (Greece): intra – grain boron isotope patterns determined by secondary – ion mass spectrometry[J]. Contributions to Mineralogy and Petrology,2008,155:703 – 717.

Marschall H R, Ludwig T, Altherr R, et al. Syros metasomatic tourmaline: evidence for very high – $\delta^{11}B$ fluids in subduction zones[J]. Journal of Petrology,2006,47:1 915.

Martin H, Bonin B, Capdevila R, et al. The Kuiqi peralkaline granitic complex (SE China): Petrology and geochemistry[J]. Journal of Petrology,1994,35:983 – 1 015.

Matthews A, Putlitz B, Hamiel Y, et al. Volatile transport during the crystallization of anatectic melts: oxygen, boron and hydrogen stable isotope study on the metamorphic complex of Naxos, Greece[J]. Geochimica et Cosmochimica Acta,2003,67 (17):3 145 – 3 163.

McCulloch M T, Wasserburg G J. Sm – Nd and Rb – Sr chronology of continental crust formation[J]. Science,1978,200 (4345):1 003 – 1 011.

Mcdonough W F, Sun S S. The composition of the Earth[J]. Chemical Geology,1995,120(3 – 4):223 – 253.

Meng L F, Li Z X, Chen H L, et al. Geochronological and geochemical results from Mesozoic basalts in southern South China Block support the flat – slab subduction model[J]. Lithos,2012,132(s132 – 133):127 – 140.

Merle R, Marzoli A, Reisberg L, et al. Sr, Nd, Pb and Os isotope systematics of CAMP tholeiites from Eastern North America (ENA): evidence of a subduction – enriched mantle source[J]. Journal of Petrology,2014,55:133 – 180.

Miller C F, Mcdowell S M, Mapes R W. Hot and cold granites? Implications of zircon saturation temperatures and preservation of inheritance[J]. Geology,2003,31(6):529 – 532.

Morimoto N, Fabries J, Ferguson A K, et al. Nomenclature of pyroxenes[J]. Mineralogy and Petrology,1988,39:55 – 76.

Murphy J B, Dostal J. Continental mafic magmatism of different ages in the same terrane: constraints on the evolution of an enriched mantle source[J]. Geology,2007,35(4):335 – 338.

Nakamura E, Ishikawa T, Birck J L, et al. Precise boron isotopic analysis of natural rock samples using a boron – mannitol complex[J]. Chemical Geology,1992,94(3):193 – 204.

Nakano T, Nakamura E. Boron isotope geochemistry of metasedimentary rocks and tourmalines in a subduction zone metamorphic suite[J]. Physics of the Earth and Planetary Interiors,2001,127(1):233 – 252.

Nebel O, Scherer EE, Mezger K. Evaluation of the 87Rb decay constant by age comparison against the U – Pb system[J]. Earth and Planetary Science Letters,2011,301(1 – 2):1 – 8.

Palmer M R, Swihart G H. Boron isotope geochemistry: an overview[J]. Reviews in Mineralogy,1996,33:709 – 744.

Pearce J A, Harris N B W, Tindle A G. Trace element discrimination diagrams for the tectonic interpretation of granitic rocks[J]. Journal of Petrology,1984,25(4):956 – 983.

Perugini D, Poli G. Tourmaline nodules from Capo Bianco aplite (Elba Island, Italy): an example of diffusion limited aggregation growth in a magmatic system[J]. Contributions to Mineralogy and Petrology,2007,153(5):493 – 508.

Philpotts J A, Schnetzler C C. Phenocryst – matrix partition coefficients for K, Rb, Sr and Ba, with applications to anorthosite and basalt genesis[J]. Geochimica et Cosmochimica Acta,1970,34(3):307－322.

Piper D J W,Dessureau G,Pe－Piper G. Occurrence of Early Carboniferous high－Zr rhyolites,Cobequid Highlands,Nova Scotia:temperature effect of a contemporaneous mafic magma[J]. The Canadian Mineralogist,1999,37:619－634.

Poli G,Tommasini S,Halliday A N. Trace element and isotopic exchange during acid－basic magma interaction processes[J]. Transactions of the Royal Society of Edinburgh:Earth Science,1996,87(1－2):225－232.

Puffer J H. Contrasting high field strength element contents of continental flood basalts from plume versus reactivated－arc sources[J]. Geology,2002,29(8):675－678.

Qiu J S,Wang D Z,Mcinnes B I A,et al. Two subgroups of A－type granites in the coastal area of Zhejiang and Fujian Provinces,SE China:age and geochemical constraints on their petrogenesis[J]. Transactions of the Royal Society of Edinburgh－Earth Science,2004,95:227－236.

Qiu Y M,Gao S,Mcnaughton N J,et al. First evidence of ＞3.2 Ga continental crust in the Yangtze craton of south China and its implications for Archean crustal evolution and Phanerozoic tectonics[J]. Geology,2000,28:11－14.

Rogers G,Dempster T J,Bluck B J,et al. A high precision U－Pb age for the Ben Vuirich granite:implications for the evolution of the Scottish Dalradian Supergroup[J]. Journal of the Geological Society,1989,146:789－798.

Rozendaal A,Bruwer L. Tourmaline nodules:indicators of hydrothermal alteration and Sn－Zn－(W) mineralization in the Cape Granite Suite,South Africa[J]. Journal of African Earth Sciences,1995,21(1):141－145.

Rudnick R L,Gao S. Composition of the continental crust[J]. Treatise on Geochemistry,2003,3:1－64.

Rudnick R L. Making continental crust[J]. Nature,1995,378(6557):571－578.

Samson I M,Sinclair W D. Magmatic hydrothermal fluids and the origin of quartz－tourmaline orbicules in the Seagull Batholith,Yukon Territory[J]. The Canadian Mineralogist,1992,30:937－954.

Shu L S,Zhou X M,Deng P,et al. Mesozoic tectonic evolution of the Southeast China Block:New insights from basin analysis [J]. Journal of Asian Earth Sciences,2009,34:376－391.

Silva M M V G,Neiva A M R,Whitehouse M J. Geochemistry of enclaves and host granites from the Nelas area,central Portugal[J]. Lithos,2000,50(1):153－170.

Sinclair W D,Richardson J M. Quartz－tourmaline orbicules in the Seagull Batholith,Yukon Territory[J]. The Canadian Mineralogist,1992,30(3):923－935.

Słaby E,Martin H. Mafic and felsic magma interaction in granites:the Hercynian Karkonosze Pluton (Sudetes,Bohemian Massif)[J]. Journal of Petrology,2008,49:353－391.

Slack J F. Tourmaline associations with hydrothermal ore deposits[J]. Reviews in Mineralogy,1996,33:559－643.

Sláma J,Košler J,Condon D J,et al. Plešovice zircon — A new natural reference material for U－Pb and Hf isotopic microanalysis[J]. Chemical Geology,2008,249:1－35.

Smith D R,Noblett J,Wobus R A,et al. Petrology and geochemistry of late－stage intrusions of the A－type,mid－Proterozoic Pikes Peak batholith (Central Colorado,USA):implications for petrogenetic models[J]. Precambrian Research,1999, 98:271－305.

Snyder D,Tait S. The imprint of basalt on the geochemistry of silicic magmas[J]. Earth and Planetary Science Letters,1998, 160(3－4):433－445.

Sobolev A V,Danyushevsky L V. Petrology and geochemistry of boninites from the north termination of the Tonga Trench: constraints on the generation conditions of primary high－Ca boninite magmas[J]. Journal of Petrology,1994,35:1 183－ 1 211.

Soderlund U,Patchett P J,Vervoort J D,et al. The ^{176}Lu decay constant determined by Lu－Hf and U－Pb isotope systematics of Precambrian mafic intrusions[J]. Earth and Planetary Science Letters,2004,219(3－4):311－324.

Sparks R S J,Marshall L A. Thermal and mechanical constraints on mixing between mafic and silicic magmas[J]. Journal of Volcanology and Geothermal Research,1986,29(1):99－124.

Spivack A J,Edmond J M. Determination of boron isotope ratios by thermal ionization mass spectrometry of the dicesium metaborate cation[J]. Analytical Chemistry,1986,58(1):31－35.

Sprung P,Schuth S,Münker C,et al. Intraplate volcanism in New Zealand:the role of fossil plume material and variable lithospheric properties[J]. Contributions to Mineralogy and Petrology,2007,153(6):669－687.

Streckeisen A,Le Maitre R W. A chemical approximation to the modal QAPF classification of the igneous rocks[A]. Neues

Jahrbuch für Mineralogie, Abhandlungen, 1979, 136: 169 - 206.

Sun F, Xu X, Zou H, Xia Y. Petrogenesis and magmatic evolution of ~130Ma A - type granites in Southeast China[J]. Journal of Asian Earth Sciences, 2015, 98: 209 - 224.

Sun S S, Mcdonough W F. Chemical and isotopic systematics of oceanic basalts: implications for mantle composition and processes[J]. Geological Society London Special Publications, 1989, 42(1): 313 - 345.

Sun W D, Yang X Y, Fan W M, et al. Mesozoic large scale magmatism and mineralization in South China: Preface[J]. Lithos, 2012, 150(5): 1 - 5.

Tatsumi Y. High - Mg andesites in the Setouchi volcanic belt, southwestern Japan: analogy to Archean magmatism and continental crust formation[A]? Annual Review of Earth and Planetary Sciences, 2006, 34(1): 467 - 499.

Taylor R P, Ikingura J R, Fallick A E, et al. Stable isotope compositions of tourmalines from granites and related hydrothermal rocks of the Karagwe - Ankolean belt, northwest Tanzania[J]. Chemical Geology, 1992, 94: 215 - 227.

Taylor S R, McLennan S M. The geochemical evolution of the continental crust[A]. Reviews of Geophysics, 1995, 33(2): 293 - 301.

Tiepolo M, Bouman C, Vannucci R, et al. Laser ablation multicollector ICPMS determination of $\delta^{11}B$ in geological samples[J]. Applied Geochemistry, 2006, 21(5): 788 - 801.

Tonarini S, Pennisi M, Adorni - Braccesi A, et al. Intercomparison of boron isotope and concentration measurements. Part I: selection, preparation and homogeneity tests of the intercomparison materials[S]. Geostandards and Geoanalytical Research, 2003, 27(1): 21 - 39.

Tonarini S, Pennisi M, Leeman W P. Precise boron isotopic analysis of complex silicate (rock) samples using alkali carbonate fusion and ion - exchange separation[J]. Chemical Geology, 1997, 142(1 - 2): 129 - 137.

Treuil M, Varet J. Criteres volcanologiques, petrologiques et geochimiques de la genese et de la differenciation des magmas basaltiques; exemple de l'Afar[J]. Bulletin de la Société Géologique de France, S7 - XV: 1973, 506 - 540.

Trumbull R, Krienitz M S, Gottesmann B, et al. Chemical and boron - isotope variations in tourmalines from an S - type granite and its source rocks: the Erongo granite and tourmalinites in the Damara Belt, Namibia[J]. Contributions to Mineralogy and Petrology, 2008, 155: 1 - 18.

Trumbull R B, Chaussidon M. Chemical and boron isotopic composition of magmatic and hydrothermal tourmalines from the Sinceni granite - pegmatite system in Swaziland[J]. Chemical Geology, 1999, 153(1 - 4): 125 - 137.

Turner S P, Foden J D, Morrison R S. Derivation of some A - type magmas by fractionation of basaltic magma: An example from the Padthaway Ridge, South Australia[J]. Lithos, 1992, 28: 151 - 179.

Ulmer P. Partial melting in the mantle wedge - the role of H_2O in the genesis of mantle - derived 'arc - related' magmas[J]. Physics of the Earth and Planetary Interiors, 2001, 127(1 - 4): 215 - 232.

Van Achterbergh E, Ryan C G, Jackson S E, et al. Data reduction software for LA - ICP - MS[A]. In: Sylvester P (ed) Laser -ablation - ICPMS in the earth sciences: Principles and applications[J]. Ottawa: Mineralogical Association of Canada, 2001, 239 - 243.

Van Hinsberg V J, Henry D J, Dutrow B L. Tourmaline as a petrologic forensic mineral: A unique recorder of its geologic past[J]. Elements, 2011, 7: 327 - 332.

Vernon R H. Microgranitoid enclaves in granites—globules of hybrid magma quenched in a plutonic environment[J]. Nature, 1984, 309(5967): 438 - 439.

Waight T E, Maas R, Nicholls IA. Geochemical investigations of microgranitoid enclaves in the S - type Cowra Granodiorite, Lachlan Fold Belt, SE Australia[J]. Lithos, 2001, 56(2): 165 - 186.

Wang F Y, Ling M X, Ding X, et al. Mesozoic large magmatic events and mineralization in SE China: oblique subduction of the Pacific plate[J]. International Geology Review, 2011, 53: 704 - 726.

Wang G G, Ni P, Zhao K D, et al. Petrogenesis of the Middle Jurassic Yinshan volcanic - intrusive complex, SE China: Implications for tectonic evolution and Cu - Au mineralization[J]. Lithos, 2012, 150: 135 - 154.

Wang H Z, Chen P R, Sun L Q, et al. Magma mixing and crust - mantle interaction in southeast China during the early cretaceous: evidence from the furongshan granite porphyry and mafic microgranular enclaves[J]. Journal of Asian Earth Sciences, 2015, 111: 72 - 87.

Wang Q, Xu J F, Jian P, et al. Petrogenesis of adakitic porphyries in an extensional tectonic setting, Dexing, South China: Implications for the genesis of porphyry copper mineralization[J]. Journal of Petrology,2006,47:119－144.

Wang X C,Li X H,Li W X,et al. The Bikou basalts in the northwestern Yangtze block,South China:remnants of 820－810 Ma continental flood basalts? [J]. Geological Society of America Bulletin,2008,120:1 478－1 492.

Wang X C,Li X H,Li W X,et al. Variable involvements of mantle plumes in the genesis of mid－Neoproterozoic basaltic rocks in South China:a review[J]. Gondwana Research,2009,15(3－4):381－395.

Wang X C,Li Z X,Li J,et al. Genesis of the 1.21 Ga Marnda Moorn large igneous province by plume－lithosphere interaction[J]. Precambrian Research,2014,241(1):85－103.

Wang Y J,Fan W M,Sun M,et al. Geochronological,geochemical and geothermal constraints on petrogenesis of the Indosinian peraluminous granites in the South China Block:A case study in the Hunan Province[J]. Lithos,2007,96:475－502.

Watson E B,Harrison T M. Zircon saturation revisited:temperature and composition effects in a variety of crustal magma types[J]. Earth and Planetary Science Letters,1983,64:295－304.

Watson E B,Harrison T M. Zircon saturation revisited:temperature and composition effects in a variety of crustal magma types[J]. Earth and Planetary Science Letters,1983,64:295－304.

Watson E B,Harrison T M. Accessory minerals and the geochemical evolution of crustal magmatic systems:a summary and prospectus of experimental approaches[J]. Physics of the Earth and Planetary Interiors,1984,35(1－3):19－30.

Watson E B. Dissolution,growth and survival of zircons during crustal fusion:kinetic principals,geological models and implications for isotopic inheritance[J]. Transactions of the Royal Society of Edinburgh:Earth Sciences,1996,87(1－2):43－56.

Whalen J B,Currie K L,Chappell B W. A－type granites:geochemical characteristics,discrimination and petrogenesis[J]. Contributions to Mineralogy and Petrology,1987,95(4):407－419.

Whalen J B,Jenner G A,Longstaffe F J,et al. Geochemical and Isotopic (O,Nd,Pb and Sr) Constraints on A－type Granite Petrogenesis Based on the Topsails Igneous Suite,Newfoundland Appalachians[J]. Journal of Petrology,1996,37(6):1 463－1 489.

Wiedenbeck M,Allé P,Corfu F,et al. Three natural zircon standards for U－Th－Pb,Lu－Hf,trace element and REE analyses[J]. Geostandards Newsletter,1995,19:1－23.

Williams I S,Buick S,Cartwright I. An extended episode of early Mesoproterozoic metamorphic fluid flow in the Reynolds Range,central Australia[J]. Journal of Metamorphic Geology,1996,14(1):29－47.

Williams I S,Claesson S. Isotopic evidence for the Precambrian provenance and Caledonian metamorphism of high grade paragneisses from the Seve Nappes,Scandanavia Caledonides:II. ion microprobe zircon U－Th－Pb[J]. Contributions to Mineralogy and Petrology,1987,97:205－217.

Williams I S. Some observations on the use of zircon U－Pb geochronology in the study of granitic rocks[J]. Transactions of the Royal Society of Edinburgh:Earth Sciences,1992,83(1－2):447－458.

Williams I S. U－Th－Pb geochronology by ion microprobe[A]//Mckibben M A,Shanks Iii W C,Ridley W I (eds). Applications of microanalytical techniques to understanding mineralizing processes. Economic Geology Pub Co,1998,1－35.

Wilson M,Rosenbaum J M,Dunworth E A. Melilitites:partial melts of the thermal boundary layer? [J]. Contributions to Mineralogy and Petrology,1995,119(2－3):181－196.

Wilson M. Igneous Petrogenesis[M]. Unwin Hyman,London,2001.

Wong J,Sun M,Xing G F,et al. Geochemical and zircon U－Pb and Hf isotopic study of the Baijuhuajian metaluminous A－type granite:Extension at 125－100Ma and its tectonic significance for South China[J]. Lithos,2009,112:289－305.

Wood D A. The application of a Th－Hf－Ta diagram to problems of tecto－magmatic classification and to establishing the nature of crustal contamination of basaltic lavas of the British Tertiary volcanic province[J]. Earth and Planetary Science Letters,1980,50:11－30.

Wright J B. A simple alkalinity ratio and its application to questions of non－orogenic granite genesis[J]. Geological Magazine,1969,106:370－384.

Wu F Y,Yang Y H,Xie L W,et al. Hf isotopic compositions of the standard zircons and baddeleyites used in U－Pb geochronology[J]. Chemical Geology,2006,234(1－2):105－126.

Wyman D A. A 2.7 Ga depleted tholeiite suite:evidence of plume－arc interaction in the abitibi greenstone belt,Canada[J]. Precambrian Research,1999,97(1):27－42.

Xia Y, Xu X, Liu L. Transition from adakitic to bimodal magmatism induced by the Paleo-Pacific plate subduction and slab rollback beneath SE China: Evidence from petrogenesis and tectonic setting of the dike swarms[J]. Lithos, 2016, 244: 182-204.

Xiao Y K, Beary E S, Fassett J D. An improved method for the high-precision isotopic measurement of boron by thermal ionization mass spectrometry[J]. International Journal of Mass Spectrometry and Ion Processes, 1988, 85(2): 203-213.

Xie L, Wang R C, Chen J, et al. Mineralogical evidence for magmatic and hydrothermal processes in the Qitianling oxidized tin-bearing granite (Hunan, South China): EMP and (MC)-LA-ICPMS investigations of three types of titanite[J]. Chemical Geology, 2010, 276: 53-68.

Yan X, Jiang S Y, Jiang Y H. Geochronology, geochemistry and tectonic significance of the late Mesozoic volcanic sequences in the northern Wuyi Mountain volcanic belt of South China[J]. Gondwana Research, 2016, 37: 362-383.

Yang S Y, Jiang S Y, Li L, et al. Late Mesozoic magmatism of the Jiurui mineralization district in the Middle-Lower Yangtze River Metallogenic Belt, Eastern China: Precise U-Pb ages and geodynamic implications[J]. Gondwana Research, 2011, 20: 831-843.

Yao J L, Shu L S, Santosh M, et al. Neoproterozoic arc-related andesite and orogeny-related unconformity in the eastern Jiangnan orogenic belt: constraints on the assembly of the Yangtze and Cathaysia blocks in South China[J]. Precambrian Research, 2015, 262: 84-100.

Yoder H S. Contemporaneous basaltic and rhyolitic magmas[J]. American Mineralogist, 1973, 58: 153-171.

Yu X Q, Di Y J, Wu G G, et al. The Early Jurassic magmatism in northern Guangdong Province, southeastern China: Constraints from SHRIMP zircon U-Pb dating of Xialan complex[J]. Science in China Series D: Earth Sciences, 2009, 52: 471-483.

Yu X Q, Wu G G, Zhao X X, et al. The Early Jurassic tectono-magmatic events in southern Jiangxi and northern Guangdong provinces, SE China: Constraints from the SHRIMP zircon U-Pb dating[J]. Journal of Asian Earth Sciences, 2010, 39: 408-422.

Yurimoto H, Duke E F, Papike J J, et al. Are discontinuous chondrite-normalized REE patterns in pegmatitic granite systems the results of monazite fractionation? [J]. Geochimica et Cosmochimica Acta, 1990, 54(7): 2 141-2 145.

Zartman R E, Haines S M. The plumbotectonic model for Pb isotopic systematics among major terrestrial reservoirs—a case for bi-directional transport[J]. Geochimica et Cosmochimica Acta, 1988, 52(6): 1 327-1 339.

Zeck H P. An erupted migmatite from Cerro del Hoyazo, SE Spain[J]. Contributions to Mineralogy and Petrology, 1970, 26(3): 225-246.

Zhao K D, Jiang S Y, Jiang Y H, et al. Mineral chemistry of the Qitianling granitoid and the Furong tin oredeposit in Hunan Province, South China[J]. European Journal of Mineralogy, 2005, 17(4): 635-648.

Zhao K D, Jiang S Y, Nakamura E, et al. Fluid-rock interaction in the Qitianling granite and associated tin deposits, South China: Evidence from boron and oxygen isotopes[J]. Ore Geology Reviews, 2011, 43(1): 243-248.

Zhao K D, Jiang S Y, Yang S Y, et al. Mineral chemistry, trace elements and Sr-Nd-Hf isotope geochemistry and petrogenesis of Cailing and Furong granites and mafic enclaves from the Qitianling batholith in the Shi-Hang zone, South China[J]. Gondwana Research, 2012, 22(1): 310-324.

Zhou J, Jiang Y H, Xing G F, et al. Geochronology and petrogenesis of Cretaceous A-type granites from the NE Jiangnan Orogen, SE China[J]. International Geology Review, 2013, 55(11): 1 359-1 383.

Zhou Q, Jiang Y H, Zhao P, et al. Origin of the Dexing Cu-bearing porphyries, SE China: elemental and Sr-Nd-Pb-Hf isotopic constraints[J]. International Geology Review, 2012, 54: 572-592.

Zhou X M, Li W X. Origin of Late Mesozoic igneous rocks in Southeastern China: implications for lithosphere subduction and underplating of mafic magmas[J]. Tectonophysics, 2000, 326(3): 269-287.

Zhou X M, Sun T, Shen W Z, et al. Petrogenesis of Mesozoic granitoids and volcanic rocks in South China: A response to tectonic evolution[J]. Episodes, 2006, 29(1): 26-33.

Zhu J C, Wang R C, Zhang P H, et al. Zircon U-Pb geochronological framework of Qitianling granite batholith, middle part of Nanling Range, South China[J]. Science in China Series D: Earth Sciences, 2009, 52: 1 279-1 294.

Zhu K Y, Li Z, Xu X S, et al. A Mesozoic Andean-type orogenic cycle in southeastern China as recorded by granitoid evolution[J]. American Journal of Science, 2014, 314(1): 187-234.